普通高等教育电工电子基础课程系列教材

# 模拟电子技术基础实验(电气类)


主　编　周　群
副主编　印　月　翟义然
参　编　马雪莲　张晓东　刘雪山　曹晓燕

机 械 工 业 出 版 社

本书是为高等学校电子类、电气类、自动化类及相关专业编写的模拟电子技术实验教材。全书分为三篇：第一篇绪论。第二篇基础实验，介绍了10个模拟电子技术经典基础实验，每个实验均包括验证性实验、设计性实验和探究性实验三部分。其中方案1侧重验证性实验，方案2侧重在方案1的基础上完成设计性实验；探究性实验包括理论探究和实验探究两部分。第三篇综合设计实验，介绍了模拟电子技术基础电路的扩展与应用，包括12个实验，其内容涉及模电综合实验、模/数综合实验以及电源等。本书附录中包含示波器的原理及使用、Multisim仿真软件的基本操作以及元件测试及选型。

本书可作为本科模拟电子技术基础实验教材，同时也可作为本科生课程设计的参考用书。

**图书在版编目（CIP）数据**

模拟电子技术基础实验：电气类/周群主编. —北京：机械工业出版社，2022.9

普通高等教育电工电子基础课程系列教材

ISBN 978-7-111-71478-1

Ⅰ.①模… Ⅱ.①周… Ⅲ.①模拟电路-电子技术-高等学校-教材 Ⅳ.①TN710.4

中国版本图书馆CIP数据核字(2022)第154746号

机械工业出版社（北京市百万庄大街22号 邮政编码100037）

策划编辑：张振霞 责任编辑：张振霞

责任校对：张 征 李 婷 封面设计：张 静

责任印制：张 博

北京雁林吉兆印刷有限公司印刷

2024年9月第1版第1次印刷

184mm×260mm ·14印张·339千字

标准书号：ISBN 978-7-111-71478-1

定价：43.00元

电话服务 网络服务

客服电话：010-88361066 机 工 官 网：www.cmpbook.com

010-88379833 机 工 官 博：weibo.com/cmp1952

010-68326294 金 书 网：www.golden-book.com

**封底无防伪标均为盗版** 机工教育服务网：www.cmpedu.com

# 前　言

模拟电子技术基础实验（电气类）是电子信息、电气工程及其自动化等专业的专业基础课，也是新工科背景下工科相关专业的选修课。本书是为综合性高等学校开设模拟电子技术基础实验（独立设课）和电子技术基础实验（课带实验）而编写的实验教学用书。本书参考了四川大学历年相关课程的实验教学指导及兄弟院校的相关教材，结合电子技术教学内容的改革、实验手段的更新和新技术的发展趋势，对实验内容和实验手段做了一定的调整更新。

综合性高等学校学科门类齐全、专业多，基本可以概括为电类、X+电类（机电、水电等）及非电类（材料工程、工商管理的工业工程等）三类，根据其对电子技术掌握程度要求不同，实验教学设计应体现差异化。电子技术基础实验是理论与实际紧密结合的课程，常在大一下学期或大二上学期开设，需要学生不仅掌握知识点，而且需要具有应用学过的知识实现设计并动手呈现设计实物电路的能力，这对学生而言是一个重要转变的适应时期。根据分析问题、解决问题能力的培养规律，为了激发学生的创新思维，提高课程的挑战度，每个知识点的基础实验分为三个层次：验证性实验、设计性实验及探究性实验。验证性实验的主要目的是让学生掌握相关元器件及其单元电路原理并进行验证，通过基础性能参数测试，学生掌握基本实验理论、基本实验方法、基本实验技能。设计性实验是该知识点应用的逆问题，即给出性能参数要求，设计单元电路并进行参数计算。探究性实验是知识点的延伸、故障特征的分析、该知识点的新技术实现以及理论建模与电路实现等。为了学生综合应用各知识点，本书在第三篇增加了基础电路的扩展与应用两部分实验内容，既有课程各知识点的综合，又有实验技能、测试方法的综合，提高了学生对模拟电子技术知识的综合应用能力。

本书在编写过程中依据教学体系建设的需要，充分考虑了各种教学模式和不同层次学生的需要。实验内容由浅入深，方案1验证性实验：给出了实验电路、实验仪器与器件及实验方法步骤，写得较为详细；方案2设计性实验：学生能完成知识点的应用，可以举一反三；方案3探究性实验：实验内容只提要求，让学生自行设计实验方案，独立完成实验。各学校各专业可根据实验学时和教学要求的不同，选择学习部分内容。本教材要求两种实验结果呈现形式：实验报告及实验小论文。实验报告及实验小论文的撰写方式在第一篇中讲述，提早训练学生撰写论文。

全书共三篇。第一篇介绍电子电路技术实验的意义和目的，学生实验守则，电子电路调试、故障排查的一般方法，实验数据测量、处理要求（包括误差分析），以及实验报告及实验论文要求。第二篇介绍模拟电子技术经典电路实验，共10个实验，每个实验项目的内容均包括验证性性实验、设计性实验和探究性实验三部分。所有实验项目所需元器件的功能介绍附在每个实验内容中，以方便学生查阅。第三篇介绍模拟电子技术基础电路的扩展与应用，包括12个综合设计实验，其内容涉及模电综合实验、模/数综合实验以及开关电路设计等。每个实验项目都是近年来在电子课程设计各项竞赛中出现较多的课题，具有通用性、综合性和实用性的特点，每个项目均提供简单的设计思路和说明。附录介绍了示波器原理及使用方法，Multisim 仿真软件的基本操作，以及元件测试与选型等。

本书的编写是在四川大学电工电子基础实验教学中心的大力支持下进行的。其中，绪论一、二、四及全书探究类实验由周群编写；绪论五由曹晓燕编写；第二篇实验 2.1、实验 2.2、实验 2.10，第三篇实验 3.1～实验 3.6 由印月编写；绪论三，第二篇实验 2.8，第三篇实验 3.7、实验 3.8，附录 B 和附录 C 由翟义然编写；第二篇实验 2.6、实验 2.7 和实验 2.9 由马雪莲编写；第二篇实验 2.3～实验 2.5 和附录 A 由张晓东编写；第三篇实验 3.9～实验 3.12 由刘雪山编写。全书由翟义然老师统稿。书中所有实验电路均经过多年教学实践和学生实验验证。

本书在编写过程中还参考了国内外相关教材，在此表示感谢。由于编者水平有限，书中难免存在不妥之处，恳请广大读者和同行批评指正。

编　者

# 目 录 Contents

# 第一篇
# 绪　　论

## 一、模拟电子技术实验的意义和目的

模拟电子技术实验是模拟电路课程重要的实践性环节，也是这门专业基础课程的重要组成部分。基础理论主要讲授模拟电子技术基础的基本概念、基本原理和基本分析方法，而实验环节则是在理论教学的基础上，完成这些模拟电子电路的设计、安装、调试和测量。

模拟电子技术实验的目的如下：

1）将理论基础与实践有机地结合起来，使学生能够掌握模拟电子电路的基本概念和原理，学会灵活应用模拟电子技术理论的实验技能；熟悉常用电子仪器设备和元器件的性能，掌握其使用方法和测量方法，初步掌握模拟电路设计的一般方法和测试方法。

2）通过课堂实验和课外开放实验相结合的形式，培养学生综合运用所学理论知识，查阅相关资料，掌握常用EDA软件工具的使用，能够对电路和系统进行仿真、分析和辅助设计，通过选择适当电子元器件实现电子电路单元模块与系统的设计。

3）通过动手安装、测试电路与理论分析结果相融合的方式，根据实验现象能够判断实验结果正确与否，并能通过这些现象分析、查找和排除实验电路中的故障，从而提高学生分析解决实际问题的能力。

模拟电子技术实验的目的不再是单纯意义上的动手操作训练课程，而是涵盖了更为全面的综合能力培养目的。在整个过程中，理论和实践相辅相成，还要掌握更多的新器件和新手段，在此基础上应有所创新，使学生在实验中掌握模拟电子技术的实验技能和实事求是的工作作风，从而实现从理论知识应用到实践能力再到综合专业素质的全面培养。

## 二、学生实验守则

实验室是学生完成实验过程、培养学生工程实践能力的重要场所。通过实验教学培养学生的实践能力、分析观察能力、调试能力和创新能力；深化学生严谨的科学态度，理论联系实际的务实作风。为了严肃认真地完成实验教学规定的全部任务，特做如下规定，必须认真执行。

1）为了避免盲目性，使实验能够顺利进行，每个实验者应对实验内容进行充分的预习，首先要明确实验目的与要求，复习有关电路的基本原理。根据实验内容要求，通过仿真软件完成电路设计，拟定好原始数据记录的实验表格，一般要按要求写出预习报告。

2）每个实验者应着装整齐，不得穿背心、拖鞋，更不得带食物进入实验室，严格遵守实验上课时间，不得无故迟到，不得早退和缺席。如果有病或急事不能做实验，应提交假条，否则按旷课处理。

3）上实验课时实验者应按位就坐，两人一组。保持实验环境安静，指导教师根据预习设计报告中存在的问题加以讲解或点评，指出设计报告中的错误，待学生修正后，方可按可行的设计方案进行实验。

4）实验者应爱护实验室的一切设备、器材和工具，不得擅自拆卸、改装和调换各组配备的仪器、设备和工具，未经同意不得将仪器、设备和工具搬出实验室。若发现仪器设备损坏不能使用，应及时报告指导教师更换或维修。如果蓄意损坏仪器设备，应该照价赔偿。

5）实验者在实验时必须严肃认真，不得大声喧哗，不得无故到处走动。按正确的操作规程进行操作，提倡创新。认真调试仪器设备，仔细观察、分析实验现象，如实记录实验数据，不得抄袭他人实验结果。

6）实验者在实验中应注意安全，严禁将开口水杯放在实验台上，以免造成短路。如遇到异常情况，应立即切断电源、熄灭火源、关闭水源，防止事故漫延扩大，并保持现场，及时报告指导教师做善后处理。

7）实验结束后，实验者将原始数据结果交指导教师审阅合格签字后，方可切断仪器电源，将仪器设备及工具整理好，并把各自的实验台面收拾干净，即可离开实验室。最后由清洁小组做好整个实验室的卫生清洁工作，关好水闸、电闸和门窗，避免意外事故发生。

实验者应严格遵守上述规则，如有违反，应给予批评教育。必要时，给予一定的纪律处分处理。

## 三、实验数据的测量及处理

### （一）电子电路的基本电量测量

电子电路设计调试离不开对电量的测量，测量是人们借助于专门的设备，把被测量对象直接或间接地与同类已知单位进行比较，取得用数值和单位共同表示的测量值。它所涉及的内容包含以下几个方面：电能量的测量（如电压、电流、功率）；元器件和电路参数的测量（如电阻、电容、电感、晶体管参数）；电信号特性参数的测量（如频率、相位）；电路性能指标的测量（如放大倍数、噪声指数）；特性曲线的测量（如晶体管特性曲线、电路的幅频曲线）。上述各参数中，电压、电流、电阻等是基本参量，由于受篇幅所限，本节仅介绍电压、电流的测量，其他有关电参量的测量，请参阅有关章节及参考书。

### （二）电压测量

在电子电路中，应根据被测电压的波形、频率、幅度、等效内阻，针对不同的测量对象和要求采用不同的测量方法。

#### 1. 直流电压的测量

直流电压常用数字万用表测量，数字万用表均有直流电压档。用它测量直流电压可直接显示被测直流电压的数值和极性，有效数值位数较多，精确度高。一般数字万用表直流电压档的输入电阻较高，可达10MΩ以上，将它并接在被测支路两端对被测电路的影响较小。

用数字万用表测量直流电压时，要选择合适的量程，当超出量程时会有溢出显示，如DT－990C型数字万用表，当测量值超出量程时会显示“OL”，并在显示屏左侧显示“OVER”表示溢出。

数字万用表的直流电压档有一定的分辨力，即它所能显示的被测电压的最小变化值，实际上不同量程档的分辨力不同，一般以最小量程档的分辨力为数字电压表的分辨力，如DT890型数字万用表的直流电压分辨力为100μV，即这个万用表不能显示出比100μV更小的电压变化。

直流电压也可以用示波器测量，示波器测量电压时，首先应将示波器的垂直偏转灵敏度微调旋钮置校准档，否则电压读数不准确。用示波器测量电压的方法请看示波器的使用。

#### 2. 交流电压的测量

电子技术实验中，交流电压大致可分为正弦和非正弦交流电压两类。测量方法一般可分为两种，一种是具有一定内阻的交流信号源的测量；另一种是电路中任意一点对地的交流电压的测量。在此注意，测量两个点之间的交流电压时，用间接测量法，即先测两点到地的电压，然后求差值电压即为两点电压之差。求差值电压时，其值由矢量差求出，只有当电压同相位时，才能用代数差表示。在时间域中，交流电压的变化规律是各种各样的，有按正弦规律变化的正弦波、线性变化的三角波、跳跃变化的方波、随机变化的噪声波等。但无论变化规律多么不同，一个交流电压的大小均可用峰值（或峰－峰值）、平均值、有效值、波形因数、波峰因数来表征。

（1）正弦交流电压的测量

实验中对正弦交流电压的测量，需将交流量转换为直流量，转换的装置称为检波器。检波器有三种类型，分别是平均值检波器、峰值检波器、有效值检波器，故电压表有三种类型，分别是平均值电压表、峰值电压表、有效值电压表。一般测量其有效值，特殊情况下才测量峰值。由于万用表结构的特点，虽然也能测量交流电压，但对频率有一定的限制，根据频率范围不同，常用交流电压测量仪器有万用表（0～1000Hz）、交流毫伏表（20Hz～2MHz）、超高频毫伏表（1kHz～1200MHz）等。示波器也可以测量交流电压。因此，测量前应根据待测量的频率范围及要求的测量精度，选择合适的测量仪器和方法。

1）数字式万用表测量交流电压。数字式万用表的交流电压档将交流电压检波后得到的直流电压通过 A/D 变换器变换成数字量，然后用计数器计数，以十进制显示被测电压值。与模拟式万用表交流电压档相比，数字式万用表的交流电压档输入阻抗高，如 DT890 型数字万用表的交流电压档的输入阻抗为 10MΩ，对被测电路的影响小。但它同样存在测量频率范围小的缺点，如 DT890 型数字万用表测量交流电压的频率范围为 40～400Hz。

2）示波器测量交流电压。直接从屏幕上测量出被测电压波形的高度，然后换算成电压值。定量测量电压时，一般把 Y 轴灵敏度开关的微调旋钮转至“校准”位置上，这样，就可以通过“V/div”的指示值和被测信号占取的纵轴坐标值直接计算被测电压值。用示波器法测量交流电压的方法请参看示波器的使用。

3）电压互感器测电压。电压互感器和变压器很相像。电压互感器变换电压的主要目的是将高电压变换成适当的范围给测量仪表测量，用来测量线路的电压、功率和电能。

4）霍尔电压传感器测电压。交流电压在控制领域通常采用霍尔电压传感器测量，在高精度计量领域一般采用变频功率传感器测量。

（2）非正弦交流电压的测量

1）数字式万用表测量交流电压。数字电压表是按正弦波电压设计的，所以不能直接测量非正弦波电压。但是，只要掌握非正弦电压的变化规律，仍然能够准确地测量其平均值、有效值和峰值。

电压的有效值 $U$ 与平均值 $\overline{U}$ 的比值为波形因数，用 $K_f$ 表示，即：

$$K_f = \frac{U}{\overline{U}} \tag{1-3-1}$$

电压的峰值 $U_p$ 与平均值 $\overline{U}$ 之比为波峰因数，用 $K_p$ 表示，即：

$$K_p = \frac{U_p}{\overline{U}} \tag{1-3-2}$$

数字万用表的电路结构采用整流电路将输入信号变成直流电压进行测量，在测量正弦波时，输出为被测信号的平均值，平局值乘以 1.111 倍折算成有效值，按有效值显示读数；测量非正弦波时，先获得信号的平均值，从表 1-3-1 查出被测非正弦信号的 $K_f$ 及 $K_p$，然后利用式（1-3-1）和式（1-3-2），分别求出波形的有效值和峰－峰值。

**表 1-3-1　几种常见波形的相关数值**

| 序号 | 名称 | 波形图 | 波形因数 $K_f$ | 波峰因数 $K_p$ | 有效值 | 平均值 |
|---|---|---|---|---|---|---|
| 1 | 正弦波 | $U_p$ | 1.11 | 1.414 | $U_p/2$ | $\frac{2}{\pi}U_p$ |
| 2 | 半波整流 | $U_p$ | 1.57 | 2 | $U_p/2$ | $\frac{1}{\pi}U_p$ |
| 3 | 全波 | $U_p$ | 1.11 | 1.414 | $U_p/\sqrt{2}$ | $\frac{2}{\pi}U_p$ |
| 4 | 三角波 | $U_p$ | 1.15 | 1.73 | $U_p/\sqrt{3}$ | $U_p/2$ |
| 5 | 锯齿波 | $U_p$ | 1.15 | 1.73 | $U_p/\sqrt{3}$ | $U_p/\sqrt{2}$ |
| 6 | 方波 | $U_p$ | 1 | 1 | $U_p$ | $U_p$ |
| 7 | 梯形波 | $U_p$ | $\frac{\sqrt{1-\frac{4\phi}{3\pi}}}{1-\frac{\phi}{\pi}}$ | $\frac{1}{\sqrt{1-\frac{4\phi}{3\pi}}}$ | $\sqrt{1-\frac{4\phi}{3\pi}}U_p$ | $(1-\frac{\phi}{\pi})U_p$ |
| 8 | 脉冲波 | $U_p$ | $\sqrt{\frac{T}{t\omega}}$ | $\sqrt{\frac{T}{t\omega}}$ | $\sqrt{\frac{T}{t\omega}}U_p$ | $\frac{t\omega}{T}U_p$ |

2）示波器测量非正弦交流电压。示波器测量非正弦交流电压的方法与测量正弦交流电压相同。

**（三）电流的测量**

在电子测量领域中，电流也是基本参数之一，如静态工作点、电流增益、功率等的测量，许多实验的调试、电路参数的测量，也都离不开对电流的测量。因此，电流的测量也是电参数测量的基础。实验中电流可分为两类：直流电流和交流电流。测量方法有两种：直接测量和间接测量。直接测量法是将电流表串联在被测支路中进行测量，电流表的指示数即为测量结果。间接测量法利用欧姆定律，通过测量电阻两端的电压来换算出被测电流值。与电压的测量相类似，由于测量仪器的接入会对测量结果带来一定的影响，也可能影响到电路的工作状态，因此实验中应特别注意，不同类型电流表的原理和结构不同，影响的程度也不尽相同。一般电流表的内阻越小，对测量结果的影响就越小，反之越大。因此，实验过程中应根据具体情况选择合理的测量方法和合适的测量仪器，以确保实验的顺利进行。

1. 直流电流的测量

数字式万用表直流电流档的基础是数字式电压表，它通过电流－电压转换电路，使被测电流流过标准电阻，将电流转换成电压来进行测量。数字式万用表的直流电流档的量程切换通过切换不同的取样电阻来实现。量程越小，取样电阻越大，当数字式万用表串联在被测电路中时，取样电阻的阻值会对被测电路的工作状态产生一定的影响，在使用时应注意。

电流的直接测量法要求断开回路后再将电流表串联接入，往往比较麻烦，且容易疏忽而造成测量仪表的损坏。当被测支路内有一个定值电阻 $R$ 可以利用时，可以测量该电阻两端的直流电压 $U$，然后根据欧姆定律算出被测电流：$I=U/R$，但需注意，此方法适用于电阻阻值小于500Ω 的情况，否则误差较大。当被测支路无现成的电阻可利用时，也可以人为地串入一个取样电阻来进行间接测量，取样电阻的取值原则是对被测电路的影响越小越好，一般在1～10Ω 之间，很少超过100Ω，这个电阻 $R$ 一般称为电流取样电阻。取样电阻的选择依据测量指标要求。

2. 交流电流的测量

按电路工作频率，交流电流可分为低频、高频和超高频电流。在超高频段，电路或元件受分布参数的影响，电流分布是不均匀的，因此，无法用电流表来直接测量各处的电流值。只有在低频（45～500Hz）电流的测量中，可以将交流电流表或具有交流电流测量档的普通万用表或数字万用表串联在被测电路中进行交流电流的直接测量。而一般交流电流的测量都采用间接测量法，即先用交流电压表测出电压，然后用欧姆定律换算成电流。

（1）电阻采样法

用电阻做采样，一般是将电阻放置在需要采样电流的位置，通过测量电阻两端的电压值来确定电路中电流的大小。采样电阻的阻值一般要求比较小，这样才能让放进去的电阻不影响原电路中电流的大小，以确保采样精准。对取样电阻有一定的要求，当电路工作频率在20kHz 以上时，不能选用普通线绕电阻作为取样电阻，高频时应用薄膜电阻。由于一般电子仪器都有一个公共地，在测量中必须将所有的地连在一起，即必须共地，因此取样电阻要连接在接地端，在 $LC$ 振荡电路中要连接在低阻抗端。这种利用取样电阻的间接测量法，不仅将交流电流的测量转换成交流电压的测量，使得可以利用一切测量交流电压的方法来完成交流电流的测量，而且还可以利用示波器观察电路中电压和电流的相位关系。

（2）互感检测法

互感检测法一般应用在高电压大电流场合（交流）。在互感电路中，当主绕组流过大小不同的电流时，副绕组就感应出相应的高低不同的电压。将互绕组的电压数值读出，就可以计算出流经主绕组的电流。

（3）霍尔电流传感器

霍尔电流传感器基于磁平衡式霍尔原理，根据霍尔效应原理，从霍尔元件的控制电流端通入电流，并在霍尔元件平面的法线方向上施加磁场，那么在垂直于电流和磁场方向（即霍尔输出端之间）将产生一个电动势，称其为霍尔电动势，其大小正比于控制端电流与所加磁场强度的乘积。由于磁路与霍尔元件的输出具有良好的线性关系，因此霍尔元件输出的电压可以间接反映出被测电流的大小。

（4）罗格夫斯基线圈

罗格夫斯基线圈（称为罗氏线圈）是一种交流电流传感器，是一个空心环形的线圈，有柔性和硬性两种，可以直接套在被测量的导体上来测量交流电流。罗氏线圈适用于较宽频率范围内的交流电流的测量，对导体、尺寸都无特殊要求，具有较快的瞬间反应能力，广泛应用在传统的电流测量装置中，如电流互感器无法使用的场合，用于电流测量，尤其是高频、大电流测量。罗氏线圈测量电流的理论依据是法拉第电磁感应定律和安培环路定律，当被测电流沿轴线通过罗氏线圈中心时，在环形绕组所包围的体积内将产生相应变化的磁场。

**（四）时间、频率及相位的测量**

1. 时间的测量

时间的测量通常是指测量周期、脉冲宽度、上升时间及下降时间等。通常用示波器测量，测量前应对时间灵敏度进行校准，将扫描微调置于校准位置，再用示波器本身的标准信号进行校准，检查扫描速率 $t$/div 的标称值是否准确。用示波器测量周期时可以测量多个周期时间，再除以周期数，减小测量误差。测量脉冲宽度、上升时间、下降时间等参数，只需按其定义测量出相应的时间间隔即可。

2. 频率的测量

频率的测量可以先测周期，周期的倒数就是频率。目前，很多示波器可以直接显示频率值。此外还可用频率计测量。频率计测量频率的原理是计数法，即测量标准时间间隔 $T$ 内被测信号重复出现的次数 $N$，频率 $f=N/T$。频率测量时，应注意触发电平的调节，当测量值稳定后再读数。

3. 相位的测量

所谓相位测量，通常是指测量两个同频率信号之间的相位差，一般采用双踪示波器测量两信号之间的相位差。具体方法请参考“模拟电子技术实验一”。

**（五）测量误差来源及分类**

1. 测量误差的来源

测量的目的是获取被测量的量值。测量误差始终存在于一切科学实验的过程之中，测试环境条件千变万化，测量方式和方法往往不够完善，测量设备不会完美无缺，再加上测量者对客观认识的局限等，这些都是造成测量误差的因素。研究测量误差的目的在于分析误差产生的原因、性质，以便消除、补偿和减少误差对测量结果的影响。掌握误差产生的规律，有助于合理设计制造测试仪器，恰当选择测试设备和测量方法，正确地组织测量，从而以最经济的方式获得最有效的测量结果。此外，测量误差的研究对于保证计量基准的统一以及正确传递具有积极的作用。

测量误差是不可避免的，但又是可以控制的。随着科技水平的提高，测量误差可以被控制在更小的范围内。企图获得当前科技水平上的“最佳”测试结果，所付出的代价必然是昂贵的。在对测量误差的要求不是很高的情况下，片面追求最准确的“最佳值”是没有必要的。正确的做法应该是：在满足测量误差要求的前提下，从测试方案的经济性、可靠性、重复性等方面做全面的考虑。

2. 误差分类

为了便于对测量误差进行分析研究，有必要对误差进行分类。按误差的基本性质、特点分类为：系统误差、随机误差和粗大误差。系统误差是指误差的绝对值和符号恒定或按一定规律变化。而随机误差是指误差的绝对值和符号都不固定，但在大量重复测量中，遵从统计规律。粗大误差是指明显歪曲测量结果的误差。

按产生误差的来源分类，误差又分为工具误差、方法误差和人员误差。工具误差是测量系统的原理不完善所引起的误差；方法误差是测量仪表不完善引起的误差；人员误差是测量工作人员的个人特点、习惯所引起的误差。

按仪表工作条件分类，误差分为基本误差和附加误差。基本误差是仪表在规定工作条件下使用时所产生的误差。附加误差是仪表在偏离规定的工作条件下使用时所附加的误差。

3. 误差产生的原因及其消除

误差产生的原因较多，这里仅从电子电路实验的角度来分析误差产生的原因及消除方法。系统误差：在同一测试条件下，对同一被测量进行测量时，误差的绝对值和符号保持恒定或按一定规律变化（例如随时间或空间递增、递减、周期性变化等），这种误差带有系统性和方向性，称为系统误差。

（1）系统误差产生的原因

1）测量装置或仪表的不完善：仪表在设计、制造、工艺等方面的缺陷，仪表中所用元件、材料性能不合要求。例如，仪表刻度不准，轴和轴承的摩擦、功耗、游丝变软等引起的误差。这种误差通常称为仪表的基本误差。

2）测量环境条件的改变：因为仪表是在规定的工作条件（即规定的温度、湿度、空气压力、放置方式，频率和波形，无外电场和外磁场的影响）下校验出来的，若仪器仪表不是在规定的工作条件下工作，条件改变就会引起测量误差。这种误差，通常称为仪表的附加误差。

3）测量方法和理论的不完善：测量仪表接入电路后，相当于接入一个无源元件或有源元件，势必会引起原有电网络中激励与响应间关系的变化，因此产生误差是不可避免的。例如，用电流表、电压表测电阻时，不管测量电路怎样连接，测量结果中总包含有电流表或电压表内阻的影响所引起的误差。此外，限于认识的局限性，经验公式、函数类型选择的近似性以及公式中各系数的近似性都会引起误差。这类误差通称为方法误差。

4）人员误差：由测量工作者的技术水平、生理特点及习惯引起。如测量者的经验，测量者的视觉习惯，总是把读数读得偏高或偏低。在以耳机作为平衡电桥指示器的交流电桥中，如测量者听觉不够灵敏，就会由于错误判断引起测量误差等。

（2）系统误差的消除

从理论上讲，测量误差是客观存在的，是不可避免的。误差只能减小，不能根本消除。但在工程中，当误差被减小到可以忽略的程度时，就可认为误差被消除了。消除系统误差一般可针对产生误差的原因采取相应措施。常用的方法有：

1）引入更正值，以消除由于测量设备的不准确所引起的基本误差。即在测量前，对测量中所用的仪器仪表及度量器进行校验，得出校正曲线。测量时，将测量值加上对应的校正值即可。图 1-3-1 为对某一电流表校验后所得到的校正曲线。如该电流表接入被测电路中指示为4.00A，则被测量的实际值为：4.00A+0.03A=4.03A。

2）尽量消除产生附加误差的条件，即尽量使仪器仪表工作在规定的环境条件下。如测量前仔细检查仪表是否校零和安放情况是否符合规定等。若因条件限制，不能使测量设备在要求的环境条件下工作，也可引入更正值，如环境温度非正常范围，引入温度引起的误差校正。

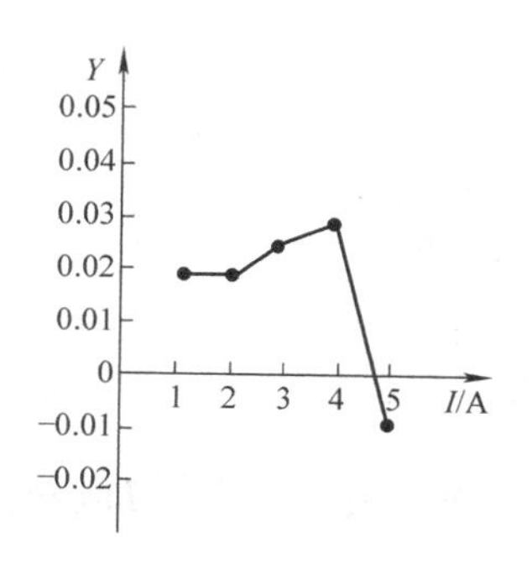

图1-3-1　某一电流表校正曲线

3）采用特殊测量方法。如采用替代法可消除因测试仪表的不准确、装置不妥及环境条件的改变所引起的系统误差。而采用正负误差抵消法可消除某一恒定系统误差。在恒定系统中，若经分析可能出现正误差，也可能出现负误差，则可测两次，使一次误差为正，另一次为负，测量结果取其平均值，即能消除此误差。如用磁电式仪表测量时，为了消除恒定外磁场的影响，可先将仪表在某一位置读数一次，然后将该仪表转动180°再测一次，取两次的平均值作为测量结果。

系统误差决定测量的准确度。测量中系统误差越小，测量结果越逼近真实值，说明测量的准确度越高。

（3）随机误差产生的原因

在同一测试条件下，对同一被测量进行多次测量时，误差的绝对值和符号的变化时大时小、时正时负，没有确定的规律，也不能预知，但在大量重复的测量中，误差服从统计规律，这种带有随机性的误差称为随机误差或者偶然误差。

产生随机误差的原因可以归结为由很多影响量微小变化的总合所造成的，难以具体分析。如电磁场的微变、空气扰动、大地微震、电源电压或频率的瞬时变化、测量者的心理或生理上的某些变化等，使得每次测量都受这些外界条件的随机扰动而带来随机误差。

随机误差不能用校正方法加以消除，但是可以利用概率论及统计学，通过数据处理来估计它对测量结果的影响。

随机误差决定测量的精密度。精密度越高，多次重复测量时的分散性也就越小。

4. 电子电路实验测量数据处理

电子电路的实验测量及数据处理主要面对工程应用而非科学研究，所以对于由器件所构成的电子电路均有一个理论设计的参考值及大致范围，因此粗大误差比较明显，工程上基本可以通过观察加以消除。

系统误差的消除，一方面通过将测量仪器设备定期送到计量部门校准加以消除，另一方面在使用仪器设备前仔细阅读仪器使用说明书，避免由于使用不当引起的系统误差。

随机误差是无法避免的，由于随机误差属于正态分布，可以采用多次测量取平均的方法加以消除。进行数据处理时有几个问题需要注意：

1）在读取仪表读数时，应该注意有效位数的读取，一般在仪表精确刻度读数基础上再多估计一位作为最后读数，从左边第一个非零数字到最末一位数为止的全部数字，称之为有效数字。

2）在数据处理过程中，无理数（e、$\sqrt{2}$、$\sqrt{3}$等）不可能取无穷位，所以通常计算得到的测量数据和测量结果均是近似值，其位数各不相同。为了使测量结果的表示准确唯一和便于计算，在数据处理时，需对测量数据和所用常数进行修约处理。

3）数据修约规则（偶数法则）：

① 小于5舍去，即舍去部分的数值小于所保留末位的0.5个单位时，末位不变。

② 大于5进1，即舍去部分的数值大于所保留末位的0.5个单位时，在末位增1。

③ 等于5时，取偶数，即舍去部分的数值恰好等于所保留末位的0.5个单位，则当末位是偶数时，末位不变；末位是奇数时，在末位增1（将末位凑为偶数）。

对于测量数据的绝对值比较大（或比较小），而有效数字又比较少的测量数据，应采用科学计数法，即 $a\times10^n$，$a$ 的位数由有效数字的位数决定。

## 四、电子电路的调试方法

电子电路的设计制作即使按照设计的电路参数进行安装，也往往难以达到预期的效果。这是因为人们在设计时，无法确定各种复杂的客观因素（如元件值的误差、器件参数的分散性、分布参数的影响等），必须通过安装后的测试和调整来发现和纠正设计方案的不足，然后加以改进，使电子电路达到预定的技术指标。因此，电子电路的调试技能对从事电子技术及其有关领域工作的人员来说，是不应缺少的。

调试的常用仪器有万用表、示波器和信号发生器等。所谓电子电路的调试，是以达到电路设计指标为目的而进行的一系列测量—判断—调整—再测量的反复过程。

### （一）电子电路调试的一般步骤

1. 调试前的准备工作

（1）搭建调试工作台

工作台配备所需的调试仪器，仪器的摆设应操作方便，便于观察。学生往往不注意这个问题，在制作或调机时工作台很乱，工具、书本、衣物等与仪器混放在一起，这样会影响调试。特别提示：在制作和调试时，一定要把工作台布置得干净、整洁。这便是“磨刀不误砍柴工”。

（2）调试计划制定

根据待调系统的工作原理拟定调试步骤和测量方法，确定测试点，并在图纸上和电路板上标出位置，画出调试数据记录表格等。

（3）调试设备准备

对于硬件电路，应视被调系统选择测量仪表，测量仪表的精度应优于被测系统；对于软件调试，则应配备微机和开发装置。最好准备两套硬件电路，便于对比调试，快速发现问题。

2. 通电前电子电路的检查

（1）连线是否正确

检查电路连线是否正确，包括错线（连线一端正确，另一端错误）、少线（安装时完全漏掉的线）和多线（连线的两端在电路图上都是不存在的）。查线的方法通常有两种：

1）按照电路图检查安装的线路。这种方法的特点是根据电路图连线，按一定顺序逐一检查安装好的线路，由此可比较容易地查出错线和少线。

2）按照实际线路来对照原理电路进行查线。这是一种以元器件为中心进行查线的方法。把每个元器件引脚的连线一次查清，检查每个连线在电路图上是否存在，这种方法不但可以查出错线和少线，还容易查出多线。为了防止出错，对于已查过的线应在电路图上做出标记，最好用指针式万用表“Ω×1”档，或数字式万用表“Ω”档的蜂鸣器来测量，而且直接测量元器件引脚，这样可以同时发现接触不良的地方。

（2）元器件安装情况

检查元器件引脚之间有无短路，连接处有无接触不良，二极管、晶体管、集成器件和电解电容极性等是否连接有误。

（3）电源供电检查

检查电源供电（包括极性）、信号源连线是否正确。在通电前，断开一根电源线，用万用表检查电源端对地（⊥）是否存在短路。

若电路经过上述检查后确认无误，则可转入调试。

3. 通电后电子电路的检查

通电后不要急于测量，而要观察电路有无异常现象，如有无冒烟现象，有无异常气味，手摸集成电路外封装是否发烫等。如果出现异常现象，应立即关断电源，待排除故障后再通电。

4. 静态调试

静态调试一般是指在不加输入信号，或只加固定的电平信号的条件下所进行的直流测试，可用万用表测出电路中各点对地的电位，计算电压通过和理论估算值比较，并结合电路原理的分析，判断电路直流工作状态是否正常，及时发现电路中已损坏或处于临界工作状态的元器件。通过更换元器件或调整电路参数，使电路直流工作状态符合设计要求。

5. 动态调试

动态调试是在静态调试的基础上进行的，在电路的输入端加入合适的信号（模拟电路加标准的正弦信号），按信号的流向顺序检测各测试点的输出信号，若发现不正常现象，应分析其原因，并排除故障，再进行调试，直到满足要求。

测试过程中不能凭感觉和印象，要始终借助仪器观察。使用示波器时，最好把示波器的信号输入方式置于“DC”档，通过直流耦合方式，可同时观察被测信号的交、直流成分。通过调试，最后检查功能块和整机的各种指标（如信号的幅值、波形形状、相位关系、增益、输入阻抗和输出阻抗等）是否满足设计要求。如必要，再进一步对电路参数提出合理的修正。

**（二）电子电路调试的注意问题**

1）根据电子电路的工作原理制定调试步骤，确定测试点，并在图纸上和电路板上标出位置，画出调试数据记录表格等。在调试过程中，要认真观察和分析实验现象，做好记录，保证实验数据的完整可靠。

2）凡是使用地端接机壳的电子仪器进行测量时，仪器的接地端应和放大器的接地端连接在一起，否则仪器机壳引入的干扰不仅会使放大器的工作状态发生变化，而且将使测量结果出现误差。例如，根据这一原则，调试发射极偏置电路时，若需测量集电极与发射极间电压，不应把仪器的两端直接接在集电极和发射极上，而应分别对地测出集电极到地电压和发射极到地电压，然后将二者相减得集电极与发射极间电压。

3）应视电子电路指标选择测量仪表，测量仪表的精度应优于被测系统测量电压要求的精度，所用仪器的输入阻抗必须远大于被测处的输入阻抗，若测量仪器输入阻抗小，则在测量时会引起分流，给测量结果带来很大误差。如果测量信号是高频信号，应阻抗匹配。

4）测量仪器的带宽必须大于被测电路的带宽。例如，MF－20 型万用表的工作频率为 20～20000Hz，如果放大器的 $f_H=100kHz$，就不能用 MF－20 来测试放大器的幅频特性，否则，测试结果不能反映放大器的真实情况。

**（三）电子电路故障排除方法**

要认真查找故障原因，切不可一遇故障解决不了就拆掉线路重新安装。因为重新安装的线路仍可能存在各种问题，如果是原理上的问题，即使重新安装也解决不了。我们应当把查找故障、分析故障原因看成一次好的学习机会，通过它来不断提高自己分析问题和解决问题的能力。查找故障的一般方法有：

1. 直接观察法

直接观察法是指不用任何仪器，利用视、听、嗅、触等手段来发现问题，寻找和分析故障。直接观察包括不通电检查和通电观察。检查仪器的选用和使用是否正确；电源电压的等级和极性是否符合要求；电解电容的极性、二极管和晶体管的引脚、集成电路的引脚有无错接、漏接、互碰等情况；布线是否合理；印制电路板有无断线；电阻电容有无烧焦和炸裂等。通电观察元器件有无发烫、冒烟，变压器有无焦味，有无高压打火等。此法简单，也很有效，可作初步检查时用，但对比较隐蔽的故障无能为力。

2. 用万用表检查静态工作点

电子电路的供电系统，半导体晶体管、集成块的直流工作状态（包括元器件引脚、电源电压）、线路中的电阻值等都可用万用表测定。当测得值与正常值相差较大时，经过分析可找到故障。

现以图 1-4-1 所示两级放大器为例。静态时：根据理论估算，$U_{b1}=1.3V$，$I_{c1}=1mA$，$U_{c1}=6.9V$，$I_{c2}=1.6mA$，$U_{e2}=5.3V$。但实测结果 $U_{b1}=0.01V$，$U_{c1}\approx U_{ce1}\approx U_{CC}=12V$。考虑到正常放大工作时，晶体管的 $U_{be}$ 约为 0.6～0.8V，现在 $VT_1$ 显然处于截止状态。实测的 $U_{c1}\approx U_{CC}$ 也证明 $VT_1$ 是截止（或损坏）的。考虑提供偏置 $U_{b1}$ 的是 $R_{b11}$ 和 $R_{b12}$，所以进一步检查发现，$R_{b12}$ 本应为 11kΩ，但安装时却用的是 1.1kΩ 的电阻。将 $R_{b12}$ 换上正确阻值的电阻，故障即消失。

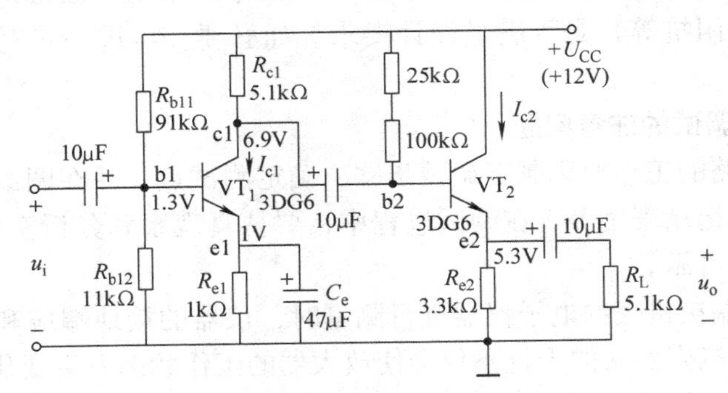


图 1-4-1　用万用表检查两级放大器故障

顺便指出，静态工作点也可以用示波器“DC”输入方式测定。用示波器的优点是内阻高，能同时看到直流工作状态和被测点上的信号波形以及可能存在的干扰信号及噪声电压等，更有利于分析故障。

3. 信号寻迹法

对于各种较复杂的电路，可在输入端接入一个一定幅值、适当频率的信号（例如对于多级放大器，可在其输入端接入 $f=1000\text{Hz}$ 的正弦信号），用示波器由前级到后级（或者相反）逐级观察波形及幅值的变化情况，如哪一级异常，则故障就在该级。这是深入检查电路的方法。

4. 对比法

制作相同的两个电路板，当怀疑某一电路存在问题时，可将此电路的参数与工作状态和相同的正常电路的参数（或理论分析的电流、电压、波形等）进行一一对比，从中找出电路中的不正常情况，进而分析故障原因，判断故障点。一般在制作电子电路时，最好同时焊接两块电路板，对比调试要快很多。

5. 部件替换法

有的故障比较隐蔽，如果此时你有与故障仪器同型号的仪器，则可以将仪器中的部件、元器件、插件板等替换故障仪器中的相应部件，以便于缩小故障范围，进一步查找故障点。

6. 旁路法

当有寄生振荡现象时，可以采用适当容量的电容，选择适当的检查点，将电容临时跨接在检查点与参考接地点之间，如果振荡消失，则表明振荡产生在此附近或前级电路中，否则就向后面移动检查点来逐一寻找。应当注意的是，旁路电容要适当，不宜过大，只要能较好地消除有害信号即可。

7. 短路法

短路法是采取临时性短接一部分电路来寻找故障的方法。如图 1-4-2 所示放大电路，用万用表测量 $VT_2$ 的集电极对地无电压。如果怀疑 $L_1$ 断路，则可以将 $L_1$ 两端短路，如果此时有正常的 $u_{c2}$ 值，则说明故障发生在 $L_1$ 上。

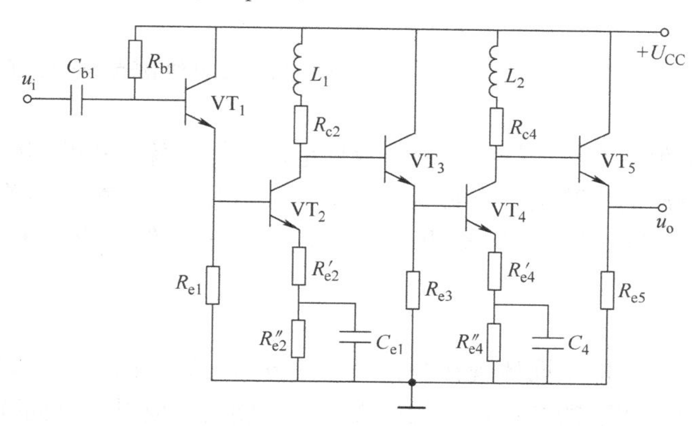


图 1-4-2　用于分析短路法的放大电路

短路法对检查断路性故障最有效。但要注意电源（电路）是不能采用短路法的。

8. 断路法

断路法用于检查短路故障最有效。断路法也是一种使故障怀疑点逐步缩小范围的方法。例如，某稳压电源因接入一带有故障的电路，使输出电流过大，我们采取依次断开电路某一支路的办法来检查故障。如果断开该支路后，电流恢复正常，则故障就发生在此支路。

实际调试时，寻找故障原因的方法多种多样，以上仅列举了几种常用的方法。这些方法的使用可根据设备条件、故障情况灵活掌握。对于简单的故障，用一种方法即可查找出故障点，但对于较复杂的故障则需采取多种方法互相补充、互相配合，才能找出故障点。

## 五、实验报告及实验论文要求

该实验教材分为验证实验、设计实验、探究实验及综合实验四类，实验结果、分析及讨论以两种形式呈现，即实验报告及实验论文。具体请看每个实验的要求。

### （一）实验报告

实验报告是对实验工作的全面总结，能够完整、真实、有效地反映出实验过程及实验结果，还可以对此次实验结果做出正确与否的评价及对实验的改进设想等。作为一名工程技术人员，必须具备撰写实验报告这种技术文件的能力。因此，撰写实验报告也是对每一个理工科学生最基本的训练，初学者应该以严肃认真的态度完成实验报告。

撰写实验报告要遵守一定的规范和要求。实验报告用学校统一的实验报告纸书写，要求字迹干净整洁，语句通顺，书写简洁；要有完整的实验电路图，所测数据要带计量单位并填入所画的表格中，图表完整规范。设计实验应写好预习设计报告，并在电脑上用相应软件进行仿真。

实验报告应主要包括如下内容：

封一：写出实验名称，下面列出撰写人的姓名、学号、学院，何日、何时完成什么实验，以及当时的实验小组组号。

封二：写出实验目的；写出使用仪器设备名称及型号；对于基础实验，实验原理要简述实验电路原理，对于设计性实验，则要写出设计过程及整体电路图。

封三：实验数据处理，认真整理和处理测试数据，在画好的表格中填写实验数据，注明单位。要求表格规范整齐，填写数据要认真、工整。如果有波形，最好画出规范的波形图，注意相位。

封四：对实验结果分析，给出简明扼要的结论；说明排除故障的方法；简答课后的思考题。

实验报告中必须附带原始数据单，原始数据记录不能代替正式的实验报告数据。每次新实验开始时，交上一次的实验报告，实验报告将记入平时实验成绩。实验报告不按时交、报告中没有原始数据记录以及原始数据没有指导教师签字或伪造指导教师签字的，都视为无效。

### （二）实验论文

实验报告与实验论文的不同体现在两方面：一方面内容不同。实验报告是实验过程和结果的如实记录，可以无明确的结论；实验论文是实验创新性成果的书面陈述，以阐述作者的科学见解为目的，一定要有个人独到的看法。另一方面表达形式不同。实验报告以叙述和说明为主，分条列项，如实地将实验过程和结果表述清楚就可以了；实验论文以阐述、分述为主，要求符合学术论文的篇章结构和编写规范。实验论文的基本结构包括：标题、摘要、关键词、引言、正文、结论。

标题：标题要准确、规范。准确是指标题要把实验研究的问题是什么，研究的对象是什么交待清楚。例如，音频功率放大器及啸叫抑制设计。规范就是所用的词语、句型要规范、科学。标题不能太长，要简洁，通俗易懂，一般不超过20个字。

摘要：摘要是论文内容不加注释和评论的简短陈述。为了国际交流，还应有外文（多用英文）摘要。摘要应具有独立性和自含性，即不阅读论文的全文，就能获得必要的信息。摘要的内容应包含与论文同等量的主要信息，一般应说明研究工作的目的、实验方法结果和最终结论等，而重点是结果和结论。

关键词：关键词是为了文献标引工作，从论文中选取出来用以表示全文主题内容信息条目的单词或词语。每篇论文选取3～8个词作为关键词，以显著的字符另起一行，排在摘要的左下方。如有可能，尽量用《汉语主题词表》等词表提供的规范词。为了国际交流，应标注与中文对应的英文关键词。

引言：作为论文的开端，主要回答“为什么研究（why）”的问题，常见的引言包括应用背景和学术背景。应用背景指该项实验的提出背景、研究目的及其重要性。学术背景指该问题的研究经过、成果、问题及其评价的总述，概述达到理想答案的方法。

正文：正文是论文的核心部分，主要回答“怎么研究（how）”这个问题。正文一般由以下部分构成：实验原理、实验设备、实验过程（实验方法）及实验结果与分析（讨论）。实验原理指简要说明实验所依据的基本原理、实验方案、实验装置的设计原理等。有的论文实验原理可以省略。但是，如果实验原理或实验方案、装置是自己设计的，实验内容是新颖的，实验条件是复杂的、读者难以理解和掌握的，均有必要对实验原理做出扼要说明。实验仪器包括选用的材料、设备和实验（观测）的方法，以便他人据此重复验证。说明时，如果采用成熟的仪器，只需简单提及；如果采用有改进的特殊材料和实验方法，则应较详细地加以说明。实验过程（实验方法）主要说明制定的实验方案和选择的技术路线，以及具体的操作步骤。叙述时，不要罗列实验过程，而只叙述主要的、关键的部分；如果引用他人的实验方法，标出参考文献序号即可，不必详述，如有改进，可将改进部分另加说明。实验结果与分析（讨论）中的实验结果是论文的主要部分，数据是表示结果的主要形式，其计量单位名称、符号必须遵循国家或国际标准。有些实验结果可采用表格、图形、照片等表述形式给出，但是在论文中用表格还是图形表达实验结果，要依照哪种形式更能说明问题来判断，切忌把文字论述、表格及相应图形全部罗列于文中。实验结果与分析（讨论）的目的在于论述实验结果的意义。通常要逐项地对实验结果进行探讨，突出本研究的新发现和被证实的新见解。如果作者在实验中得出的某些结果未充分证明某些规律，也要阐明实验结果在某些方面出现的异常情况以供未来的研究者借鉴。

结论：结论是论文的最后总结，主要回答“研究出什么（what）”，这是实验论文最终的结束语，回答从实验结果本身概括或归纳出来的判断和评价。结论的文字要准确、鲜明、精炼，不要简单复述前面的结果和讨论的内容，要与引言相呼应，与正文紧密相联。

# 第二篇
## 基础实验

# 实验2.1　常用电子仪器的使用

## 一、实验目的

**方案1　验证性实验：**

1）了解示波器、函数信号发生器、数字万用表、直流稳压电源等几种常用电子仪器的原理和主要技术指标。

2）掌握双踪示波器的使用方法，学会观察信号波形和测量信号波形的幅度、频率、相位差、时间间隔、脉冲波形的上升沿和下降沿等参数的方法。

3）掌握函数信号发生器的调整方法，包括信号频率、输出幅度、占空比和直流偏置等的调节，以及数字万用表等常用仪器的使用方法。

**方案2　设计性实验：**

1）熟悉示波器MATH功能中用FFT分析信号频谱的方法。

2）熟悉示波器的波形存储功能。

**❖ 方案3　探究性实验：**

1）根据实验室提供的示波器，测量给定电容的大小。

2）本实验希望通过*RLC*串联谐振频率方法测电容。

## 二、实验设备及元件

方案1和方案2：电容，电阻，双踪示波器，函数信号发生器，数字万用表，直流稳压电源，U盘。

❖ 方案3：信号发生器，双踪示波器，未知电容一个，电阻两个（$R_1=200\Omega$，$R_2=5100\Omega$），电感两只（$L_1=10\text{mH}$，$L_2=35\text{mH}$），面包板一个，导线若干。

## 三、实验原理

在电子技术实验中，经常使用的电子仪器有示波器、函数信号发生器、直流稳压电源和数字万用表等，完成对电路的静态和动态工作情况的测试。

实验中使用各种电子仪器进行测试时，可按照信号流向，以连线简洁、调节顺手、观察与读数方便等原则进行合理布局，各仪器与被测实验装置之间的布局与连接如图2-1-1所示。接线时应注意，为防止外界干扰，各仪器的公共接地端应连接在一起，称为共地。信号源和交流毫伏表的引线通常用屏蔽线或专用电缆线，如图2-1-2a所示；示波器接线使用专用电缆线，如图2-1-2b所示。

1. 示波器

示波器是一种用途很广的电子测量仪器，它既能直接显示电信号的波形，又能对电信号进行各种参数的测量。特别指出下列几点：

1）双踪示波器一般有三种显示方式，即“CH1”“CH2”“CH1 + CH2”。

2）为了显示稳定的被测信号波形，“触发源选择”（SOURCE）开关一般选为“内”触发，使扫描触发信号取自示波器内部的Y通道。

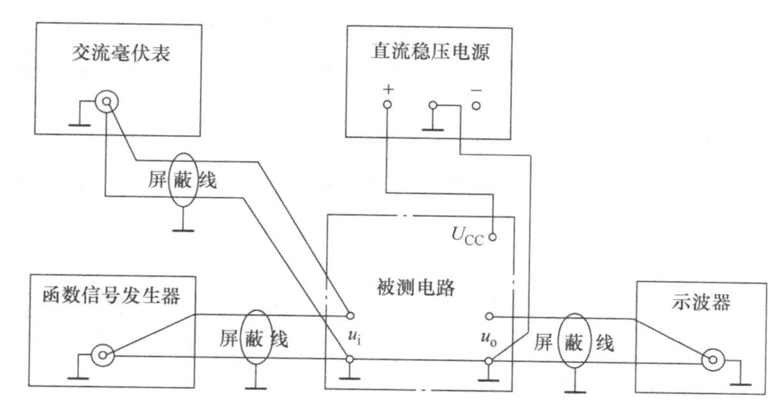


图 2-1-1　电子技术实验中常用电子仪器布局图

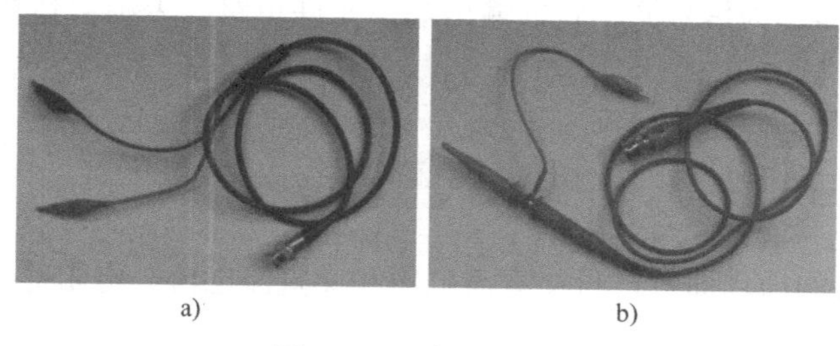


图 2-1-2　专用测试线

3）若被显示的波形不稳定，可通过调节“触发电平”（TRIG LEVEL）旋钮找到合适的触发电压，使被测试的波形稳定地显示在示波器屏幕上。

4）适当调节“Y 轴灵敏度”旋钮及“扫描速率”旋钮，使屏幕上显示的被测信号波形幅度适中，疏密适当，如图 2-1-3 所示。在测量幅值时，根据被测波形在屏幕坐标刻度垂直方向所占的格数 H（div）与“Y 轴灵敏度”指示值（V/div）的乘积，即可计算得到信号峰 - 峰值 $U_{pp}$的实测值。也可以通过示波器的“测量”功能（Measure 方式）测量波形的电压峰 - 峰值、最大值、最小值和有效值。以正弦波为例，电压有效值计算公式为

$$\dot{U} = \frac{U_{pp}}{2\sqrt{2}} \tag{2-1-1}$$

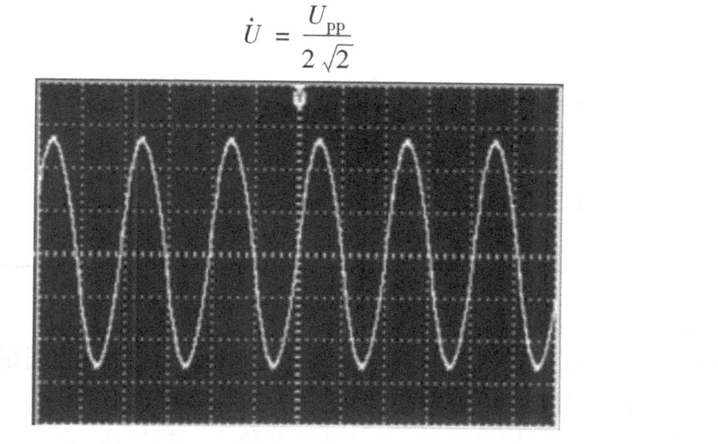

图 2-1-3　正弦波

在测量周期时，根据被测信号波形一个周期在屏幕坐标刻度水平方向所占的格数（div 或 cm）与“扫描速率”指示值（$t$/div）的乘积，即可计算得到信号频率的实测值。

$$f=\frac{1}{\text{一个周期占水平刻度（div）}\times\text{扫描速率（}t\text{/div）}}\quad\text{（单位：Hz）}\qquad(2\text{-}1\text{-}2)$$

同样也可以通过示波器的“测量”功能（Measure 方式）测量波形的周期、频率、上升时间、下降时间等。

2. 函数信号发生器

函数信号发生器可以按需要输出正弦波、方波、三角波、脉冲波和锯齿波等信号。函数信号发生器可以显示输出信号频率和输出电压峰 - 峰值，其读数方便且精确。在“输出衰减”开关和“输出幅度调节”旋钮的控制下，可使输出电压在 V、mV 直至 100μV 级上连续调节。输出信号频率可以通过“频率分档”按键进行调节，从 0.2Hz ~ 2MHz 连续可调（注：函数信号发生器作为信号源，它的输出端不允许短路，否则会造成过载而烧毁信号发生器）。

3. 直流稳压电源

为电路提供直流工作电源，其输出端不允许短路。

4. 数字万用表

可通过直观简易的操作面板进行交直流电压和交直流电流、电阻等的测量，其结果由高清晰度的荧光数码管直接显示。

## 四、实验内容

### 方案 1：验证性实验

1. 函数信号发生器的输出波形、信号频率和幅度的调节

将函数信号发生器频率调到 1kHz，电压峰 - 峰值设为 10V，用示波器观察正弦波、方波、三角波和锯齿波信号，并将所观察的波形绘入表 2-1-1 中。

表 2-1-1

| 正弦波 | 方波 | 三角波 | 锯齿波 |
| --- | --- | --- | --- |
| $u_o$ | $u_o$ | $u_o$ | $u_o$ |

2. 示波器的基本使用

1）选择函数信号发生器的输出为正弦波，调节函数信号发生器的有关旋钮，使信号频率为 1kHz，信号峰 - 峰值为 18V，适当调节示波器的“Y 轴灵敏度”“扫描速率”“触发电平”等旋钮，使示波器能观察到一个或二个周期稳定、幅度适中的正弦波，按表 2-1-2 中的要求，用数字万用表和示波器进行测量，将结果记入表 2-1-2 中。

表 2-1-2

| 函数信号发生器 | | 数字万用表 | 示波器的测量（探头1:1衰减） | | | | |
|---|---|---|---|---|---|---|---|
| 输出衰减/dB | 电压显示 $U_{pp}$/V | 测量值/V（有效值） | Y轴灵敏度/(V/div) | 波形高度/div | $U_{pp}$ | $U_{pp}$（Measure方式） | 均方根值/V |
| 0 | 18 | | | | | | |
| 20 | | | | | | | |
| 30 | | | | | | | |
| 40 | | | | | | | |

2）选择函数信号发生器的输出为正弦波，调节函数信号发生器的有关旋钮，按表2-1-3的要求，得到所需的电压和频率值。调节示波器的“扫描速率”，使示波器能观察到一个或二个周期稳定、幅度适中的正弦波，测出其周期再计算频率，将结果记入表2-1-3中，并将所测结果与已知频率相比较。

表 2-1-3

| 函数信号发生器输出 | | 示波器的测量 | | | | |
|---|---|---|---|---|---|---|
| 频率 | $U_{pp}$电压/V | 扫描速率/(t/div) | 一个周期占有的水平格数/div | 周期 $T$ | 频率 | 频率 $f$（Measure方式） |
| 400Hz | 5 | | | | | |
| 1kHz | 5 | | | | | |
| 10kHz | 5 | | | | | |

3. 用示波器测量两波形间的相位差

按图2-1-4连接实验电路，将函数信号发生器的输出电压调至频率为1kHz、峰－峰值为3V的正弦波，经 $RC$ 相移网络获得频率相同但相位不同的两路信号 $u_i$ 和 $u_R$，分别加到双踪示波器的CH1、CH2输入端。

CH1、CH2输入耦合方式选择“AC”状态，调节“触发电平”“扫描速率”及CH1、CH2的“Y轴灵敏度”，使在荧屏上显示出易于观察的两个相位不同的正弦波形 $u_i$ 和 $u_R$，如图2-1-5所示。

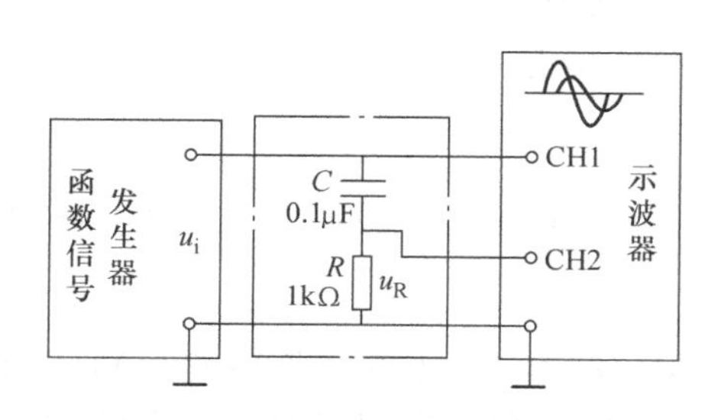


图2-1-4　两波形间相位差测量电路

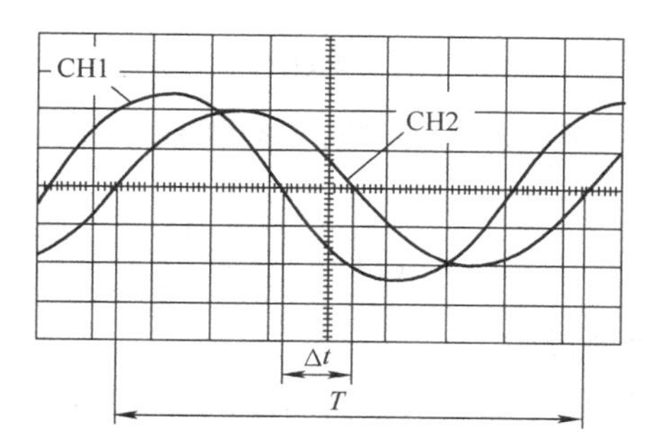


图2-1-5　双踪示波器显示两相位不同的正弦波

根据两波形在 $X$ 轴方向的时间差 $\Delta t$ 及输入信号周期 $T$，可得到两波形相位差为

$$\theta=\frac{\Delta t}{T}\times 360°\qquad(2\text{-}1\text{-}3)$$

用示波器观察两波形相位关系，将两波形相位差记录于表 2-1-4 中，并将实测计算值 $\theta_{实}$ 与 $RC$ 相移网络的理论计算值 $\theta_{理}$ 相比较。

**表 2-1-4**

| 周期 | 两波形 X 轴时间差 | 相位差 | |
|---|---|---|---|
| | | 实测计算值 | 理论计算值 |
| $T=$ | $\Delta t=$ | $\theta_{实}=$ | $\theta_{理}=$ |

**方案 2：设计性实验**

信号的频谱就是正弦信号幅值及相位随角频率变化的分布。如正弦波，其表达式为下式（2-1-4），时域波形及幅频特性分别如图 2-1-6a、b 所示。

$$u(t)=U_{\mathrm{m}}\sin(\omega_0 t+\theta)\qquad(2\text{-}1\text{-}4)$$

式中，$\omega_0=2\pi f=2\pi\frac{1}{T}$。

又如图 2-1-7 所示方波，将其分解为正弦信号的集合，得到式（2-1-5），其幅频特性及相频特性分别如图 2-1-8a、b 所示。

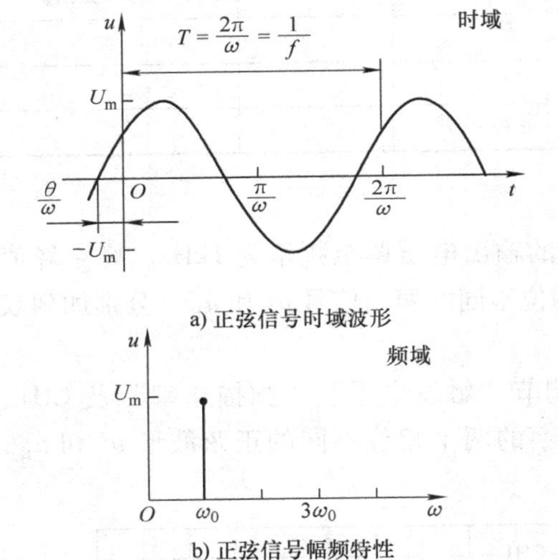


图 2-1-6　正弦信号时域波形及幅频特性

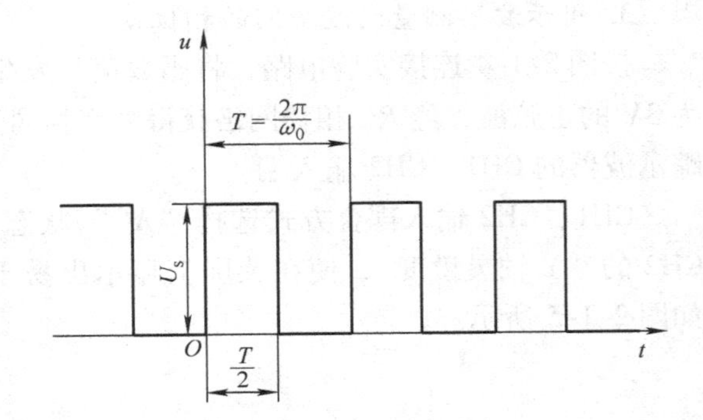


图 2-1-7　方波信号

$$u(t)=\frac{U_{\mathrm{s}}}{2}+\frac{2U_{\mathrm{s}}}{\pi}\left(\sin\omega_0 t+\frac{1}{3}\sin 3\omega_0 t+\frac{1}{5}\sin 5\omega_0 t+\cdots\right)\qquad(2\text{-}1\text{-}5)$$

**实验内容：**

1）信号源与示波器连接，将信号设置为 0～1V、1kHz 的方波，利用示波器的 MATH 功能分析方波的幅频特性，观察谐波含量及幅值，将时域波形图和信号频域幅频图存储在 U 盘中便于写实验报告（具体 MATH 功能使用方法及示波器波形存储方法参见所用示波器型号使用手册）。

2）给定一只电容和电阻，请设计电路和参数，输入1kHz方波，使其输出为1kHz正弦波，幅度不限。将输出波形图和幅频图存储在U盘中便于写实验报告。

3）给定一只电容和电阻，请设计电路和参数，使其输出为不含直流、1kHz正弦波的谐波。将输出波形图和幅频图存储在U盘中便于写实验报告。

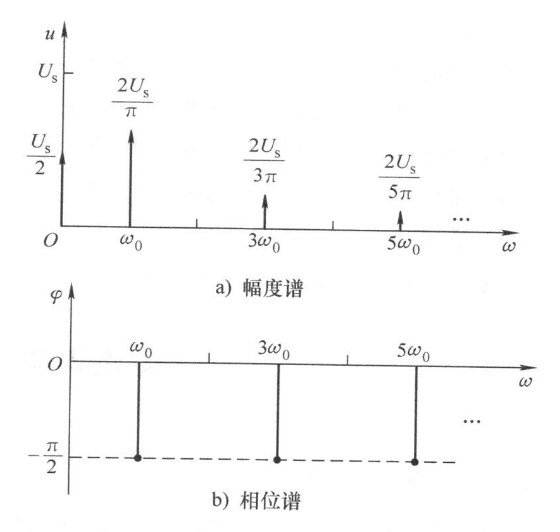


图 2-1-8　幅频特性及相频特性

**❖ 方案3：探究性实验**

在含有电容的电路中，根据电容的阻抗特性可知，在交流信号激励下，其阻抗的幅值会随着激励信号的频率发生变化，相位也会发生改变。通过示波器可以很清楚地观察到这些变化，利用示波器及电容的阻抗特性，可测量给定电容的大小。

**理论探究：**

1）*RLC*谐振有串联谐振和并联谐振，请选择一种作为测量方案，并给出选择这种方案的理由。

2）对所选择方案进行复阻抗分析，画出其幅频特性和相频特性图，推导谐振频率的公式，并仿真验证理论计算结论。

3）根据理论分析设计实验步骤和测试数据表格。

4）查找资料总结各种测量电容的方法，并进行比较。

5）同样的方法能否用于测电感？

**实验探究：**

1）根据理论探究的结果，在面包板上连接电路。

2）将信号源连接在所选择的*RLC*电路两端，根据理论探究所确定的幅度及频率范围，通过逐点改变信号频率（不改变信号幅度），找到最大输出幅度时的频率点并记录下来。

3）根据测试结果计算电容值，并计算误差，分析误差产生的原因。

## 五、思考题

1）在用示波器观察信号波形和用数字万用表测试交流信号时，因信号是交流信号，所以示波器探头或万用表表笔是否可以不分正负？为什么？

2）示波器的Y轴输入什么时候用交流耦合，什么时候用直流耦合？用示波器测量带有直流分量的函数信号时应注意什么问题？

3）示波器垂直灵敏度的含义是什么，如何根据信号调节？

## 六、实验报告要求

**方案1：**

整理实验数据，并进行分析。

**方案2：**

1）实验报告包括实验原理、参数计算及仿真波形。

2）实际搭建电路的测试数据及波形。

3）设计表格对比理论计算、仿真及实验波形的频率和幅值。

4）简单阐述你对频域分析的理解。

❖ **方案3：**

按照实验小论文格式完成实验论文。

# 实验2.2 单管放大器

## 一、实验目的

**方案1 验证性实验，方案2 设计性实验：**

1）学习掌握放大器静态工作点的调整与测试方法。

2）了解静态工作点对放大器性能的影响。

3）掌握放大器动态指标的测试方法。

4）通过方案2掌握放大器结构和参数对放大器性能的影响。

❖ **方案3 探究性实验：**

1）理解晶体管静态工作点与晶体管三个工作区的关系，以及晶体管静态工作点分别处于三个工作区时对动态运行状态的影响。

2）通过故障设置，研究不同故障时晶体管的工作区。

3）比较故障状态与正常状态时晶体管静态工作电压、动态波形及交流参数的变化。

4）理解耦合电容对电路频率响应的影响。

## 二、实验设备与元器件

方案1和方案2：示波器，数字万用表，函数信号发生器，模拟实验箱；色环电阻，电容，电位器，晶体管9013，导线若干，面包板。

❖ 方案3：电路与方案1相同。

## 三、实验原理

放大器的主要作用是使输入交流信号 $u_i$ 经过放大电路后，在输出端得到一个不失真的交流信号，并有足够的电压放大倍数。图2-2-1为分压式共射极单管放大器实验电路。其基极偏置电路由 $R_{B1}$ 和 $R_{B2}$ 组成的分压电路构成，$R_{B2}$ 由一个固定电阻和电位器RP串联得到，RP用来调节偏置电阻 $R_{B2}$ 的大小，从而达到调节静态工作点的目的。

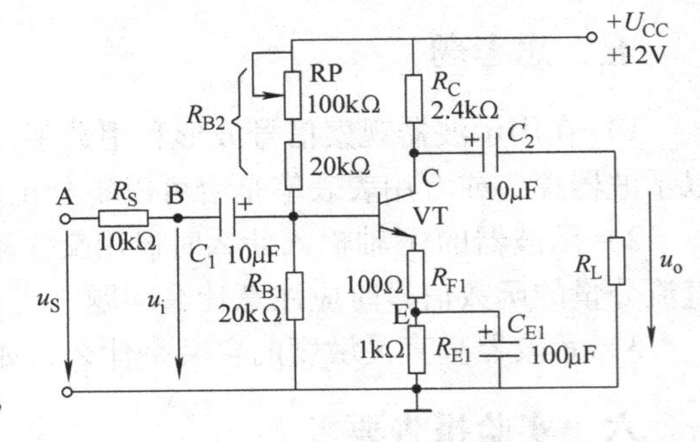


图2-2-1 分压式共射极单管放大器实验电路

在放大电路的学习中，研究影响电压放大倍数的因素和输出波形不失真的条件，是了解放大器能否正常工作的两个重要内容。

1. 静态工作点的调试

放大器静态工作点的调试是指对晶体管集电极电流 $I_C$（或电压 $U_{CE}$）的调整与测试。静态工作点是否合适，对放大器的性能和输出波形都有很大影响。若工作点偏高，放大器在加入交流信号以后易产生饱和失真，此时 $u_o$ 的负半周将被削底，如图2-2-2a所示；若工作点偏低，则易产生截止失真，即 $u_o$ 的正半周被缩顶（一般截止失真不如饱和失真明显），如图2-2-2b 所示。

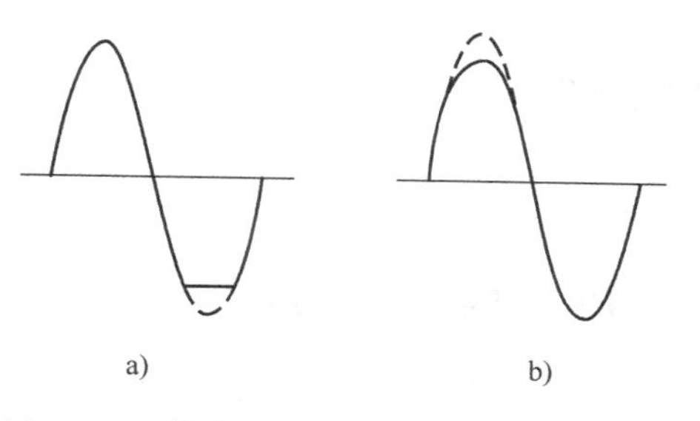

图2-2-2 静态工作点对 $u_o$ 波形失真的影响

改变电路参数 $U_{CC}$、$R_C$、$R_B$（$R_{B1}$、$R_{B2}$）都会引起静态工作点的变化，但通常采用调节上偏置电阻 $R_{B2}$的方法来改变静态工作点。

注：上述工作点“偏高”或“偏低”不是绝对的，是相对信号幅度而言，如需满足较大信号幅度的要求，静态工作点尽量低，静态功耗小。

2. 放大器动态指标测试

放大器动态指标包括电压放大倍数、输入电阻、输出电阻、最大不失真输出电压（动态范围）和通频带等。

（1）电压放大倍数 $A_u$的测量

调整放大器到合适的静态工作点，加入输入信号 $u_i$，在输出电压 $u_o$ 不失真的情况下，用交流毫伏表测出有效值 $\dot{U}_i$ 和 $\dot{U}_o$，则电压放大倍数为

$$A_u=\frac{\dot{U}_o}{\dot{U}_i} \tag{2-2-1}$$

（2）输入电阻 $R_i$ 的测量

测量放大器输入电阻的电路如图2-2-3 所示，在被测放大器的输入端与信号源之间串入一个已知电阻 $R_S$，在放大器正常工作的情况下，用交流毫伏表测出 $\dot{U}_S$和 $\dot{U}_i$，则根据输入电阻的定义可得

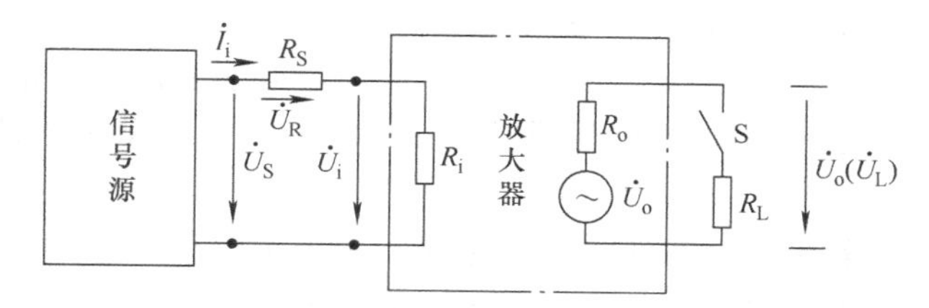

图2-2-3 输入、输出电阻测量电路

$$R_i=\frac{\dot{U}_i}{\dot{I}_i}=\frac{\dot{U}_i}{\dfrac{\dot{U}_R}{R_S}}=\frac{\dot{U}_i}{\dot{U}_S-\dot{U}_i}R_S \tag{2-2-2}$$

（3）输出电阻 $R_o$ 的测量

测量放大器输出电阻的电路如图2-2-3 所示，在放大器正常工作条件下，测出输出端不

接负载的输出电压 $\dot{U}_o$ 和接入负载 $R_L$ 后的输出电压 $\dot{U}_L$，根据

$$\dot{U}_L = \frac{R_L}{R_o + R_L}\dot{U}_o \tag{2-2-3}$$

即可求出

$$R_o = \left(\frac{\dot{U}_o}{\dot{U}_i} - 1\right) R_L \tag{2-2-4}$$

## 四、实验预习仿真

由于电子器件性能参数的分散性比较大，因此在设计和制作晶体管放大电路时，离不开测量和调试技术。在设计前应测量所用元器件的参数，为电路设计提供必要的依据，在完成设计和装配以后，还必须测量和调试放大器的静态工作点和各项性能指标。一个优质放大器，必定是理论设计、电路仿真及实验调整相结合的产物。因此，除了掌握放大器的理论知识和设计方法外，还必须掌握必要的测量和调试技术。在进行理论设计时，可以先在仿真软件上进行功能、性能的验证，这里采用常用的 Multisim 仿真软件。

图 2-2-4 为用 Multisim 实现的电阻分压式工作点稳定的单管放大器电路。它的偏置电路采用 RB11 和 RB12 组成分压电路，并在发射极中接电位器 RP，以稳定放大器的静态工作点。当放大器的输入端加入输入信号 $u_i$ 后，在放大器的输出端便可得到一个与 $u_i$ 相位相反、幅值被放大了的输出信号 $u_o$，从而实现了电压放大。

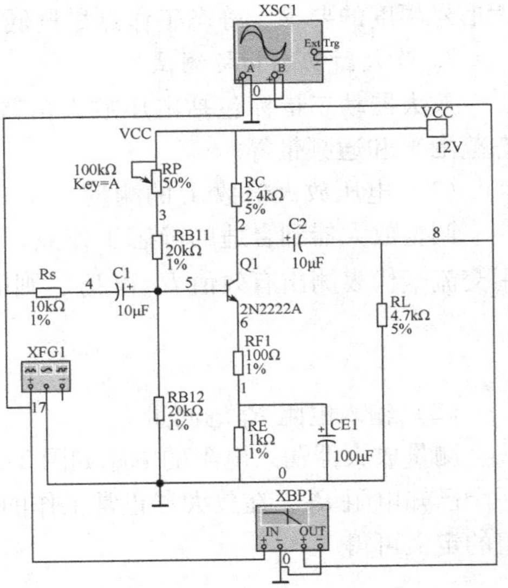

图 2-2-4　电阻分压式工作点稳定单管放大器电路

1. 函数信号发生器参数设置

双击函数信号发生器图标，出现如图 2-2-5 所示面板图，改动面板上的相关设置，可改变输出电压信号的波形类型、大小、占空比或偏置电压等。

**波形**：选择输出信号的波形类型，有正弦波、三角波和方波 3 种周期信号供选择。本实验选择正弦波作为输入信号。

**信号选项**：对波形区中选取的信号进行相关参数设置。

**频率**：设置所要产生信号的频率，范围在 1Hz ~ 999MHz。本例选择 1kHz。

**占空比**：设置所要产生信号的占空比。设定范围为 1% ~ 99%。

**振幅**：设置所要产生信号的最大值（电压），其可选范围从 1μV ~ 999kV。本实验以 10mVp 为电压幅值。

**偏置**：设置偏置电压值，即把正弦波、三角波、方波叠加在设置的偏置电压上输出，及可选范围从 1μV ~ 999kV。本实验直流偏置设置为零。

❖ **上升/下降时间**：设置所要产生信号的上升时间与下降时间，而该按钮只有在产生方波时有效。

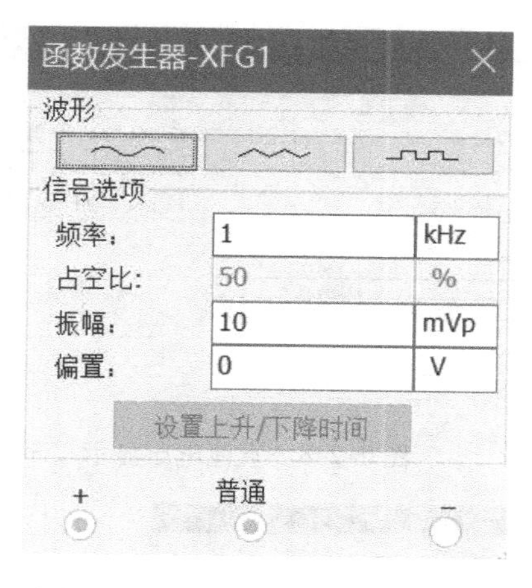


图 2-2-5 函数信号发生器面板图

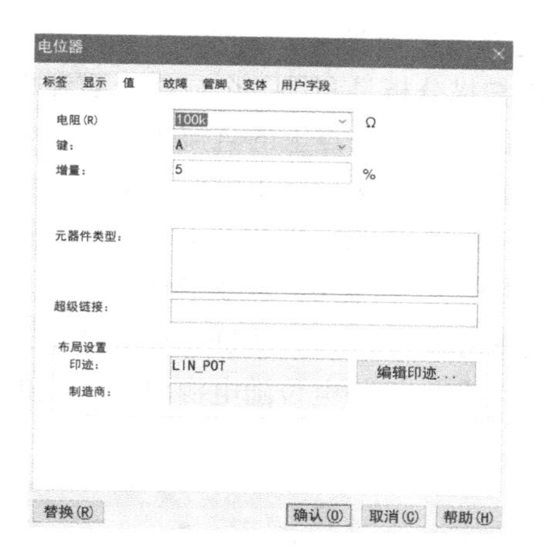


图 2-2-6 电位器调节

2. 电位器 RP 参数设置

双击电位器 RP，出现如图 2-2-6 所示对话框，单击“**值**”选项。

**键**：设置调整电位器大小的键盘快捷键。

**增量**：设置电位器按百分比增加或减少。

调整图 2-2-4 中的电位器 RP 确定静态工作点。电位器 RP 旁标注的文字“Key = A”表明按下键盘上 A 键，电位器的阻值按 5% 的速度减少；若要增加，按 Shift + A 键，阻值将以 5% 的速度增加。电位器变动的数值大小直接以百分比的形式显示在一旁。启动仿真运行开关，双击示波器图标，观察示波器输出波形，如图 2-2-7 所示。

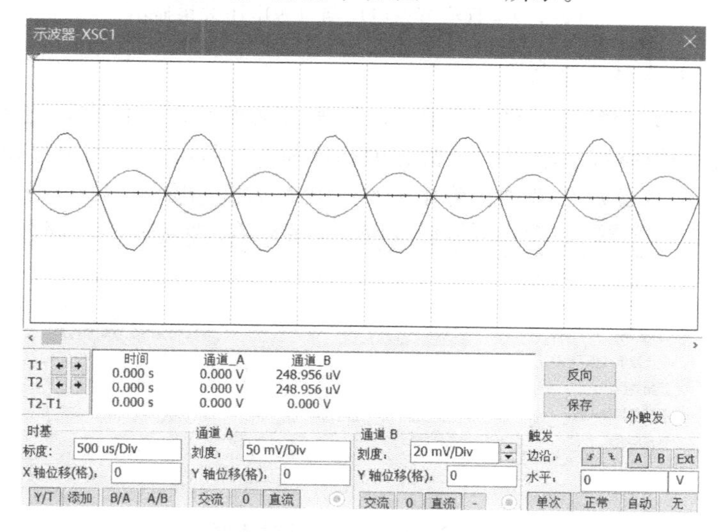


图 2-2-7 示波器图形显示

3. 直流工作点分析

在输出波形不失真的情况下，单击“**选项→电路图属性→网络名称→全部显示**”，使图显示节点编号，然后单击“仿真→分析→直流工作点”，选择需要用来仿真的变量，然后单击运行按钮，系统自动显示出运行结果，如图 2-2-8 所示。

4. 电路直流扫描

直流扫描分析是利用一个或两个直流电源分析电路中某一节点上的直流工作点的数值变化的情况。本例分析了电路中节点 2 随电源电压变化的曲线，如图 2-2-9 所示，图中单击图标，可显示/隐蔽指针，该指针与示波器显示屏上的读数指针相同，即拖动指针可测出集电极的电位随电源电压变化的情况。

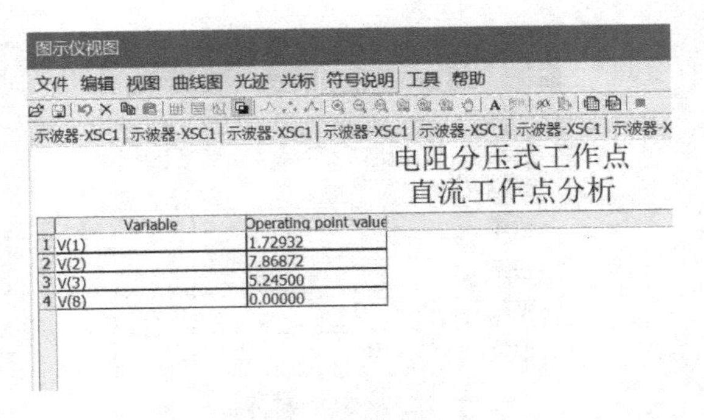


图 2-2-8　直流电压显示

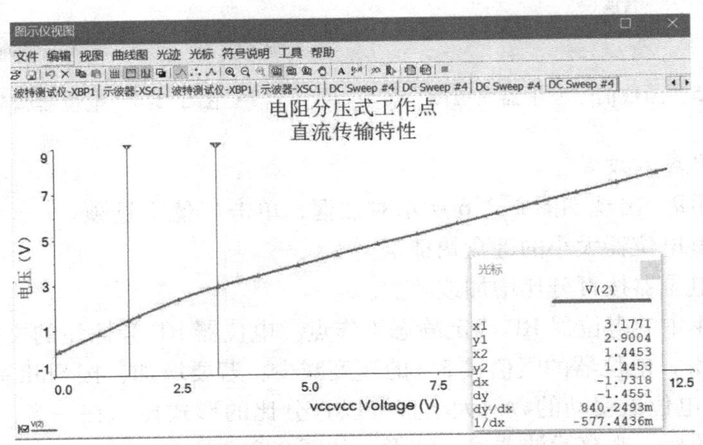


图 2-2-9　直流节点电压与电源电压关系显示

5. 单管放大器频率特性分析

用鼠标单击“**仿真→分析→交流分析**”，将弹出交流分析对话框，进入交流分析状态。交流分析对话框有**频率参数**、**输出**、**分析选项**和**求和** 4 个选项，本例中首先选定节点 8 进行仿真，然后单击“**频率参数**”选项，弹出频率参数对话框如图 2-2-10 所示。

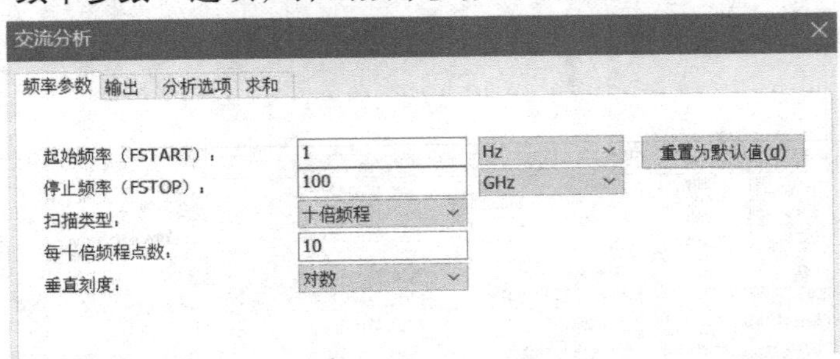


图 2-2-10　频率参数对话框

（1）频率参数设置

在**频率参数**设置对话框中，可以分析**起始频率**、**停止频率**、**扫描类型**、**每十倍频程点数**和**垂直刻度**。本例中设置**起始频率**为 1Hz，**停止频率**为 100GHz，**扫描类型**为十倍频程，**每十倍频程点数**为 10，**垂直刻度**为对数形式。

(2) 恢复默认值

单击"**重置为默认值**"按钮，即可恢复默认值。

(3) 分析节点的频率特性波形

单击"**仿真**"按钮，即可在显示图上获得被分析节点的频率特性波形。交流分析的结果，可以显示幅频特性和相频特性两个图，仿真分析结果如图 2-2-11 所示。

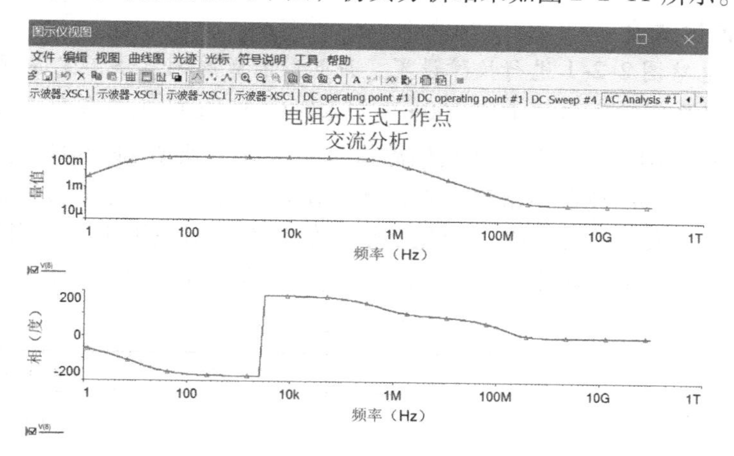


图 2-2-11　动态分析频率特性

如果将波特图仪连至电路的输入端和被测节点，双击"**波特图仪**"，同样也可以获得交流频率特性，显示结果如图 2-2-12 所示。

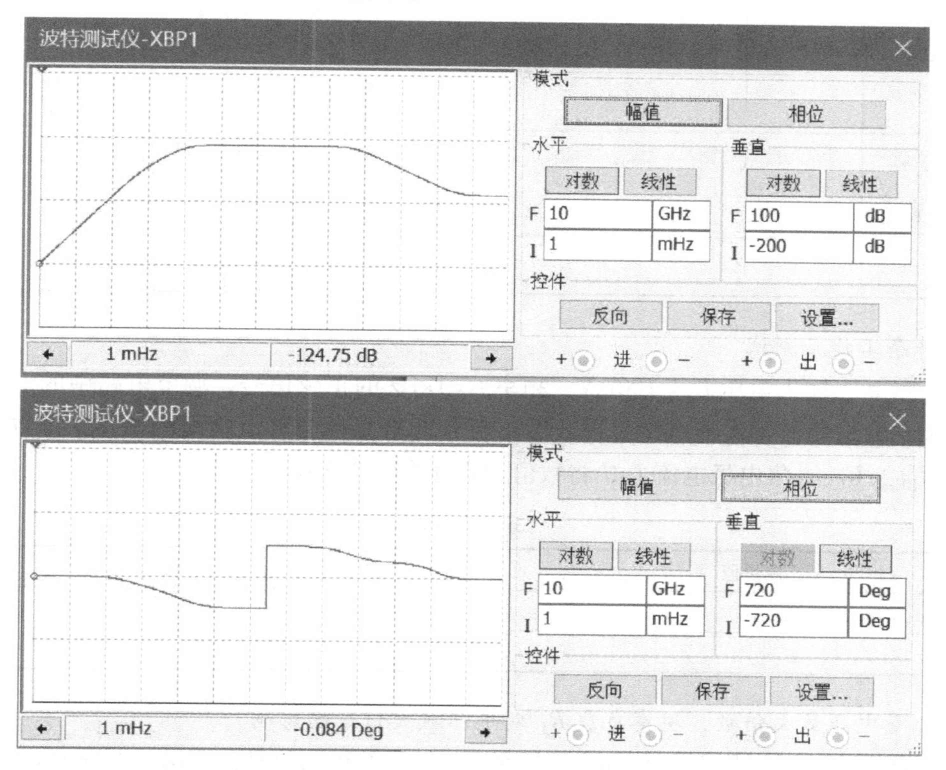


图 2-2-12　波特图仪频率特性显示

（4）放大器幅值及频率测试

双击“**示波器**”图标，通过拖拽示波器面板中的指针可分别测出输出电压的峰－峰值及周期。

## 五、实验方案及内容

**方案1：验证性试验**

1. 根据实验电路图2-2-1进行故障设置，说明解除故障的方法，完成测试工作

首先，在电路B点输入电压 $\dot{U}_i=100\text{mV}$、频率 $f=1\text{kHz}$ 的正弦信号，在 $R_L=\infty$ 的情况下，分别调节电位器RP，用示波器观察输出信号 $u_o$ 的截止失真和饱和失真现象；然后调节电位器RP使输出信号 $u_o$ 波形不出现失真，增加输入信号幅值，用示波器观察输出信号 $u_o$ 的双向失真。分析放大器静态工作点变化及输入信号大小对波形失真的影响，记录输出波形、C点的静态电压，并例举消除该失真的解决方案，完成表2-2-1。

**表 2-2-1**

| 失真名称 | $u_o(t)$波形 | $U_C$/V | 消除该失真的解决方案 |
|---|---|---|---|
| 截止失真 | | | |
| 饱和失真 | | | |
| 双向失真 | | | |

2. 静态工作点测试

在电路B点输入电压 $\dot{U}_i=100\text{mV}$、频率 $f=1\text{kHz}$ 的正弦信号，调节电路中的RP，利用示波器观察输出波形，在不出现失真状态下分别测量晶体管各电极对地电压 $U_B$、$U_C$、$U_E$，并计算 $U_{BE}$、$U_{CE}$、集电极电流 $I_C$，将数值记录在表2-2-2中。

**表 2-2-2**

| 测量值 | | | 计算值 | | |
|---|---|---|---|---|---|
| $U_B$ | $U_E$ | $U_C$ | $U_{BE}$ | $U_{CE}$ | $I_C$ |
| | | | | | |

3. 测量电压放大倍数，观察负载 $R_L$ 对电压放大倍数的影响

在电路B点输入电压 $\dot{U}_i=100\text{mV}$、频率 $f=1\text{kHz}$ 的正弦信号，用示波器同时观察放大器

输入电压 $u_i$ 和输出电压 $u_o$ 的波形。在输出波形不失真的条件下，比较输入电压 $u_i$ 和输出电压 $u_o$ 的波形相位关系，用交流电压表分别测量 $R_L=\infty$ 、10kΩ、2.4kΩ 三种负载情况下放大器的输出电压值 $\dot{U}_o$，并记录在表 2-2-3 中。

**表 2-2-3**

| $R_L$/kΩ | $\dot{U}_s$ | $\dot{U}_i$ | $\dot{U}_o$ | $A_u$ | 观察记录一组 $u_i(t)$ 和 $u_o(t)$ 波形 |
|---|---|---|---|---|---|
| ∞ | | | | | |
| 10 | | | | | |
| 2.4 | | | | | |

4. 计算输入电阻 $R_i$ 和输出电阻 $R_o$

保持 RP 不变，将输入信号从电路 A 点接入，调节函数信号发生器，使电路 B 点的输入为电压 $\dot{U}_i=100\text{mV}$、频率 $f=1\text{kHz}$ 的正弦信号，在 $R_L=2.4\text{k}\Omega$ 条件下，测量数据 $\dot{U}_s$、$\dot{U}_i$、$\dot{U}_L$，分别计算放大电路的输入电阻 $R_i$ 和输出电阻 $R_o$，并记录在表 2-2-4 中。

**表 2-2-4**

| $R_i=\dfrac{\dot{U}_i}{\dot{U}_S-\dot{U}_i}R_s$ | $R_o=\left(\dfrac{\dot{U}_o}{\dot{U}_L}-1\right)R_L$ |
|---|---|
| | |

5. 放大器频率特性的测量并绘出频率特性曲线

用点频测试法测量放大器的频率特性，并求出带宽（BW）。测试条件：电路 B 点为 $\dot{U}_i=5\text{mV}$ 的正弦波。完成表格 2-2-5，并绘制幅频特性曲线。

**表 2-2-5**

| 频率值/Hz | $f_L/2$ | $f_L$ | $f_0/2$ | $f_0$ | $2f_0$ | $f_H$ | $10f_H$ |
|---|---|---|---|---|---|---|---|
| | | | | 1000 | | | |
| $\dot{U}_o$ | | | | | | | |

**方案 2：设计性实验**

1. 设计任务和要求

运用晶体管 9013（$\beta=100$）设计一个具有最大动态范围的单管共射极放大电路。设计具体性能指标要求如下：

1）电源电压 $U_{CC}=12\text{V}$。

2）负载 $R_L=2.4\text{k}\Omega$，电压放大倍数 $A_u\geqslant10$。

3）输入电阻 $R_i>1.5\text{k}\Omega$，输出电阻 $R_o<2.5\text{k}\Omega$。

要求：计算电路参数，利用仿真平台对设计电路进行仿真验证，并搭建电路按照方案 1

测试相关数据。

2. 实验测试

**（1）调试静态工作点**

连接实验电路，在输入信号 $u_i=0$ 的情况下，设置静态工作点，分别测量晶体管各电极的对地电压 $U_B$、$U_C$、$U_E$，并计算 $U_{BE}$、$U_{CE}$、集电极电流 $I_C$。表格参见表 2-2-2。

**（2）测量动态参数**

在放大电路输入端接入电压 $\dot{U}_i=100mV$、频率 $f=1kHz$ 的正弦信号，用示波器同时观察放大器输入电压 $U_i$ 和输出电压 $U_o$ 波形，在输出波形不失真的条件下，比较 $u_i$ 和 $u_o$ 的相位关系，用交流电压表测量不同负载 $R_L$ 情况下放大器的输出电压值 $\dot{U}_o$；测量电压放大倍数，并观察负载 $R_L$ 对电压放大倍数的影响，表格参见表 2-2-3。

**❖ 方案 3：探究性实验**

**理论探究：**

1）图 2-2-1 中任意开路或短路 $R_{B1}$、$R_{B2}$、$R_C$、$R_{F1}$ 中的一个电阻，分析电路静态工作点发生怎样的变化，输出信号发生怎样的变化（形状或幅度），估算故障状态时电压 $U_B$、$U_C$、$U_E$的值。若故障时放大器仍能正常工作，结合放大倍数 $A_u$、输入电阻 $R_i$、输出电阻 $R_o$ 的变化，多角度准确判断电路故障。

2）任意开路 $C_1$、$C_2$、$C_{E1}$ 中的一个电容，分析电路静态工作点发生怎样变化，输出信号发生怎样的变化（形状或幅度），估算故障状态时电压 $U_B$、$U_C$、$U_E$的值，比较两种情况下静态工作点的变化。

3）增大 $C_1$、$C_2$、$C_{E1}$ 中任意一个电容的容量，使其达到原值的两倍。估算放大电路上限频率 $f_H$、下限频率 $f_L$、带宽（BW）及在 $f_H$、$f_L$ 处输入输出之间的相位差 $\varphi_H$、$\varphi_L$。观察电路幅频特性和相频特性曲线将发生怎样的变化。

**实验探究：**

1）通过仿真软件 Multisim 将前面的三种情况进行仿真，分别设计直流工作点 $U_B$、$U_C$、$U_E$、$A_u$、$R_i$、$R_o$、$f_H$、$f_L$、BW、$\varphi_H$ 及 $\varphi_L$ 等参数测试表格，将仿真数据填入表格中。

2）按照图 2-2-1 搭建实验电路，先让电路正常工作，然后按照理论探究的情况设置故障；按照方案 1 中的测试方法测试 $U_B$、$U_C$、$U_E$、$A_u$、$R_i$、$R_o$、$f_H$、$f_L$、BW、$\varphi_H$ 及 $\varphi_L$，将数据填入设计表格中。

3）根据上述探究实验，给出故障排查的步骤。

## 六、思考题

1）测试中，如果将函数信号发生器、交流毫伏表、示波器中任意仪器的二个测试端子接线换位（即各仪器的接地端不连在一起），将会出现什么问题？

2）放大器的上偏置电阻 $R_{B2}$ 为什么用固定电阻与电位器串联，而不能直接用电位器？

3）放大器的静态测试与动态测试有无区别？

4）结合幅频特性及相频特性分别说明 $C_1$、$C_2$、$C_{E1}$ 是如何影响低频响应的。

## 七、实验报告要求

**方案 1：**

1）按要求填写各实验表格，整理实验数据，并画出必要的波形和曲线。

2）将实验结果与理论计算值相比较，分析产生误差的原因。

3）完成实验报告。

**方案2：**

1）写出电路设计理论依据及参数计算过程。

2）电路设计仿真，验证设计正确性及性能参数满足要求。

3）按要求设计表格并进行填写，画出必要的波形和曲线。按要求填写各实验表格，整理实验数据，并画出必要的波形和曲线。

4）将实验结果与理论计算值相比较，分析产生误差的原因。

5）完成实验报告。

**方案3：**按照实验小论文格式完成实验报告，完成故障波形诊断思维导图。

# 实验2.3 射极跟随器

## 一、实验目的

**方案1 验证性实验，方案2 设计性实验：**

1）掌握射极跟随器的原理。

2）进一步学习放大器各项参数测试方法。

3）掌握射极跟随器结构及元器件参数对射极跟随器性能的影响及在电路中的作用。

**❖ 方案3 探究性实验：**

1）理解电压跟随器的用途。

2）比较有无电压跟随器对电路性能的影响。

3）探究集成运算放大器构成电压跟随器性能。

## 二、实验设备与元器件

方案1：示波器、数字万用表、函数信号发生器、模拟电路实验箱、射极跟随器实验电路板。

方案2：示波器、数字万用表、函数信号发生器、晶体管9013一只、面包板一个，电阻、电容、导线若干。

❖ 方案3：示波器、数字万用表、函数信号发生器、晶体管9013两只、LM358一只、面包板一个，电阻、电容、导线若干。

## 三、实验原理

射极跟随器（共集组态电路）的电路原理图如图2-3-1所示。射极跟随器的输出取自发射极，故也称其为射极输出器。它具有输入电阻高、输出电阻低、电压放大倍数接近于1、输出电压能够在较大范围内跟随输入电压线性变化以及输入、输出信号同相等特点。射极跟随器也由此得名。

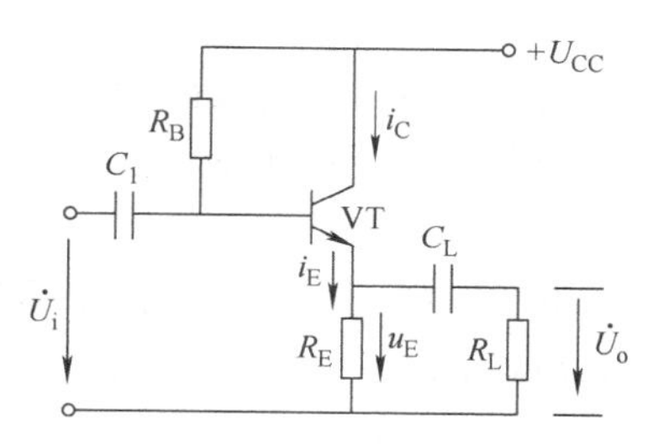


图2-3-1 射极跟随器的电路原理

1. 输入电阻 $R_i$

在图 2-3-1 电路中，考虑偏置电阻 $R_B$ 和负载 $R_L$ 的影响，则 $R_i = R_B // [r_{be} + (1+\beta)(R_E // R_L)]$，由计算公式可知，射极跟随器的输入电阻 $R_i$ 比共射极单管放大器的输入电阻 $R_i$ 要高，但由于偏置电阻 $R_B$ 的作用，射极跟随器输入电阻难以进一步提高。

输入电阻的测试方法与单管放大器相同，实验电路如图 2-3-2 所示，即只要测得 A、B 两点的对地交流电压即可计算出 $R_i$。

$$R_i = \frac{\dot{U}_i}{\dot{I}_i} = \frac{\dot{U}_i}{\dot{U}_s - \dot{U}_i} R \quad (2\text{-}3\text{-}1)$$

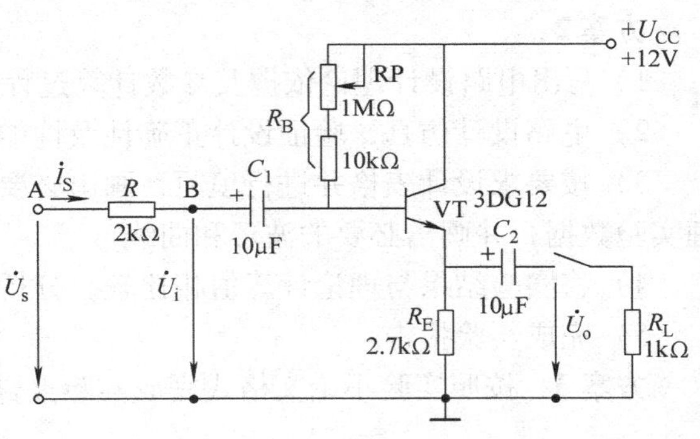


图 2-3-2　射极跟随器实验电路

2. 输出电阻 $R_o$

在图 2-3-1 电路中，输出电阻为

$$R_o = \frac{r_{be}}{\beta} // R_E \approx \frac{r_{be}}{\beta} \quad (2\text{-}3\text{-}2)$$

如考虑信号源内阻 $R_s$，则

$$R_o = \frac{r_{be} + (R_S // R_B)}{\beta} // R_E \approx \frac{r_{be} + (R_s // R_B)}{\beta} \quad (2\text{-}3\text{-}3)$$

由上式可知，射极跟随器的输出电阻 $R_o$ 比共射极单管放大器的输出电阻 $R_o$ 低。晶体管的 $\beta$ 愈高，输出电阻愈小。

输出电阻 $R_o$ 的测试方法也与单管放大器相同，即先测出空载输出电压 $\dot{U}_o$，再测出接入负载 $R_L$ 后的输出电压 $\dot{U}_{oL}$，根据

$$\dot{U}_{oL} = \frac{R_L}{R_o + R_L} \dot{U}_o \quad (2\text{-}3\text{-}4)$$

即可求出 $R_o$

$$R_o = \left(\frac{\dot{U}_o}{\dot{U}_{oL}} - 1\right) R_L \quad (2\text{-}3\text{-}5)$$

3. 电压放大倍数

在图 2-3-1 电路中，电压放大倍数为

$$A_u = \frac{(1+\beta)(R_E // R_L)}{r_{be} + (1+\beta)(R_E // R_L)} \quad (2\text{-}3\text{-}6)$$

由上式可得，射极跟随器的电压放大倍数≤1，且为正值，这是深度电压负反馈的结果。但它的射极电流仍比基流大 $(1+\beta)$ 倍，所以具有一定的电流和功率放大作用。

4. 电压跟随范围

电压跟随范围是指射极跟随器输出电压 $u_o(t)$ 跟随输入电压 $u_i(t)$ 做线性变化的区域。当 $u_i(t)$ 超过一定范围时，$u_o(t)$ 便不能跟随 $u_i(t)$ 做线性变化，即 $u_o(t)$ 波形产生了失真。为了使输出电压 $u_o(t)$ 正、负半周对称，并充分利用电压跟随范围，静态工作点应选在交流负载线中点，测量时可直接用示波器读取 $u_o(t)$ 的峰－峰值 $U_{op-p}$，即电压跟随范围；或用

交流毫伏表读取 $u_o(t)$ 的有效值 $U_o$，则电压跟随范围

$$U_{op-p}=2\sqrt{2}U_o \tag{2-3-7}$$

## 四、实验预习仿真

1）掌握射极跟随器的工作原理。

2）在 Multisim 上根据图 2-3-2 设计仿真电路，如图 2-3-3 所示。

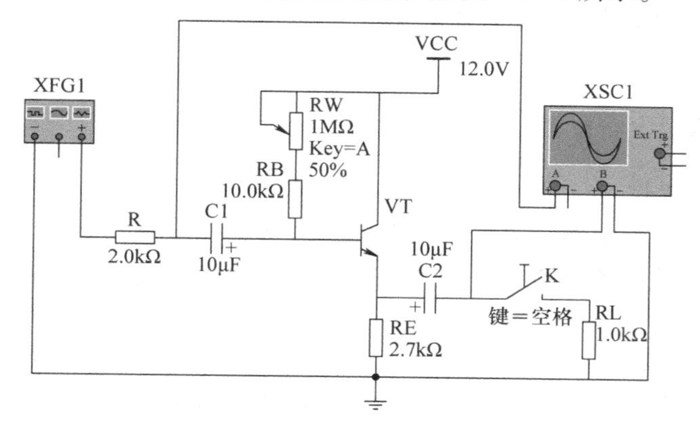


图 2-3-3　设计仿真电路

3）信号发生器设置为 1kHz 正弦信号，空载情况下（开关 K 打开）用示波器观测输出波形，反复调整 RW 及信号源的输出幅度，使在示波器的屏幕上得到一个最大不失真输出波形，如图 2-3-4 所示。

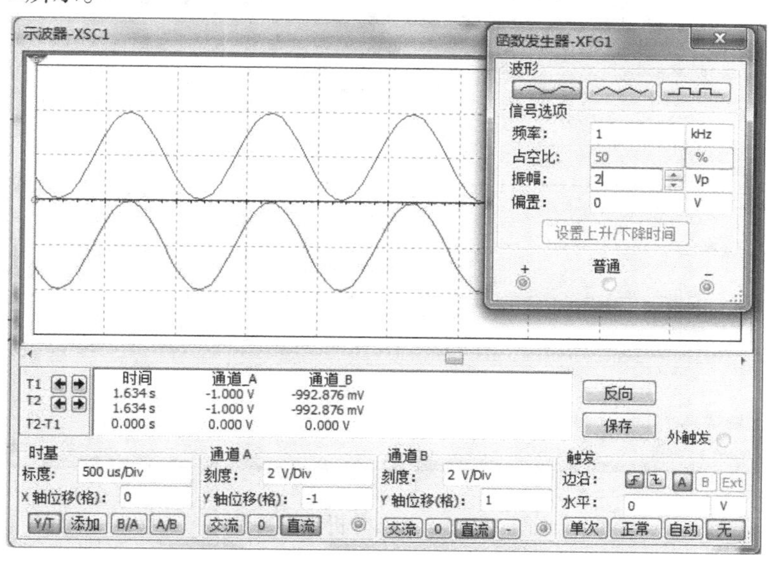


图 2-3-4　信号发生器设置界面及输入输出波形

4）射极跟随器频率分析。用鼠标单击仿真→分析→交流分析（A），将弹出交流分析对话框，进入交流分析状态。用鼠标单击其中输出选定节点 6 进行仿真，然后单击频率参数选项，弹出频率参数对话框如图 2-3-5 所示。

① 频率参数设置。起始频率设置为1Hz，停止频率设置为10GHz，扫描类型设置为十倍频程，每十倍频程点数设置为默认的10，垂直刻度默认设置为对数形式。

② 节点频率特性。按下“仿真”按钮，即可在显示图上获得被分析节点的频率特性，即幅频特性和相频特性波形图，如图2-3-6所示。

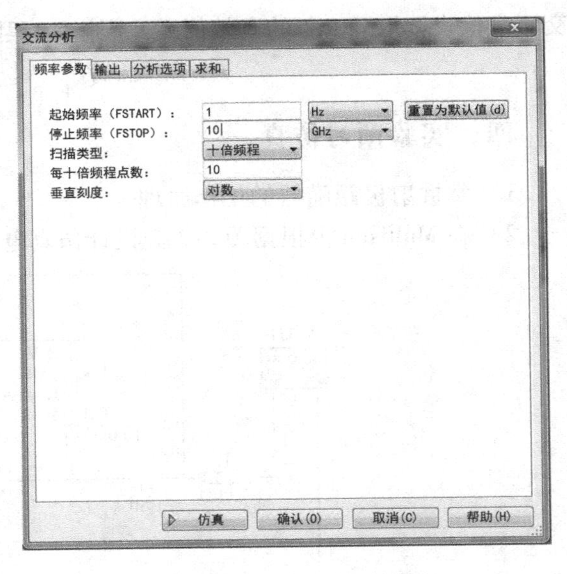


图2-3-5　频率参数对话框

## 五、实验内容

**方案1：验证性实验**

按图2-3-2连接实验电路，为了防止干扰，在实验过程中必须将各仪器负极与放大器的公共地端连在一起。

1. 静态工作点的调整

接通+12V直流电源，在B点加入$f=1\text{kHz}$正弦信号$u_i(t)$，用示波器观测输出波形，反复调整RP及信号源的输出幅度，使在示波器的屏幕上得到一个最大不失真输出波形，然后取消输入信号$u_i(t)$，用直流电压表测量晶体管各电极对地电位，将测得数据记入表2-3-1中。

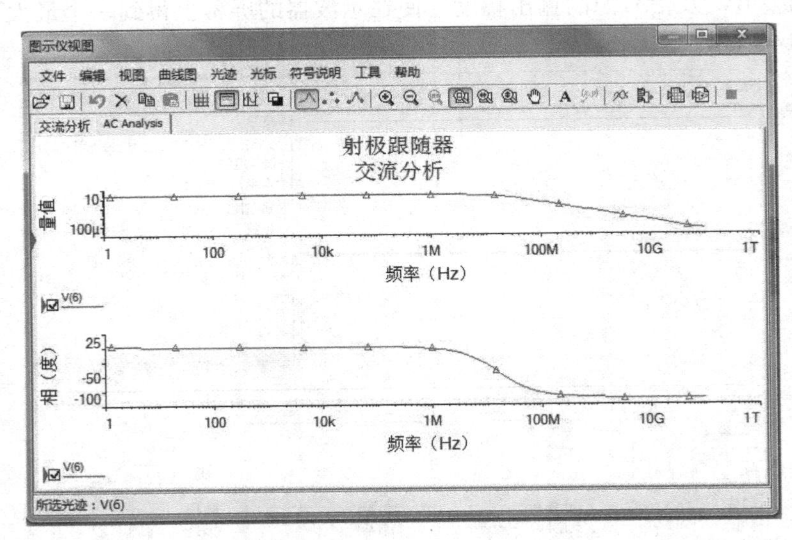


图2-3-6　动态分析频率特性

**表　2-3-1**

| $U_E$/V | $U_B$/V | $U_C$/V | $I_E$/mA |
|---|---|---|---|
| | | | |

在以下测试中应保持 RP 值不变，即保持静态工作点 $I_E$ 不变。

2. 测量电压放大倍数 $A_u$、输入电阻 $R_i$、输出电阻 $R_o$

接入负载 $R_L=1k\Omega$，在 B 点加入频率为 1kHz 的正弦信号 $u_i(t)$，调节输入信号幅度，用示波器同时观察输入、输出波形，在输出最大不失真的情况下，用数字万用表测量输入电压 $U_i$、A 点电压 $U_s$、空载输出电压 $U_o$（$R_L=\infty$）、有负载时输出电压 $U_{oL}$（$R_L=1k\Omega$）的值，根据测量数据计算 $A_u$、$R_i$、$R_o$值，记入表 2-3-2 中。输入电阻 $R_i$、输出电阻 $R_o$的计算方法参考实验二单管放大器中输入电阻 $R_i$、输出电阻 $R_o$的计算方法。

表 2-3-2

| 测量值 | | | | 计算值 | | |
|---|---|---|---|---|---|---|
| $U_s$/V | $U_i$/V | $U_o$/V | $U_{oL}$/V | $A_u$ | $R_i$/kΩ | $R_o$/kΩ |
| | | | | | | |

3. 测试跟随特性并测量输出电压峰-峰值 $U_{op-p}$

接入负载 $R_L=1k\Omega$，在 B 点加入 $f=1kHz$ 正弦信号 $u_i(t)$，逐渐增大信号 $u_i(t)$的幅度，用示波器观察输出波形 $u_o(t)$直至输出波形达到最大不失真，测量对应的 $U_o$值，并用示波器测量输出电压的峰-峰值 $U_{op-p}$，记录输入输出波形，注意它们的相位关系，数据记入表 2-3-3中。

表 2-3-3

| 参数 | 测量点 | | | | | |
|---|---|---|---|---|---|---|
| | 1 | 2 | 3 | 4 | 5 | 6 |
| $U_i$/V | | | | | | |
| $U_o$/V | | | | | | |
| $U_{op-p}$/V | | | | | | |
| 输入波形 $u_i(t)$ | $u_i(t)$ — $t$ | | | | | |
| 输出波形 $u_o(t)$ | $u_o(t)$ — $t$ | | | | | |

4. 测试频率响应特性

保持输入信号 $u_i(t)$幅度不变，改变信号源频率，用示波器观察输出波形 $u_o(t)$，用交流毫伏表测量不同频率下的输出电压 $U_o$值，记入表 2-3-4 中。

表 2-3-4

| $f$/kHz | | | | | | | | | | | |
|---|---|---|---|---|---|---|---|---|---|---|---|
| $U_o$/V | | | | | | | | | | | |

**方案2：设计性实验**

1）设计任务：设计一个射极跟随器。已知参数：$R_L = 1k\Omega$，晶体管为9013，其$\beta = 100$，电阻、电容若干，要求输出动态范围电压$U_{om} \geq 1.5V$，输出电阻为$100\Omega$，输入电阻$R_i > 200k\Omega$。

方案一中已提到射极跟随器的输入电阻比共射极单管放大器的输入电阻高，但由于偏置电阻$R_B$的作用，影响了输入电阻进一步提高。本任务中考虑采用自举的方式以提高射极跟随器的输入电阻。设计电路如图2-3-7所示，利用小信号等效模型推导该电路输入电阻表达式，并按照设计要求计算电路参数。

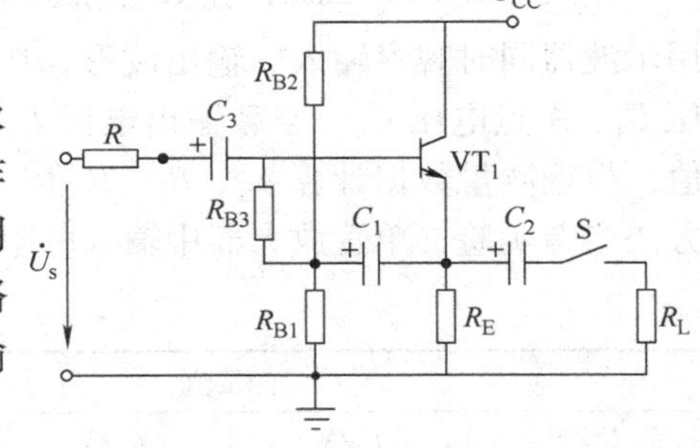


图2-3-7　射极跟随器设计电路

2）要求：先将实验方案在仿真软件上进行虚拟仿真，仿真通过之后再安装实际电路，根据方案一自拟实验方案和测试实验数据表格。分别计算无自举和有自举时射极跟随器的输入电阻，判断自举电路对提高射极跟随器输入电阻的作用。

❖ **方案3：探究性实验**

电压跟随器可以是由晶体管或场效应晶体管构成的共集电极电路，也可以由集成运算放大器构成，具有电压增益为1、输入阻抗高、输出阻抗低的特点。其功能如下：

1）电压跟随器的作用之一是阻抗变换，可以在一定程度上避免由于输出阻抗较高而负载阻抗较小时产生的信号损耗。

2）电压跟随器的作用之二是隔离，由于电压跟随器具有输入阻抗高、输出阻抗低的特点，使得它对上一级电路呈现高阻状态，而对下一级电路呈现低阻状态，常用于中间级，以隔离前后级电路，消除它们之间的相互影响。

3）电压跟随器的作用之三是阻抗匹配、提高带负载能力。由于电压跟随器具有输入阻抗高而输出阻抗低的特点，使得它在电路中可以完成阻抗匹配的功能，从而使下一级放大电路工作在更好的状态。

比较有无电压跟随器对电路性能的影响。

任务1：利用晶体管设计跟随器，电源12V，输入电阻$>100k\Omega$，输出电阻$<100\Omega$。在图2-3-8共射极放大电路输出集电极和负载间插入方案2中的射极跟随器电路，级联调试。输入电压有效值$U_i$为5mV、1kHz的正弦波，使输出不失真，并进行分布测试。假设负载电阻$R_L$为$2k\Omega$。

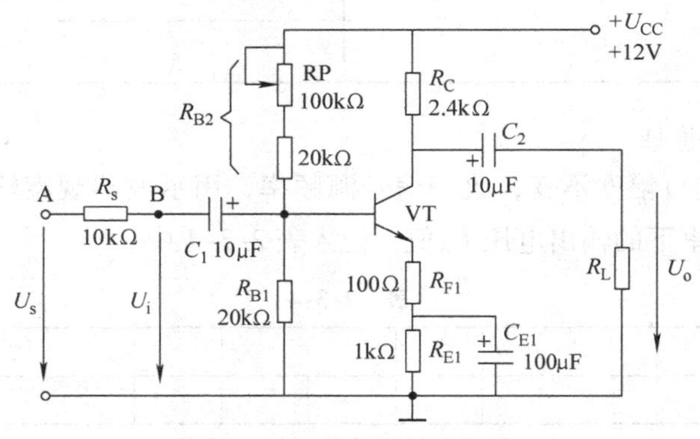


图2-3-8　共射极放大电路

任务2：图2-3-9是利用集成运算放大器构成提供数/模转换器（D/A）输入的电压跟随器。制作并测试该电路。

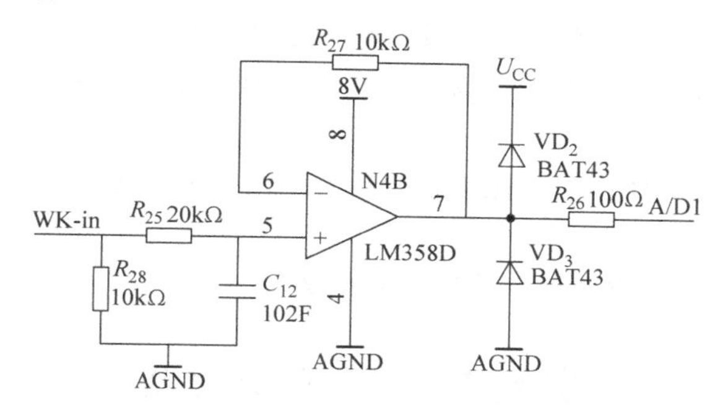


图2-3-9　电压跟随器电路

**理论探究：**

1）用小信号等效电路计算图2-3-8与所设计的射极跟随器两极级联后的理论放大倍数，比较分析放大倍数变化的原因，由此说明射级跟随器除了具有电流放大能力和降低输出电阻外，还有什么功能？仿真并和理论计算对比。

2）在图2-3-9电路中，$R_{25}$和$C_{12}$构成的是什么电路？作用是什么？请设计实验方案证明你的判断，并仿真说明。

3）二极管$VD_2$或$VD_3$的作用是什么？

**实验探究：**

1）分别搭建任务1单管共射放大电路和射极跟随器，让其分别正常工作。先测试单管共射放大电路放大倍数、输入电阻、输出电阻；然后将负载之断开，在输出和负载之间接入射极跟随电路，重新测试放大倍数、输入电阻和输出电阻，对比单管放大器的放大倍数，有什么变化？设计数据测试表格并填入仿真测试数据。

2）根据任务2利用LM358D搭建图2-3-9电路，实验验证理论探究2）、3）内容，并将测试结果填入设计的表格中。

## 六、思考题

1）射极跟随器的性能和特点是什么？

2）射极跟随器的输入电阻$R_i$与发射极电阻$R_E$和负载电阻$R_L$有关，能否靠加大$R_E$（或$R_L$）来提高$R_i$，为什么？

3）改变负载电阻为50Ω，观察放大倍数有什么变化？将负载改为开路，观察放大倍数有什么变化？改变那些器件参数对调节输入电阻和输出电阻更有效？

## 七、实验报告要求

**方案1：**

1）按要求填写各实验表格，整理实验数据，并画出必要的波形。

2）将实验结果与理论计算值相比较，分析产生误差的原因。

3）完成实验报告。

**方案2**：

1）写出电路设计理论依据及参数计算过程。

2）电路设计仿真，验证设计正确性及性能参数满足要求。

3）按要求设计表格并进行填写，画出必要的波形。按要求填写各实验表格，整理实验数据，并画出必要的波形。

4）将实验结果与理论计算值相比较，分析产生误差的原因。

5）完成实验报告。

❖ **方案3**：按照实验小论文格式完成实验论文。

# 实验2.4　差动放大器

## 一、实验目的

**方案1　验证性实验，方案2　设计性实验**：

1）了解差动放大器的电路特点和工作原理。

2）掌握差动放大器的主要特性参数和计算方法。

3）学会独立安装调试电路以及检查电路，解决电路故障，提高发现问题、分析问题、解决问题的能力。

4）学会设计差动放大电路的方法。

❖ **方案3　探究性实验**：

1）理解集成运算放大器共模抑制比对检测精度的影响，学会测试共模抑制比。

2）高精度信号检测情况下差动放大器外围电阻匹配对共模抑制比的影响。

3）比较普通电阻和精密电阻对差动放大器精度的影响。

## 二、实验设备与元器件

方案1：示波器，数字万用表，函数信号发生器，模拟电路实验箱，差动放大器实验板。

方案2：示波器，数字万用表，函数信号发生器，集成运算放大器μA741一只，面包板一个，电阻、电容、导线若干。

❖ 方案3：示波器，数字万用表，函数信号发生器，LT5400，LT1468，OP97，电阻两个（$R_1=200\Omega$，$R_2=5100\Omega$），电感两个（$L_1=10\text{mH}$，$L_2=35\text{mH}$），面包板一个，电容、导线若干。

## 三、实验原理

差动放大器实验电路如图2-4-1所示。它是一个直接耦合放大器，理想的差动放大器只对差模信号进行放大，对共模信号进行抑制。在差分式放大电路中，无论是温度变化，还是电源电压的波动都会引起两管集电极电流以及相应的集电极电压相同的变化，其效果相当于在两个输入端加入了共模信号电压。$R_E$为两管共用的发射极电阻，对差模信号无负反馈作用，因而不影响差模电压放大倍数，但对共模信号有较强的负反馈作用，故可以有效地抑制零漂，稳定静态工作点。

如果电路绝对对称且采用恒流源偏置（电流源内阻 $r_o=\infty$），在双端输出的理想情况下，共模输出电压为零，从而抑制了零点漂移。在单端输出时，由于电流源内阻形成深度负反馈，因此对共模信号仍有较强的抑制作用。在实际情况中，要做到两管电路完全对称和理想恒流源偏置是比较困难的，但输出漂移（共模）电压将大为减小。因此，差分式放大电路特别适合于作为多级直接耦合放大电路的输入级。下面分别对差动放大器进行静态和动态分析。

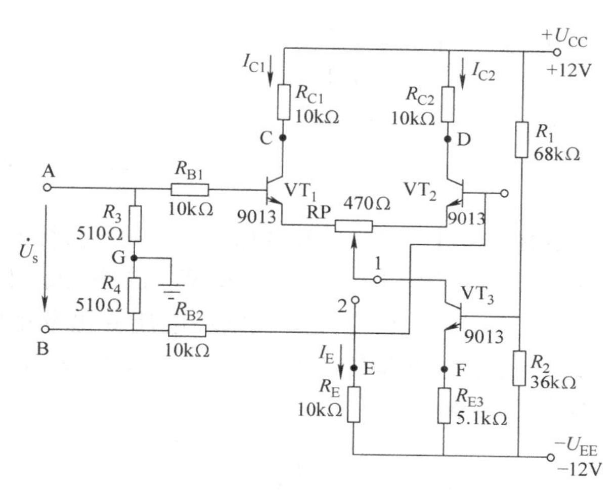


图 2-4-1　差动放大器实验电路

1. 静态工作点的估算

1）当图 2-4-1 开关掷向 2 时，可等效为图 2-4-2 所示电路。

其直流工作点计算如下：

$$I_{B1}=I_{B2}=\frac{0-(-U_{EE})-U_{BE}-U_{RP}}{R_B+2(1+\beta)R_E} \tag{2-4-1}$$

注：RP 用于平衡左右电路的电位，电阻值很小，所引起的电压降远小于 $U_{EE}$ 和 $U_{BE}$，计算中可忽略不计。

$$I_{C1}=I_{C2}=\beta I_{B1} \tag{2-4-2}$$

$$U_{E1}=U_{E2}=0-I_{B1}R_B-U_{BE} \tag{2-4-3}$$

$$U_{C1}=U_{C2}=U_{CC}-I_{C1}R_C \tag{2-4-4}$$

$$U_{CE1}=U_{CE2}=U_{C1}-U_{E1} \tag{2-4-5}$$

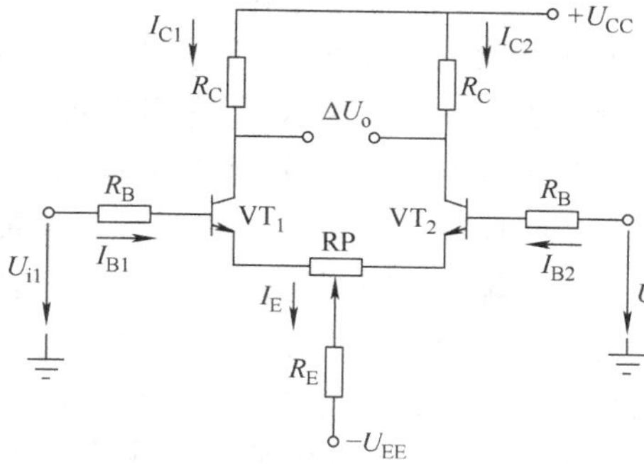

图 2-4-2　开关掷向 2 时的电路图

2）当开关掷向 1 时，可等效为图 2-4-3 所示电路。

此时，由晶体管恒流源电路提供直流偏置，静态工作点计算如下：

$$I_{E3}=\frac{\dfrac{R_2}{R_1+R_2}(U_{CC}+|U_{EE}|)-U_{BE}}{R_{E3}} \tag{2-4-6}$$

$$I_{C3}=\frac{\beta}{1+\beta}I_{E3}\approx I_{E3} \tag{2-4-7}$$

$$I_{E1}=I_{E2}=\frac{1}{2}I_{C3} \tag{2-4-8}$$

$$I_{B1}=I_{B2}=\frac{1}{1+\beta}I_{E1} \tag{2-4-9}$$

$$I_{C1}=I_{C2}=\frac{\beta}{1+\beta}I_{E1}\approx I_{E1} \tag{2-4-10}$$

$$U_{E1}=U_{E2}=0-I_{B1}R_B-U_{BE} \tag{2-4-11}$$

$$U_{C1}=U_{C2}=U_{CC}-I_{C1}R_C \tag{2-4-12}$$

$$U_{CE1}=U_{CE2}=U_{C1}-U_{E1} \tag{2-4-13}$$

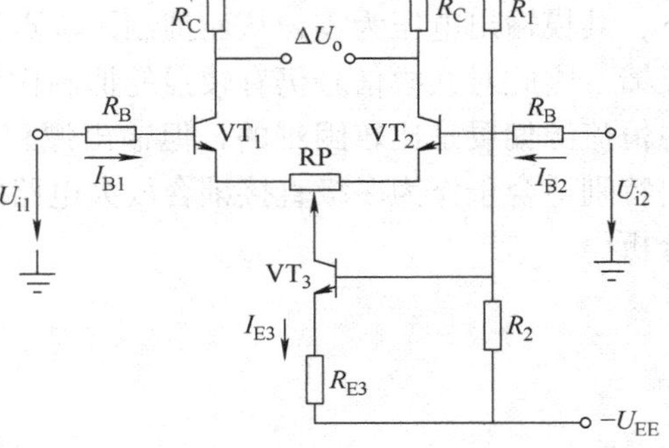


图 2-4-3　开关掷向 1 时的电路

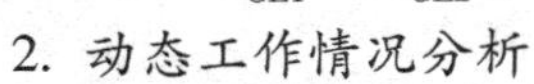

2. 动态工作情况分析

（1）对差模信号的放大作用

所谓差模信号，是指在图 2-4-1 输入 A、B 端加入大小相等且极性相反的两个信号，即 $\dot{U}_{i1}=-\dot{U}_{i2}$，称为差模输入信号。差模输入时，$VT_1$ 和 $VT_2$ 的差模输出电压为两管集电极对地交流电压之差，即 $\dot{U}_o=\dot{U}_{C1}-\dot{U}_{C2}$。由于两管集电极电流变化量相反，即 $i_{C1}=I_{C1}+i_C$，$i_{C2}=I_{C2}+i_C$，$\Delta i_{C1}=-\Delta i_{C2}$，射极公共偏置支路 $R_E$ 上的电压 $\dot{U}_E=0V$，相当于短路。因此，这时差动放大器的差模放大倍数为

$$\dot{A}_{ud}=\frac{\dot{U}_o}{\dot{U}_i}=\frac{\dot{U}_{C1}-\dot{U}_{C2}}{\dot{U}_{i1}-\dot{U}_{i2}}=-\frac{\beta\left(R_C/\!/\frac{R_l}{2}\right)}{R_B+r_{be}}\approx-\frac{\beta R_C}{R_B+r_{be}} \tag{2-4-14}$$

式中，$\dot{U}_{C1}$、$\dot{U}_{C2}$ 分别为两管集电极对地的交流电压；$\dot{U}_{i1}$、$\dot{U}_{i2}$ 分别为两输入端对地的交流电压（以下各式相同）；$r_{be}$ 为晶体管输入电阻。

上面介绍的差动放大器电路，其输入信号分别加至两管基极，输出信号从两管集电极引出，称为双端输入－双端输出接法，其特点是输入、输出端均不接地。在实际应用中，输入、输出信号常需要一端接地，这就是单端输入或单端输出方式。单端输入－双端输出差动方式是指 $\Delta U_i$ 加到差动放大器其中一管基极与地之间，这种形式与双端输入情况近似相同，如图 2-4-4所示。单端输出是指负载接在电路其中一个晶体管集电极到地两端，如果从 $VT_1$ 集电极输出，则此时增益为

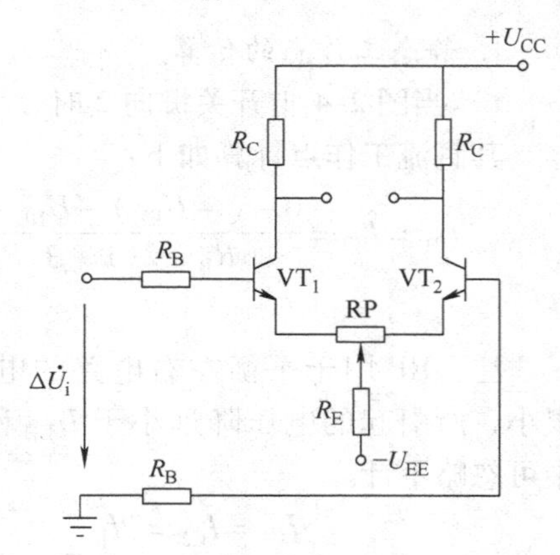


图 2-4-4　单端输入－双端输出差动放大方式

$$\dot{A}_{ud}=\frac{\dot{U}_o}{\dot{U}_i}=\frac{\dot{U}_{C1}-\dot{U}_{C2}}{\dot{U}_{i1}-\dot{U}_{i2}}=-\frac{\beta\left(R_C/\!/\frac{R_L}{2}\right)}{R_B+r_{be}}\approx-\frac{\beta R_C}{R_B+r_{be}} \tag{2-4-15}$$

（2）对共模信号的抑制作用

晶体管因温度和电源电压等变化所引起的工作点变化，在差动放大器中相当于共摸信号，因此，差动放大器能很好地抑制温度、电源电压等变化对工作点的影响。为验证其对共

模信号的抑制作用，在输入 A、B 端模拟加入大小相等、极性相同的两个共模信号，即 $\dot{U}_{i1}=\dot{U}_{i2}$，称为共模输入信号。这种输入方式称为共模输入，如图 2-4-5 所示。

电路理想对称时 $\dot{U}_{C1}=\dot{U}_{C2}$，则 $\dot{U}_o=\dot{U}_{C1}-\dot{U}_{C2}=0V$，即共模放大倍数等于零。

$$A_{uc}=\frac{\dot{U}_o}{(\dot{U}_{i1}+\dot{U}_{i2})/2}=\frac{\dot{U}_{C1}-\dot{U}_{C2}}{(\dot{U}_{i1}+\dot{U}_{i2})/2}=0 \quad (2\text{-}4\text{-}16)$$

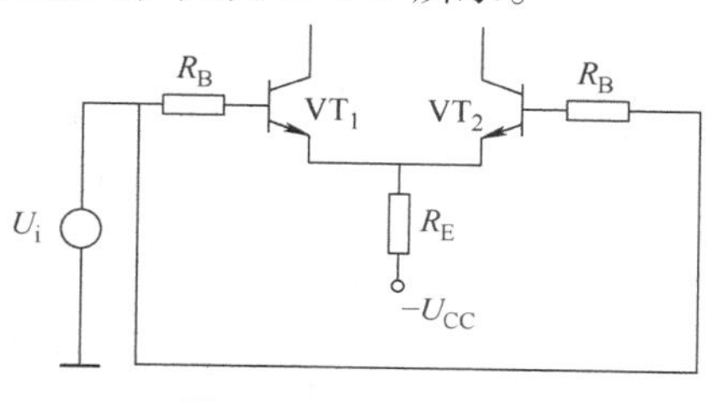

图 2-4-5 共模输入

共模输入时，两管电流同时增大或减小，$R_E$ 上电压降也随之按 2 倍幅值进行变化，相当于每个管子的发射极接入了 $2R_E$ 的电阻。由此可见，$R_E$ 对共模信号起抑制作用，并且 $R_E$ 越大，抑制作用越强。

（3）共模抑制比（$K_{CMR}$）

对于差动放大器，希望有较大的差模放大倍数和尽可能小的共模放大倍数。为了全面衡量差动放大器的质量，引入了共模抑制比：

$$K_{CMR}=20\lg\left|\frac{\dot{A}_{ud}}{\dot{A}_{uc}}\right| \quad (\text{dB}) \quad (2\text{-}4\text{-}17)$$

对于理想的双端输出差动放大器（图 2-4-2），$A_{uc}=0$，$K_{CMR}=\infty$。$K_{CMR}$ 越大，表示电路对称性能越好，对信号放大的能力越强，抑制零点漂移的能力越强。提高共模抑制比的措施如下：

在图 2-4-5 中，$R_E$ 越大，对零点漂移的抑制作用越强。但 $R_E$ 太大，其上的直流电压降也增大，会影响晶体管的静态工作点。在实际应用中，常用一个晶体管恒流源取代 $R_E$。因为工作于线性放大区的晶体管的集电极电流 $I_C$ 基本上不随 $U_{CE}$ 变化，即恒流性，所以交流电阻 $R=\frac{\Delta u_{CE}}{\Delta i_C}$ 很大，从而解决了 $R_E$ 不能取得很大的矛盾，提高了共模抑制比。

## 四、实验预习仿真

1. *差动放大器的 Multisim 仿真电路及静态测试*

图 2-4-6 所示是差动放大器的基本结构。它由两个元件参数相同的基本共发射放大电路组成。当开关 S1 拨向左边 RE 支路时，构成典型的差动放大器。调零电位器 RW 用来调节 $VT_1$、$VT_2$ 的静态工作点，使得输入信号 $U_i=0V$ 时，双端输出电压 $U_o=0V$。$R_E$ 为两管共用的发射极电阻，对差模信号无负反馈作用，因而不影响差模电压放大倍数，但对共模信号有较强的负反馈作用，故可以有效地抑制零点漂移，稳定静态工作点。

如图 2-4-7 所示，调节电位器 RW 的位置于 50% 处，则当输入电压等于零时，$U_{C1}=U_{C2}$，即 $U_o=0V$。双击图中万用表 XMM1、XMM2、XMM3 分别显示电压 $U_{C1}$、$U_{C2}$、$U_o$，其显示结果如图 2-4-8 所示。

2. *差模电压放大倍数和共模电压放大倍数*

（1）差模电压放大倍数

1）双端输出方式。如图 2-4-6 所示，在 $VT_1$、$VT_2$ 两晶体管的基极之间加上信号源 1kHz、100mV 的信号，将示波器接在 $VT_1$、$VT_2$ 的集电极之间，观察输出信号。

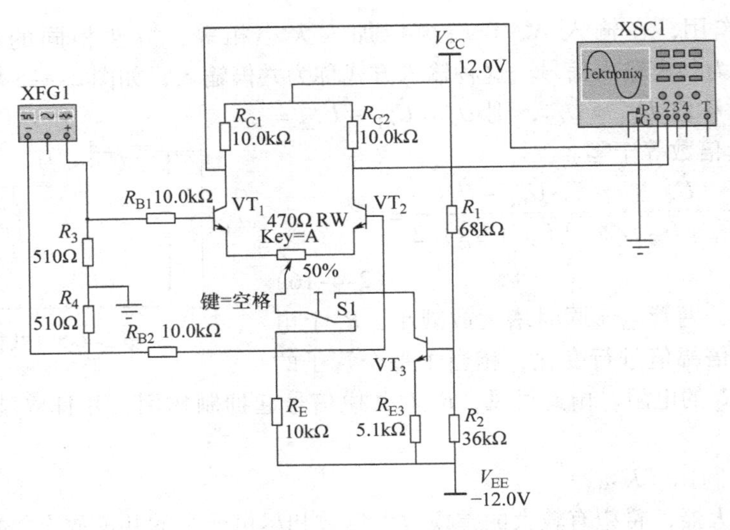


图 2-4-6　差动放大器基本结构

2）单端输出方式。将示波器的一个通道探头正负极接在 $VT_1$ 集电极与地之间，增加一个示波器通道接到 $VT_2$ 集电极与地之间。观察单端输出电压波形的幅度，将它与前面双端输出电压信号幅度进行比较。同时比较 $VT_1$ 和 $VT_2$ 集电极到地的电压波形的相位关系如图 2-4-9。

（2）共模电压放大倍数

共模信号不存在单端输入方式，因为静态工作点的漂移和电源的干扰对于差动放大器的两个管子影响是同时存在的，相当于在两个晶体管的输入端加入了共模信号。在差动放大器的对管输入端加入大小和相位相同的假想共模信号（如有效值 100mV 正弦信号），观察测量共模输入和输出的幅度。注意：差动放大器的输入信号可采用直流信号，也可采用交流信号。

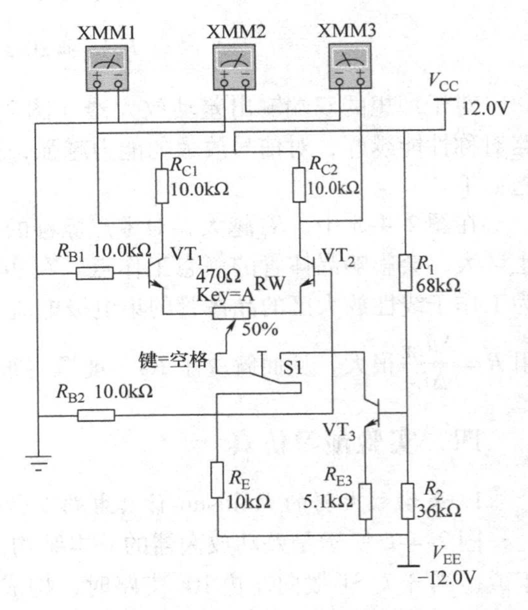


图 2-4-7　差动放大器静态测量电路

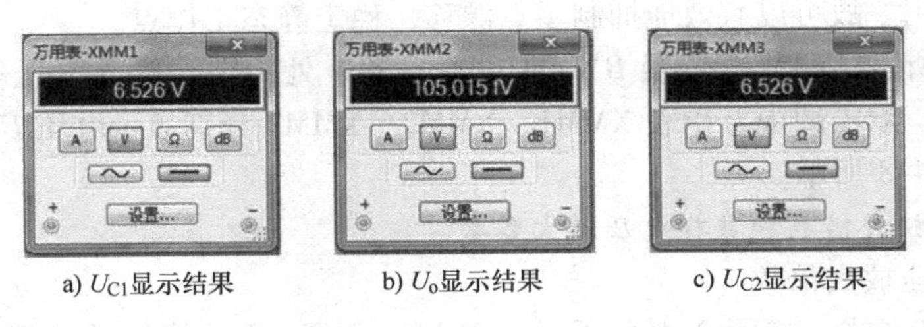


a) $U_{C1}$显示结果　　b) $U_o$显示结果　　c) $U_{C2}$显示结果

图 2-4-8　万用表显示电压结果

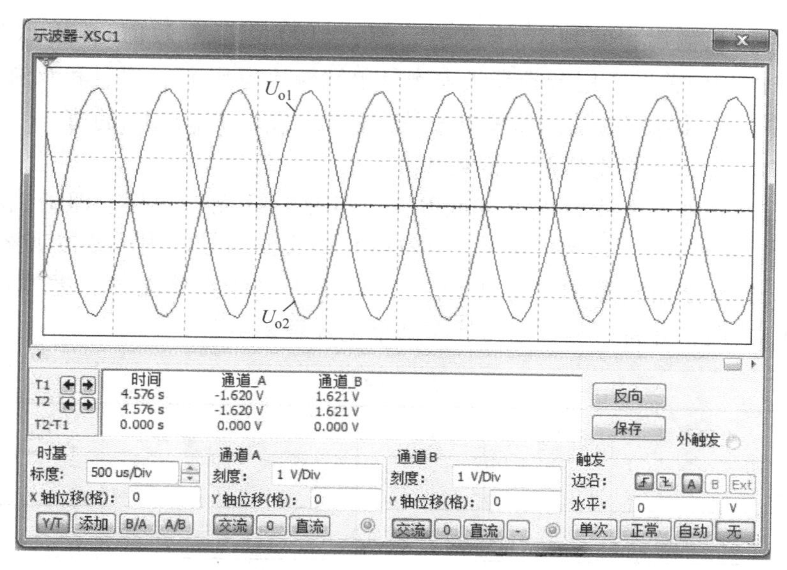


图 2-4-9 示波器显示集电极电压间相位关系

## 五、实验内容

### 方案 1：验证性实验

按图 2-4-1 连接实验电路，首先构成基本差动放大器，按实验步骤顺序进行实验，将实验数据填入相应的表格中。然后再构成具有恒流源的差动放大电路，按实验步骤顺序进行实验，将实验数据填入相应的表格中。

1. 测量静态工作点

（1）调节放大器零点

接通 ±12V 直流电源，将放大器输入端 A、B 与地短接（即 $U_i=0$），用直流电压表测量输出电压 $U_{C1}$、$U_{C2}$，调节调零电位器 RP，使 $U_{C1}=U_{C2}$。调节要仔细，力求准确。

（2）测量静态工作点

零点调好以后，用直流电压表测量 $VT_1$、$VT_2$ 管各极电位及 E 点对地电压 $U_{RE}$（接 $R_E$ 时）或 F 点对地电压 $U_{RE3}$（接恒流源时），计算 $I_{C1}$、$I_{C2}$、$I_E$、$U_{CE}$，记入表 2-4-1 中，并与理论值进行比较。

表 2-4-1

<table>
<tr><td rowspan="3">测量值</td><td>电路形式</td><td>$U_{C1}$/V</td><td>$U_{B1}$/V</td><td>$U_{E1}$/V</td><td>$U_{C2}$/V</td><td>$U_{B2}$/V</td><td>$U_{E2}$/V</td><td>$U_{RE}$/$U_{RE3}$/V</td></tr>
<tr><td>接 $R_E$</td><td></td><td></td><td></td><td></td><td></td><td></td><td></td></tr>
<tr><td>接恒流源</td><td></td><td></td><td></td><td></td><td></td><td></td><td></td></tr>
<tr><td rowspan="3">计算值</td><td>电路形式</td><td colspan="2">$I_{C1}$/mA</td><td colspan="2">$I_{C2}$/mA</td><td colspan="2">$I_E$/mA</td><td>$U_{CE}$/V</td></tr>
<tr><td>接 $R_E$</td><td colspan="2"></td><td colspan="2"></td><td colspan="2"></td><td></td></tr>
<tr><td>接恒流源</td><td colspan="2"></td><td colspan="2"></td><td colspan="2"></td><td></td></tr>
</table>

2. 测量差模电压放大倍数

（1）测量双端输入差模电压放大倍数 $\dot{A}_{ud}$

将信号源的输出端分别与实验电路的 A、B 点连接，便组成双端输入差模放大电路。调节函数发生器为正弦输出，使频率 $f=400\text{Hz}$、$U_i=100\text{mV}$（有效值），用示波器观察输出 $u_{o1}(t)$ 和 $u_{o2}(t)$ 的相位关系，用音频毫伏表测量单端输出电压 $\dot{U}_{o1}$、$\dot{U}_{o2}$ 和双端输出电压 $\dot{U}_o$，记入表 2-4-2 中，并计算双端输入差模电压放大倍数 $\dot{A}_{ud1}$、$\dot{A}_{ud2}$、$\dot{A}_{ud}$ 的值。

（2）测量单端输入差模电压放大倍数 $\dot{A}_{ud}$

将信号源输出接地端连接的 A 点（或 B 点）与地（G 点）短接，即组成单端输入差模放大电路。输入 $f=400\text{Hz}$、$\dot{U}_i=100\text{mV}$（有效值）的交流信号，用示波器观察输出电压 $\dot{U}_{o1}$ 和 $\dot{U}_{o2}$ 的相位关系，分别测量输出电压 $\dot{U}_{o1}$、$\dot{U}_{o2}$ 和 $\dot{U}_o$，计算单端输入差模电压放大倍数 $\dot{A}_{ud1}$、$\dot{A}_{ud2}$ 和 $\dot{A}_{ud}$ 的值，并将所测数据与计算结果记入表 2-4-2 中。

表 2-4-2

| 输入信号 | | 电路形式 | $\dot{U}_{o1}$ | $\dot{U}_{o2}$ | $\dot{U}_o$ | $\dot{A}_{ud1}$ | $\dot{A}_{ud2}$ | $\dot{A}_{ud}$ |
|---|---|---|---|---|---|---|---|---|
| 差模 | 双端输入 | $R_E$ | | | | | | |
| | | 接恒流源 | | | | | | |
| | 单端输入 | $R_E$ | | | | | | |
| | | 接恒流源 | | | | | | |

3. 测量共模电压放大倍数 $\dot{A}_{uc}$

将放大器 A、B 短接，信号源输出接 A（B）端与地之间，即组成共模输入放大电路。调节输入信号 $f=400\text{Hz}$、$U_i=50\text{mV}$（有效值），用示波器观察输出电压 $\dot{U}_{o1}$ 和 $\dot{U}_{o2}$ 的相位关系，分别测量单端输出电压 $\dot{U}_{o1}$、$\dot{U}_{o2}$、$\dot{U}_o$，而双端输出电压 $\dot{U}_o=\dot{U}_{o1}-\dot{U}_{o2}$，计算共模电压放大倍数 $\dot{A}_{uc1}$、$\dot{A}_{uc2}$ 和 $\dot{A}_{uc}$，并将所测数据与计算结果记入表 2-4-3 中。

表 2-4-3

| 输入信号 | 电路形式 | $\dot{U}_{o1}$ | $\dot{U}_{o2}$ | $\dot{U}_o$ | $\dot{U}_{RE}$ | $\dot{A}_{uc1}$ | $\dot{A}_{uc2}$ | $\dot{A}_{uc}$ | $K_{CMR}$ | $K_{CMR1}$ |
|---|---|---|---|---|---|---|---|---|---|---|
| 共模输入 | $R_E$ | | | | | | | | | |
| | 恒流源 | | | | | | | | | |

4. 计算双端输出和单端输出的共模抑制比 $K_{CMR}$ 和 $K_{CMR1}$

计算结果记入表 2-4-3 中。

**方案 2：设计性实验**

1. 设计任务

设计一个由集成运算放大器组成的差动放大电路，要求该电路满足下列技术指标：

差模电压增益：$|A_d|=50$；差模输入阻抗：$R_{id}>20\text{k}\Omega$；共模抑制比：$K_{CMR}>50\text{dB}$。

已知条件如下：

信号源内阻：$R_S=10\text{k}\Omega$；负载电阻：$R_L=\infty$；共模电压输入范围：$U_{icm}\leqslant 9\text{V}$；电源电压：$U_{CC}=+12\text{V}$，$U_{EE}=-12\text{V}$。

2. 设计要求

1）根据设计任务和已知条件确定电路方案，计算并选取放大电路的各元器件参数。

2）静态测试：调零和消除自激振荡。

3）测量放大电路的主要性能指标：差模电压增益 $A_{ud}$，共模电压增益 $A_{uc}$，差模输入电阻 $R_{id}$，并与理论计算值进行比较。

3. 设计内容及步骤

1）根据已知条件和设计要求，选定电路方案，计算和选取元器件参数，并在实验电路板上组装所设计的电路，检查无误后接通电源，进行下列调试。

2）静态调试：调零和消除自激振荡。

3）测量放大电路的主要性能指标：

① 测量差模电压增益 $A_{ud}$：在两输入端加差模输入电压 $U_{id}$，输入 500Hz、200mV（有效值）的正弦信号，测量输出电压 $U_{od}$，观测与记录输出电压与输入电压波形的幅值和相位关系，计算差模电压增益，并与理论值比较。

② 测量共模电压增益 $A_c$：将输入端并接，加共模输入电压 $U_{ic}$，输入 $f=500$Hz、有效值为 1V 的正弦电压，测量输出电压 $U_{oc}$，计算 $A_c$ 的值。

③ 测量差模输入电阻 $R_{id}$。

**❖ 方案 3：探究性实验**

**理论探究：**

共模抑制比（Common Mode Rejection Ration，CMRR）定义为差模增益与共模增益的比值，常以分贝（dB）表示，但这不能说明 CMRR 在实际应用中的意义。实际上，共模输入电压影响运放内一对差动放大器的输入偏置电压。由于输入电路中固有的不对称性，偏置电压的改变会引起输入失调电压的变化，从而导致输出较大的零漂。换句话说，CMRR 将会告诉我们输入共模电压会引起多大的输出误差。

图 2-4-10 所示为输入共模电压变化 $\Delta U_{CM}$ 引起输出零漂电压变化 $\Delta U_{os}$ 的示意图，该输入共模电压 $U_{CM}$ 除了包含不对称的失调电压外，还包括电源电压、温度及电磁干扰等其他外部因素相关的偏移误差。因此在实际应用时，可以通过改变共模电压和测量由此共模电压引起的输出偏移电压的变化来测量 CMRR。在 TI 公司的数据手册上，CMRR 的定义如下式

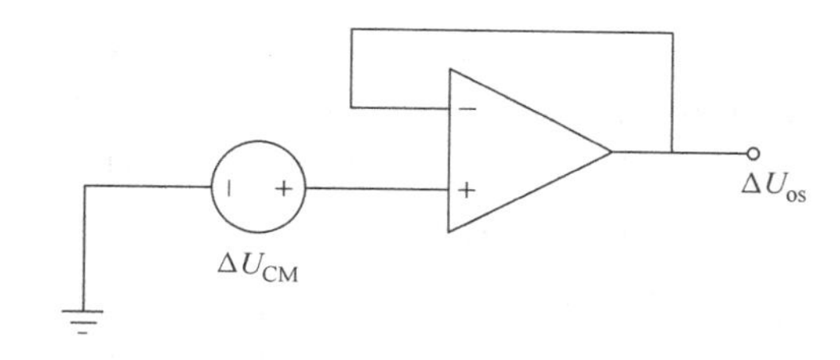


图 2-4-10　CMRR 引起的偏移误差

$$\mathrm{CMRR}_{测量}=\frac{\Delta U_{os}}{\Delta U_{CM}} \tag{2-4-18}$$

$$\mathrm{CMRR}_{测量}=20\log\left(\frac{\Delta U_{os}}{\Delta U_{CM}}\right)\quad(\mathrm{dB}) \tag{2-4-19}$$

根据手册上查到的 CMRR 及输入共模电压，就能根据式（2-4-20）计算输入引起的输出失调电压

$$\Delta U_{os}=\Delta U_{CM}\times 10^{\frac{-\mathrm{CMRR}}{20}} \tag{2-4-20}$$

对于具有放大能力的电路，再根据放大倍数，就能计算该失调电压引起的输出误差。

对于常用反相放大器，由于虚接地，具有与输入信号无关的接近 0V 的共模电压；而对于图 2-4-11 所示的同相放大器，共模电压范围则取决于设计，且用户需要确保其电压处于

允许范围内。

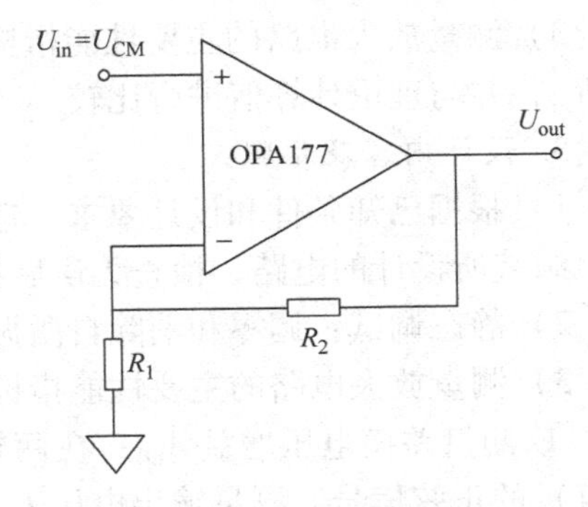

图 2-4-11　同相运放配置的共模电压

表 2-4-4 是 OPA177 数据手册中标出的共模抑制比（CMRR）。注意，表中标定的值是指在输入共模电压范围内的直流共模抑制比。它的最小值为 130dB，是非常高的值。

由于 CMRR 是有限值，当运放输入端有共模电压 $\Delta U_{CM}$时，它会引入一个输入失调电压 $\Delta U_{os}$。如表 2-4-4 中 CMRR 为 130dB，当共模电压变化为 5V 时，增益为 1，则这个失调电压为 1.58μV。计算过程如下：

$$10^{(-130\text{dB}/20)}=3.16\times10^{-7}\text{V/V}$$

$$\Delta U_{os}=(0.316\mu\text{V/V})\times5\text{V}=1.58\mu\text{V}$$

**表 2-4-4　OPA177 数据手册中的共模抑制比**

| 参数 | 条件 | OPA177F | | | OPA177G | | |
|---|---|---|---|---|---|---|---|
| | | MIN | TYP | MAX | MIN | TYP | MAX |
| 输入电压范围/V | $U_{CM}=\pm13$V | 13 | 13.5 | | 13 | 13.5 | |
| 共模抑制比/dB | | 130 | 140 | | 110 | | 140 |

如果增益为 2 的电路，则输出端误差为 3.16μV，其值与增益成正比。

在实际应用中，如电子测量需要使用差动放大器电路，根据要求可能需要极高的测量精度。为了达到这一精度，应尽可能减少典型误差源（如失调、增益误差，噪声、容差和漂移等）。为此，需要使用高精度运算放大器。放大器电路的外部元件选择也同等重要，尤其是电阻，应该具有匹配的比值，而不能任意选择。

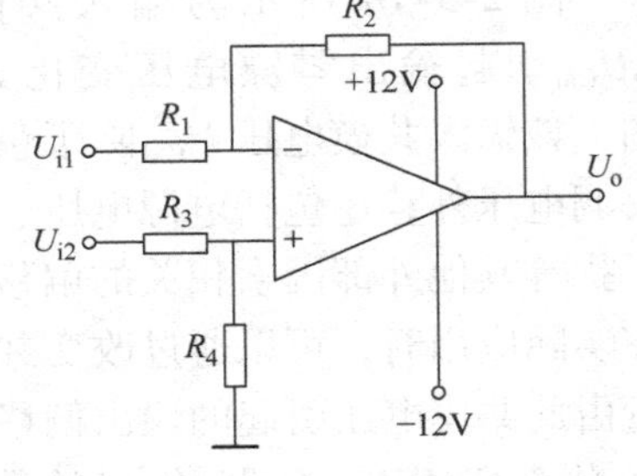

图 2-4-12　传统的差动放大器电路

对于图 2-4-12 所示的差动放大器电路，电路中的电阻应仔细选择，其电阻比值（$R_2/R_1=R_4/R_3$）应相同。这些比值有任何偏差都将导致不良的共模误差。差动放大器抑制这种共模误差的能力由共模抑制比（CMRR）决定。

图 2-4-12 所示电路的总共模抑制比（$\text{CMRR}_{\text{Total}}$）取决于集成运算放大器本身以及外部连接的电阻。对于后者，取决于电阻的共模抑制比，用 $\text{CMRR}_\text{R}$表示，计算公式如下：

$$\text{CMRR}_\text{R}=\frac{\frac{1}{2}(G+1)}{\frac{\Delta R}{R}} \tag{2-4-21}$$

式中，$G$ 为增益；$\Delta R/R$ 为电阻的相对误差。例如，在放大器电路中，所需增益 $G=1$ 且使用容差为 1%、匹配精度为 2% 的电阻产生的共模抑制比为

$$\text{CMRR}_\text{R}\approx\frac{\frac{1}{2}(1+1)}{0.02}=50 \tag{2-4-22}$$

$$\mathrm{CMRR_R}=20\log\left(\frac{\frac{1}{2}(1+1)}{0.02}\right)=34\mathrm{dB} \tag{2-4-23}$$

34dB 的 $\mathrm{CMRR_R}$相对较低。在这种情况下，即使运算放大器具有非常好的 CMRR，也无法实现高精度测量，因为系统的精度总是取决于其精度最差的环节。因此，对于精密的测量电路而言，必须非常精确地选择电阻。

在实际使用中，传统电阻的阻值并不恒定，它们会受机械负载和温度的影响。根据需求的不同，可以使用具有不同容差的电阻或匹配电阻对（网络），其大部分使用薄膜技术制造并具有精确的比值稳定性。利用这些匹配的电阻网络（如 LT5400 四通道匹配电阻网络），可以大幅提高放大器电路的整体 CMRR。

LT5400 提供 0.005% 的匹配精度，从而使 $\mathrm{CMRR_R}$达到 86dB。然而，放大器电路的总共模抑制比（$\mathrm{CMRR_{Total}}$）由电阻共模抑制比（$\mathrm{CMRR_R}$）和运算放大器共模抑制比（$\mathrm{CMRR_{OP}}$）共同决定。对于差动放大器，可利用式（2-4-24）计算：

$$\mathrm{CMRR_{Total}}\approx\frac{\frac{1}{2}(G+1)}{\frac{1}{2\times\mathrm{CMRR_{OP}}}(G+1)+\frac{\Delta R}{R}} \tag{2-4-24}$$

例如，LT1468 提供的 $\mathrm{CMRR_{OP}}$典型值为 112dB，若增益 $G=1$，则 $\mathrm{CMRR_{Total}}$的值为 85.6dB。

图 2-4-13 为用 LT1468 和 LT5400 四通道匹配电阻网络组成的差动放大器。

1）根据 LT1468 的 CMRR，计算当共模电压为 5V、10V 及 15V 时，由共模电压引起的输出误差电压。

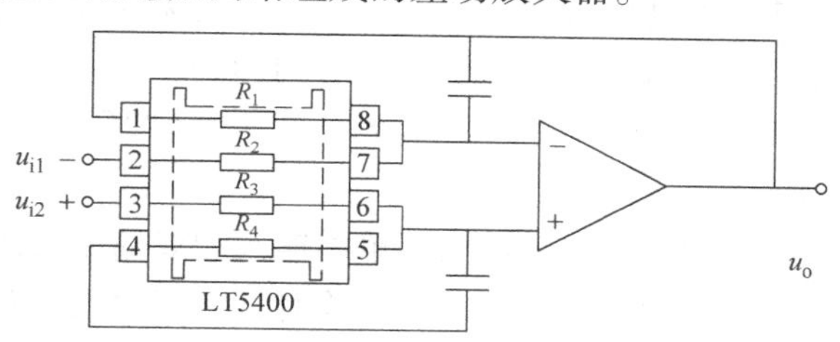


图 2-4-13　差动放大器电路

2）图 2-4-14 无须电阻精确匹配即可测量运算放大器的 $\mathrm{CMRR_{OP}}$。在该电路中，$A_X$为待测运放，其共模电压可以通过切换电源电压来改变（该电路采用不同电源电压连接的同样电路来测量电源抑制比）。具体方法是先将开关 $S_1$、$S_2$ 掷向左，测量输出电压 $U_{out}$，然后将 $S_1$、$S_2$ 掷向右，电源电压同时升高 20V，测量输出电压 $U'_{out}$，则其 $\mathrm{CMRR_{OP}}$可用式（2-4-26）计算

$$\Delta U_{out}=U'_{out}-U_{out} \tag{2-4-25}$$

$$\mathrm{CMRR_{OP}}=20\lg 101\left|\frac{20}{\Delta U_{out}}\right| \tag{2-4-26}$$

式中，101 是同相放大电路的放大倍数。

该电路中电源电压值适用于 ±15V 运算放大器，共模电压范围为 ±10V。也可通过适当改变电压来适应其他电源和共模电压范围。测量电路中第二级集成放大器 $A_1$应具有高增益、低 $U_{OS}$和低 $I_B$，如 OP97 系列器件。理解该电路的工作原理，设计用该电路测量 LT1468 的 $\mathrm{CMRR_{OP}}$。

3）用普通电阻按照图 2-4-11 设计一个增益为 10 的传统差动放大器，测量其输出零点误差。

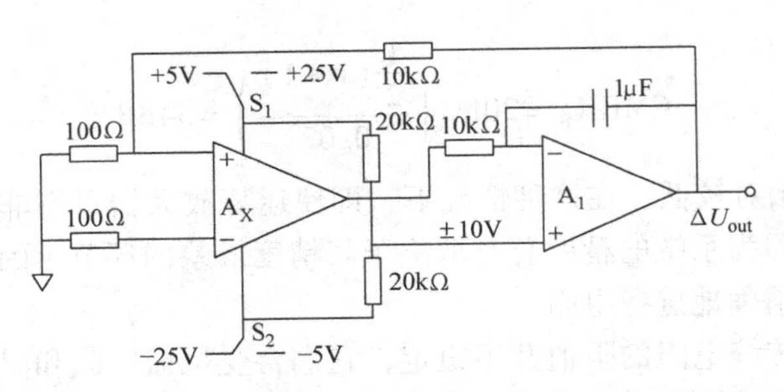


图 2-4-14　无须精密电阻的 $CMRR_{OP}$测试电路

4）LT5400 电阻网络在整个温度范围内具有出色的匹配性，结合差动放大器电路使用则匹配性更佳，因而可确保 $CMRR_{Total}$ 比分立电阻提高两倍。利用图 2-4-12 可同样设计增益为 10 的差动放大器，测量其输出零点误差，并与 3）中设计电路进行对比分析。

5）计算以上 3）和 4）两种情况的总体共模抑制比。

**实验探究：**

1）搭建图 2-4-14 所示电路，测量 LT1468 的 $CMRR_{OP}$，将测量数据填入自行设计表格。

2）分别搭建图 2-4-11 和图 2-4-12 所示电路，实测两个电路的输出零点漂移，数据填入设计表格。

## 六、思考题

1）差动放大器为什么要调零？在调零时，为什么要把输入端接地？图 2-4-1 中调零电位器 RP 的大小对放大器性能有何影响？

2）为什么采用“恒流源”比采用“$R_E$”更能改善差动放大器的性能？试用实验结果说明。

3）为什么差动放大器单端输入和双端输入两种方式的测量结果近似相等？

4）在做方案 2 的设计实验时，双端输入、双端输出及共模输入时，设计电路的输入端与信号源的输出端应如何连接？画图说明。

5）测量差模电压增益与共模电压增益应选用什么测量仪器？为什么？

## 七、实验报告要求

**方案 1：**

1）整理实验数据，列表比较实验结果和理论估算值，分析误差原因。

① 静态工作点和差模电压放大倍数。

② 基本差动放大电路单端输出时的 $K_{CMR}$ 实测值与理论值比较。

③ 基本差动放大电路单端输出时的 $K_{CMR}$ 实测值与具有恒流源的差动放大器 $K_{CMR}$ 实测值比较。

2）根据实验结果，总结电阻 $R_E$ 和恒流源的作用。

3）完成实验报告。

**方案 2：**

1）写出电路设计理论依据及参数计算过程。

2）电路设计仿真，验证设计正确性及性能参数满足要求。

3）按要求设计表格并整理和填写实验数据，画出必要的波形。

4）将实验结果与理论计算值相比较，分析产生误差的原因。

5）完成实验报告。

❖ **方案3：**完成实验论文；将理论探究计算及结果填入自行设计表格并讨论，比较电阻匹配对差动放大器线性度的影响。

# 实验2.5 负反馈放大器

## 一、实验目的

**方案1 验证性实验：**

1）学习两级阻容耦合放大器静态工作点的调试方法，掌握负反馈放大器动态参数的测试条件、原理和方法。

2）加深理解负反馈放大电路各项性能指标的改善与反馈深度的关系，对放大器通频带和非线性失真的改善。

**方案2 设计性实验：**

加深对负反馈放大电路工作原理的理解，掌握负反馈放大电路的设计、安装、调试及对电路参数的调整。

❖ **方案3 探究性实验：**

1）熟悉负反馈稳定性的理论与判定方法。

2）了解环路增益的概念及仿真测试方法。

3）学会通过改变环路增益的频率特性来消除电路自激振荡。

## 二、实验设备与元器件

方案1：示波器，数字万用表，函数信号发生器，模拟电路实验箱，单级/两级共射极放大电路板。

方案2：示波器，数字万用表，函数信号发生器，晶体管9013两只，面包板一个，电阻，电容，导线若干。

❖ 方案3：示波器，数字万用表，函数信号发生器，芯片OPA333，电阻、电容、导线若干。

## 三、实验原理

在放大电路中引入直流负反馈可以稳定静态工作点，引交流负反馈可以改善放大器的性能。负反馈放大器共四种组态，分别是：电压串联负反馈，电压并联负反馈，电流串联负反馈和电流并联负反馈。电路中引入交流负反馈后，虽然放大增益会降低，但降低的增益可以通过增加放大级数来弥补。同时，可采用频率补偿法消除自激振荡。

本实验主要以电压串联负反馈电路来研究交流负反馈对放大器性能的影响，其反馈等效电路如图2-5-1所示。

反馈系数：

$$\dot{F}=\frac{\dot{U}_{\mathrm{f}}}{\dot{U}_{\mathrm{o}}}=\frac{R'_{\mathrm{e1}}}{R'_{\mathrm{e1}}+R_{\mathrm{f}}} \tag{2-5-1}$$

引入反馈后放大倍数：

$$\dot{A}_{\mathrm{f}}=\frac{\dot{A}}{1+\dot{A}\dot{F}} \tag{2-5-2}$$

即负反馈使放大倍数降低了$|1+\dot{A}\dot{F}|$倍，通常称$|1+\dot{A}\dot{F}|$为反馈深度，用字母$D$表示。

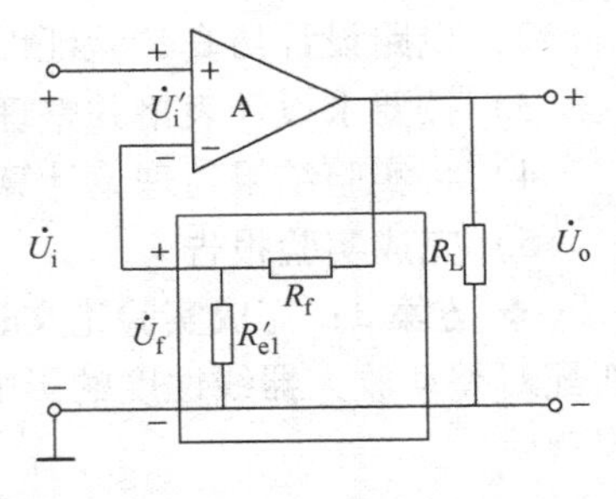

图 2-5-1　电压串联负反馈电路

若$|1+\dot{A}\dot{F}|>>1$，则

$$\dot{A}_{\mathrm{f}}=\frac{1}{\dot{F}} \tag{2-5-3}$$

表明当电路引入深度负反馈（$|1+\dot{A}\dot{F}|>>1$）时，放大倍数几乎决定于反馈网络，而与电路其他参数无关。

负反馈对放大电路性能的改善如下。

1. 提高增益的稳定性

放大电路引入负反馈以后得到的效果是提高放大倍数的稳定性。在输入信号一定的情况下，当电路参数发生变化，如晶体管参数、电源波动、信号频率漂移和元件温度变化等，由于引入了负反馈，放大电路输出信号的波动将大幅减小，即放大倍数的稳定性提高了。

对式（2-5-2）中的$\dot{A}$求导数可得

$$\frac{\mathrm{d}\dot{A}_{\mathrm{f}}}{\dot{A}_{\mathrm{f}}}=\frac{1}{|1+\dot{A}\dot{F}|}\frac{\mathrm{d}\dot{A}}{\dot{A}}=\frac{1}{D}\frac{\mathrm{d}\dot{A}}{\dot{A}} \tag{2-5-4}$$

即$\dot{A}_{\mathrm{f}}$的稳定性提高了$D$倍。

2. 减小非线性失真

由于放大器特性曲线的非线性，当信号幅度比较大时，非线性失真现象比较明显，引入负反馈可以减小非线性失真。

如图2-5-2所示，曲线1为某电压放大电路的开环电压传输特性，该曲线斜率的变化反映了增益随输入信号的大小而发生的变化。传输特性曲线说明，若输入信号幅度较大，则输出会产生非线性失真。引入深度负反馈（$|1+\dot{A}\dot{F}|>>1$）后，由式（2-5-3）可知，闭环增益近似为$1/\dot{F}$。由于反馈通常由线性电阻元件构成，故该电压放大电路的闭环电压传输特性可近似为一条直线，如图2-5-2中曲线2所示。与曲线1相比，在输出电压幅度相同的情况下，斜率（即增益）虽然变小了，但增益因输入信号大小而改变的程度却减小了，这说明$u_{\mathrm{o}}$和$u_{\mathrm{i}}$之间几乎呈线性关系，即减小了非线性失真。负反馈减小非线性失真的程度与反馈深度$|1+\dot{A}\dot{F}|$有关。

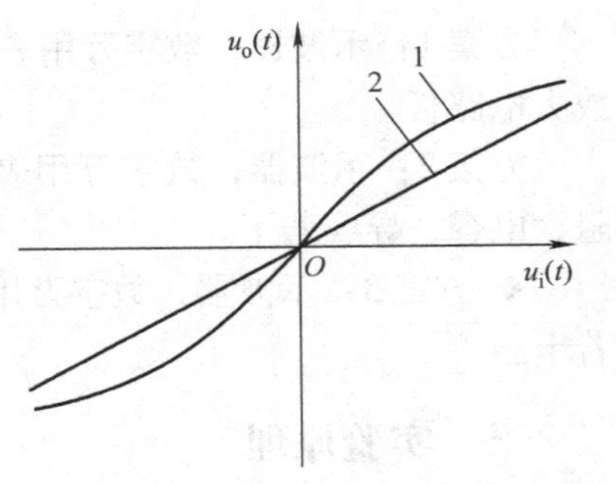

图 2-5-2　放大电路的传输特性

1—开环特性　2—闭环特性

应当注意的是，只有非线性失真产生于反馈环内，引入负反馈才能改善失真；若输入信号本身就有失真，则引入负反馈的效果不大。

3. 展宽通频带

放大电路引入负反馈后，使得由各种原因引起放大倍数的变化都将减小，包括因信号频率变化而引起的放大倍数的变化，其效果是展宽了通频带，频带展宽的程度与反馈深度 $D$ 成正比，上限频率 $f_{Hf}$ 和下限频率 $f_{Lf}$ 分别为

$$f_{Hf}=|1+\dot{A}\dot{F}|f_{H} \tag{2-5-5}$$

$$f_{Lf}=\frac{f_{L}}{|1+\dot{A}\dot{F}|} \tag{2-5-6}$$

负反馈对通频带和放大倍数的影响如图 2-5-3 所示。由图可知，加了负反馈后通频带变宽，增益减小。

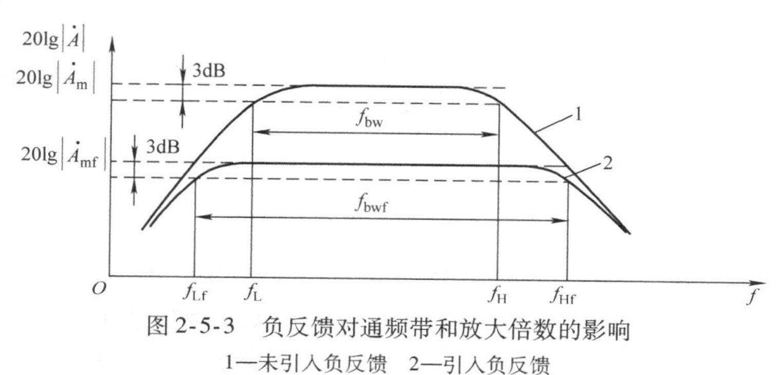


图 2-5-3　负反馈对通频带和放大倍数的影响

1—未引入负反馈　2—引入负反馈

4. 改变输入电阻和输出电阻

放大电路引入不同组态的负反馈后，对输入电阻和输出电阻将产生不同的影响。对输入电阻的影响取决于反馈信号与外加输入信号在输入回路的连接方式是串联还是并联。串联负反馈使输入电阻增大，并联负反馈使输入电阻减小。对输出电阻的影响取决于反馈信号在输出端的采样方式是电压还是电流，电压负反馈将减小输出电阻，电流负反馈将增大输出电阻。对输入电阻、输出电阻的影响程度仍由反馈深度 $D$ 决定。

负反馈对放大电路性能的改善取决于反馈深度 $D$，一般来说，反馈越深，改善的效果越显著。然而，若反馈过深，电路会产生自激振荡而不能正常工作，即当输入量为零时，输出也会产生一定频率和一定幅度的信号。

## 四、实验预习仿真

图 2-5-4 所示为带有负反馈的两级阻容耦合放大仿真电路，在电路中通过 Rf1 把输出电压 $U_o$ 反馈到输入端，加在晶体管 Q1 的发射极上，在发射极电阻 Rf1 上形成反馈电压 $U_f$。根据反馈的判断法可知，它属于电压串联负反馈，操作步骤为：

1）在 Multisim 上实现放大器静态工作点的设置，学会动态参数的测量原理与测量方法。

2）负反馈对失真的改善作用。将图 2-5-4 电路中的开关 S1 掷向右边，负反馈支路接地，函数发生器 XFG1 的频率设置为 1kHz，振幅由 0mV 起调，逐渐增大输入电压 $U_i$ 的大小，同时用示波器观察第二级输出波形，使输出信号出现失真，如图 2-5-5a 所示，注意不要过分失真。然后将开关 S1 掷向左边闭合，接入负反馈支路，重新调节输入信号的幅值，使输出信号达到之前开环刚好失真时所测试的输出信号幅值大小，从图 2-5-5b 上观察到输出波形的失真得到明显的改善。

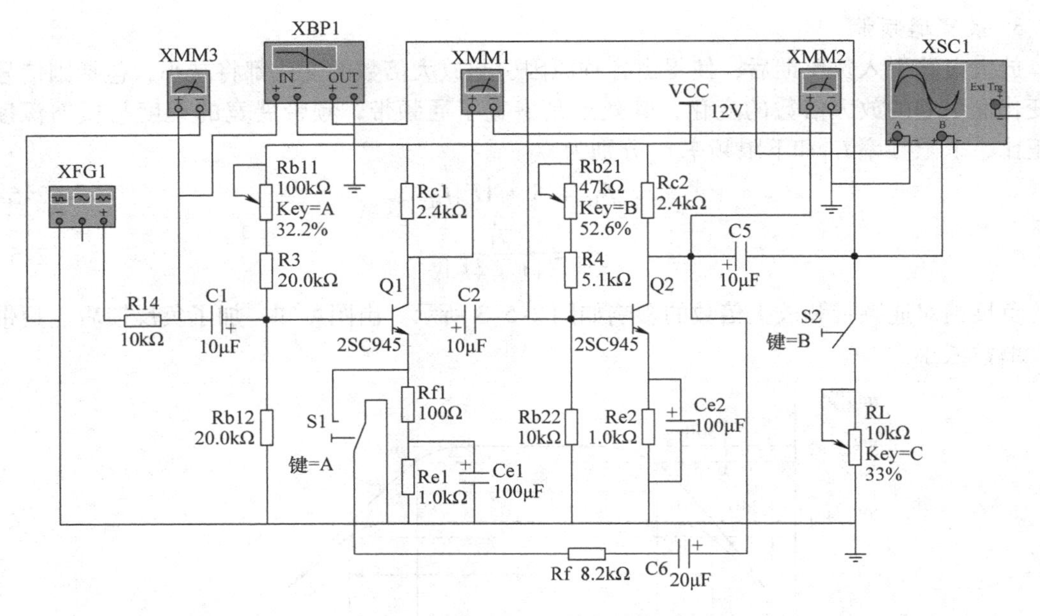


图 2-5-4　带有负反馈的两级阻容耦合放大仿真电路

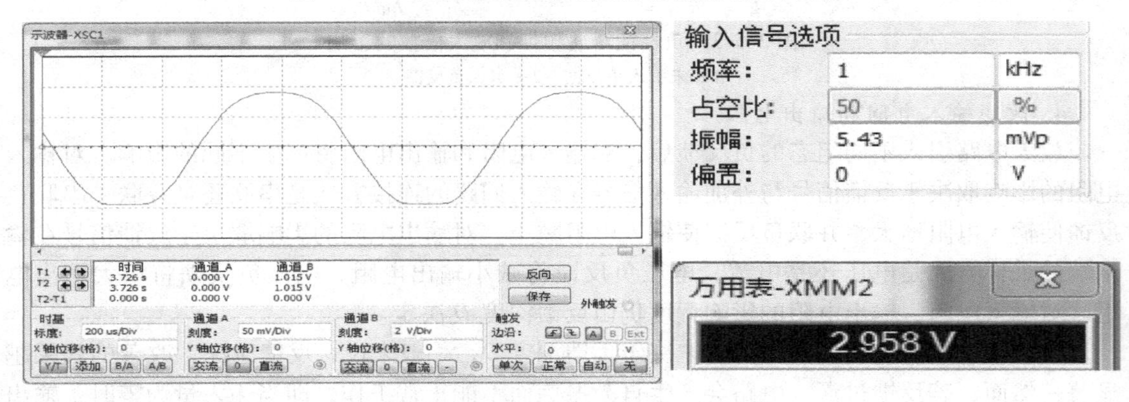


a) 未加反馈时波形出现失真

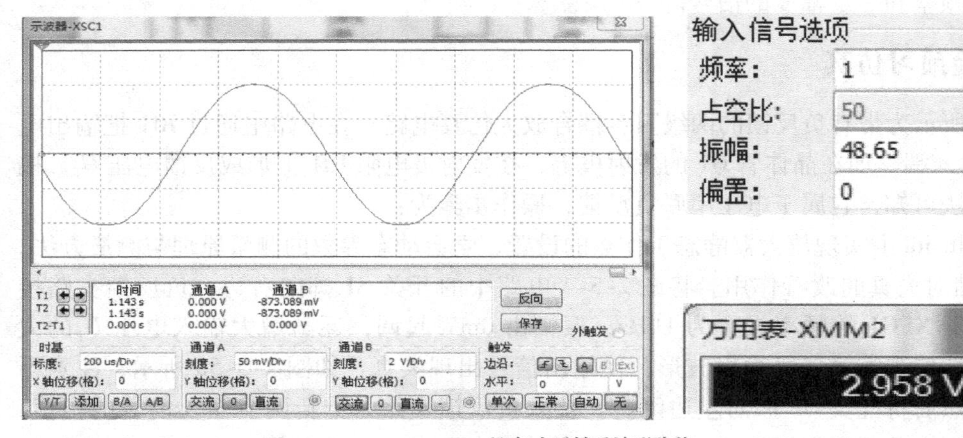


b) 加上反馈后波形改善

图 2-5-5　输出波形

3）负反馈对频带的展宽。引入负反馈后，放大电路的中频放大倍数减少了，等于无负反馈时的 $1/(1+AF)$，而上限频率 $f_{Hf}$ 提高了，等于无负反馈时的（$1+AF$），而下限频率降低到原来的 $1/(1+AF)$，所以总的通频带得到了展宽。

从图2-5-6可以看出，图2-5-6a和b波特测试仪的参数设置是一样的，但加入负反馈后图2-5-6b中的通频带得到了展宽。

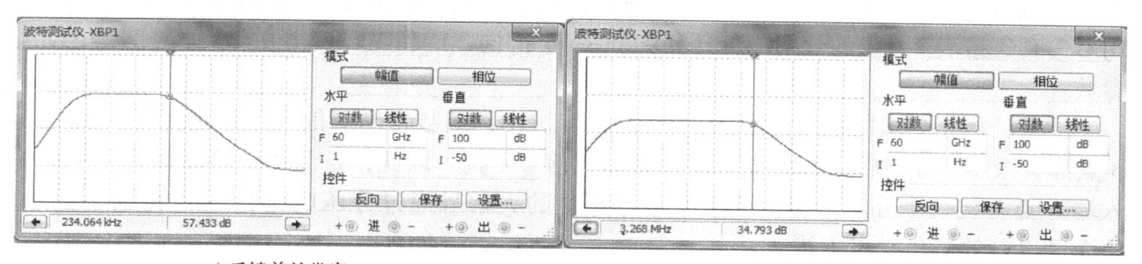


a) 反馈前的带宽　　b) 反馈后的带宽

图2-5-6　通频带带宽

## 五、实验内容

**方案1：验证性实验**

本实验主要以两级电压串联负反馈电路来研究负反馈对放大器性能的影响，图2-5-7为实验电路图。

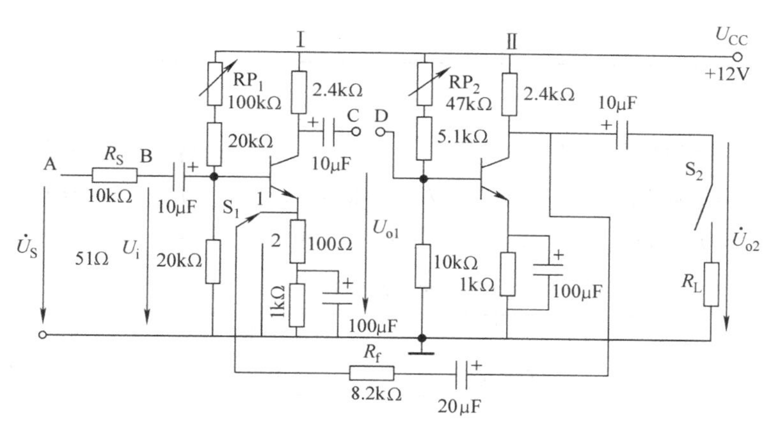


图2-5-7　带有电压串联负反馈的两级阻容耦合放大电路

1. 静态测试

按图2-5-7连接实验电路（开关 $S_1$ 切换至2），将第一级输出连接至第二级输入即图中C、D相连，$U_{CC}=+12V$，当输入信号为零时，调节第一级的上偏置电位器 $RP_1$，使第一级集电极电位 $U_{C1}=6.5V$，调节第二级的上偏置电位器 $RP_2$，使第二级集电极电位 $U_{C2}=6.5V$，用直流电压表测量第一级及第二级的静态工作点，计算集电极电流 $I_{C1}$ 和 $I_{C2}$，并计入表2-5-1中。

**表　2-5-1**

| $U_{C1}$ | $U_{BE1}$ | $U_{E1}$ | $I_{C1}$ | $U_{C2}$ | $U_{BE2}$ | $U_{E2}$ | $I_{C2}$ |
|---|---|---|---|---|---|---|---|
| | | | | | | | |

2. 动态参数测试

测试负反馈放大器（闭环）及基本放大器（开环）的各项性能指标，实验电路分别按图 2-5-7 连接。

函数发生器输出接于图 2-5-7 中 C 点，通过调整函数发生器保证 B 点输入正弦信号 $U_i$ 的有效值为 10mV，频率 $f=1$kHz，用示波器监视输出波形，保证第二级输出信号 $U_{o2}$ 及 $U_{o2f}$ 均不失真，按表 2-5-2，分别测量开环（开关 $S_1$ 掷向 2）和闭环（开关 $S_1$ 掷向 1）的动态参数。

注意：由于要求的放大器输入正弦信号 $U_i$ 过小，函数发生器信号不管是接于 A 点还是 B 点都会很小，在传输过程中很容易收到噪声信号干扰。因此，在测试电路图 2-5-7 中的输入端 A 点再接一个分压电路，函数发生器产生的大信号通过分压电路在 A 点得到小信号，从而可以有效避免噪声干扰。

**表 2-5-2**

| 测试条件 | | 测量值 | | | 计算值 | | |
|---|---|---|---|---|---|---|---|
| 开环 | $R_L$ | $U_s$ | $U_i$ | $U_{o2}$ | $A_u$ | $R_i$ | $R_o$ |
| | ∞ | | | | | | |
| | 10kΩ | | | | | | |
| 闭环 | $R_L$ | $U_s$ | $U_{if}$ | $U_{o2f}$ | $A_{uf}$ | $R_{if}$ | $R_{of}$ |
| | ∞ | | | | | | |
| | 10kΩ | | | | | | |

3. 通频带的测试

输入信号 $U_i$ 的有效值约为 1～10mV，$f=1$kHz，保证输出信号 $U_o$ 在整个频带范围不失真，在开环及闭环两种状态下，测量中频 $f=1$kHz 的输出电压 $U_{om}$，保持 $U_i$ 不变，改变输入信号频率，使 $U_o=0.707U_{om}$，记录上、下限频率，并记入表 2-5-3 中。

**表 2-5-3**

| 电路形式 | 通频带 | | |
|---|---|---|---|
| 基本放大器（开环） | 下限频率 $f_L$ | 上限频率 $f_H$ | 频带宽 $f_{bw}$ |
| | | | |
| 负反馈放大器（闭环） | 下限频率 $f_{Lf}$ | 上限频率 $f_{Hf}$ | 频带宽 $f_{bw}$ |
| | | | |

4. 观察负反馈对放大器输出波形非线性失真的改善

1）实验电路接成开环形式，输入 $f=1$kHz 的正弦信号，逐渐增大输入信号幅度，使输出波形刚好出现失真，绘制此时的输出波形，并利用示波器测试此时输出信号峰－峰值的大小。

2）再将实验电路改接成闭环形式，观察输出波形，增大输入信号幅度，使输出信号达到之前开环刚好失真时所测试的输出信号峰－峰值大小，并描绘输出波形，比较有负反馈时波形失真的改善情况，将结果记入表 2-5-4 中。

表 2-5-4

| 电路形式 | 放大器输出波形 |
| --- | --- |
| 基本放大器（开环） | $u_{o2}(t)$ — $t$ |
| 负反馈放大器（闭环） | $u_{o2f}(t)$ — $t$ |

*5. 稳定性测试

当放大器的电源电压 $U_{CC}$波动 ±20% 时，测量和观察 $U_{CC}$波动对输出电压 $U_o$的影响，记入表 2-5-5中。

表 2-5-5

| 电路形式 | $U_{CC}=12V$ | $U_{CC}=9.6V$ | $U_{CC}=14.4V$ |
| --- | --- | --- | --- |
| 基本放大器（开环） | $U_o$ | $U'_o$ | $U''_o$ |
| | | | |
| 负反馈放大器（闭环） | $U_{of}$ | $U'_{of}$ | $U''_{of}$ |
| | | | |

**方案 2：交流放大电路设计制作**

1. 设计任务

根据实验室提供的晶体管型号参数及系列电阻、电容值，设计一个交流负反馈放大电路，其主要指标要求如下：在 $f=1\text{kHz}$ 时，电压增益 $A_u \geqslant 100$；输入电阻 $R_i \geqslant 100\text{k}\Omega$；输出电阻 $R_o \leqslant 1\text{k}\Omega$，输出动态范围 $U_{om}$尽可能大；$U_{CC}=12V$，晶体管型号为 S9011（D 档），$\beta \geqslant 80$。

2. 设计实验内容

（1）安装注意事项

因为电路容易自激，故连线应尽量选用短线，级间元器件避免交叉。

（2）调整测试

1）将工作点调至交流负载线中点，具体方法是调节偏置电位器，同时调节输入电压 $U_i$，直到示波器上显示的波形上、下半周刚好同时失真。

2）测量最大不失真输出电压 $U_{omax}$并测量静态工作点。

3）测量 $f=1\text{kHz}$ 时的电压增益 $A_u$。

4）测量 $f=1\text{kHz}$ 时的输入电阻 $R_i$。

5）测量 $f=1\text{kHz}$ 时的输出电阻 $R_o$。

3. 设计实验报告要求

1）阐述初始设计方案并对设计方案进行可行性论证。

2）绘制调整后的电路图及元器件参数，用 Multisim 软件对电路进行仿真，给出仿真结果。

3）对测试结果进行分析。

4）总结电路设计及设计实验的心得体会。

**❖ 方案 3：探究性实验**

运算放大器进行线性应用时，必须加负反馈，负反馈可以带来许多性能上的改善，但也会带来放大器的稳定性问题。当放大器不稳定时，可能带来振荡、过冲和振铃。影响放大器稳定的因素主要有增益、负载类型及分布电容等。反馈越深，增益越小，放大器越难稳定。如何判定放大器能否稳定工作呢？将负反馈放大器表示为如图 2-5-8 所示方框图，其中 $\dot{A}$、$\dot{F}$为增益及反馈系数，由于其为复数，假设 $\varphi_a$、$\varphi_f$为其相位，$x_i$、$x_{id}$、$x_f$及 $x_o$分别为输入、净输入、反馈及输出信号。根据放大器稳定性理论可知，当环路增益相位裕量 $\varphi_m$ 为 0 时，幅度裕量 $G_m < -10\text{dB}$，见式（2-5-7）；或当环路增益幅度裕量 $G_m$为 0 时，相位裕量 $\varphi_m \geqslant 45°$，见式（2-5-8）。相位裕量是分析放大器稳定性的重要参数。

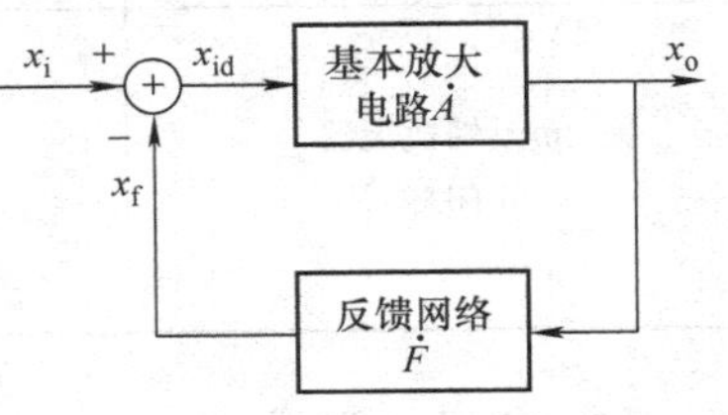


图 2-5-8　负反馈放大器表示为方框图

$$\begin{cases} G_m = 20\lg|\dot{A}\dot{F}| \leqslant -10\text{dB} \\ \varphi_a + \varphi_f = (2n+1)180° \end{cases} \tag{2-5-7}$$

或

$$\begin{cases} 20\lg|\dot{A}\dot{F}| = 0 \\ \varphi_m = 180° - |\varphi_a + \varphi_f| \geqslant 45° \end{cases} \tag{2-5-8}$$

引入负反馈越深，相位裕度就越小，越容易产生自激。为了保证加入负反馈的放大器稳定，需要保证相位裕度≥45°。只有一个极点的一阶系统最大相移是 90°，其相位裕度总是大于 45°，因此总是稳定的。如 OPA333，根据数据手册，其开环增益频率特性如图 2-5-9 所示，根据相位最大相移值可判定该运放近似为一阶系统。如果其负载为阻性和感性，其稳定性是没有问题的，但当其带容性负载时，该系统将变成二阶系统，其稳定性可能会出现问题。图 2-5-10 所示为带容性负载的同相放大器电路，其将反馈环路从反相输入端断开，计算环路增益的等效电路如图 2-5-11 所示，根据等效电路可推导，得到环路增益表达式（2-5-9），由该式可见，负载电容与外围电阻形成一阶系统，再串联运算放大器即形成二阶系统，见式（2-5-10），其稳定性可能出现问题。

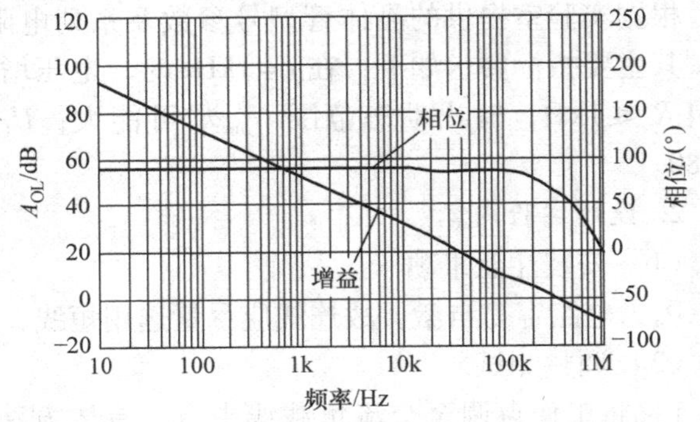


图 2-5-9　OPA333 开环增益、相位与频率的曲线

$$A\beta = \frac{AR_G}{R_F + R_G}\frac{1}{R_o C_L s + 1} \tag{2-5-9}$$

式中，$A=\frac{A_o}{s+\tau_1}$，$A_o$为运算放大器中频增益，$\tau_1$为运算放大器一阶系统时间常数。

$$A\beta=\frac{A_oR_G}{R_F+R_G}\frac{1}{R_oC_Ls+1}\frac{1}{s+\tau_1} \tag{2-5-10}$$

解决稳定问题的方法有：①提高开环增益或降低反馈深度，获得需要的相位裕度；②在反馈环路中，增加主极点并使它远离第二极点，改变环路的频率响应，提高相位裕度；③在不增加极点的情况下，改变极点位置，使第一极点位置远离第二极点，获得足够的相位裕度，如在时间常数最大回路中间并入电容、串入电阻等；④密勒补偿，即在输入、输出之间跨接补偿器件，如在运放反馈电阻两端并联补偿电容等。

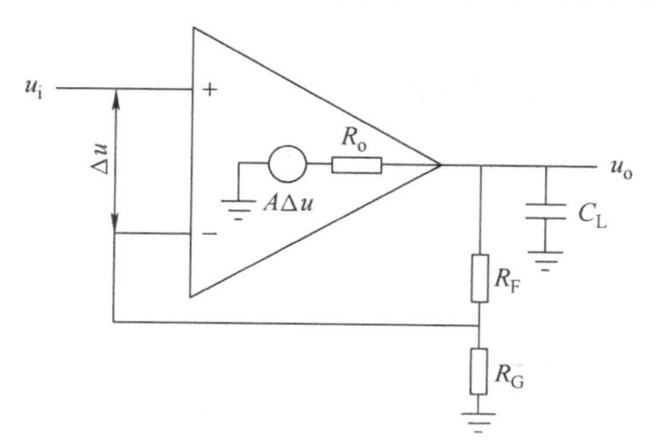


图 2-5-10　带容性负载的同相放大器电路

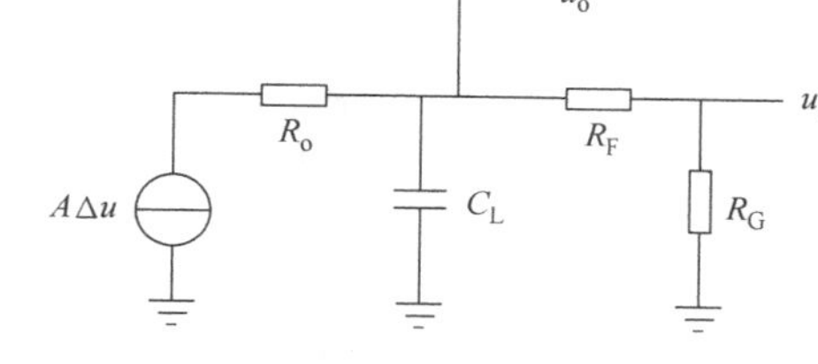


图 2-5-11　计算环路增益的等效电路

**理论探究：**

图 2-5-12 所示是 OPA333 带容性负载的电路构成的缓存器，其反馈系数 $F=1$，当加上脉冲信号输入，输出出现过冲，使波形出现局部失真，如图 2-5-13 所示，而且会影响后面系统的稳定性。这是因为运放的输出电阻、负载电阻及负载电容使运算放大器的开环增益产生了新的极点，导致电路不稳定。解决的办法有很多种。针对该问题的改进电路如图 2-5-14所示，其输出波形如图 2-5-15 所示。

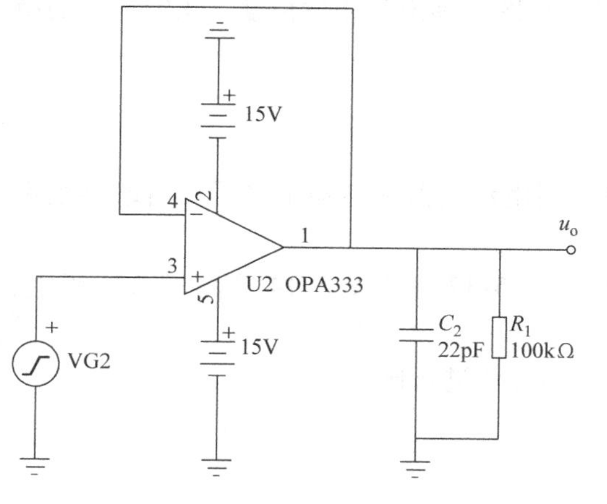


图 2-5-12　OPA333 带容性负载的电路

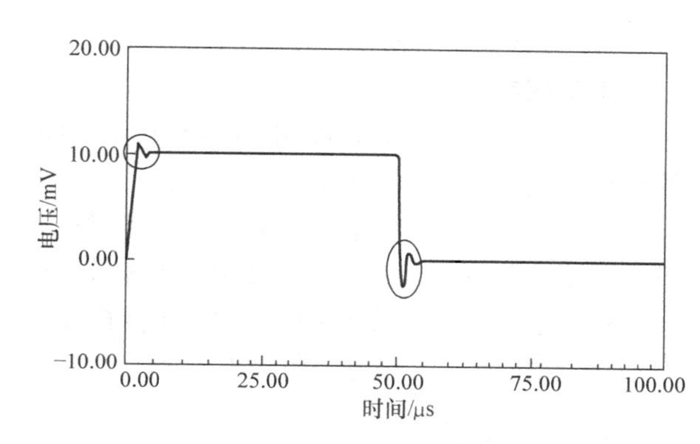


图 2-5-13　输出出现过冲波形

1）根据 OPA333 数据手册上的开环增益和输出电阻，推导图 2-5-12 的环路增益传递

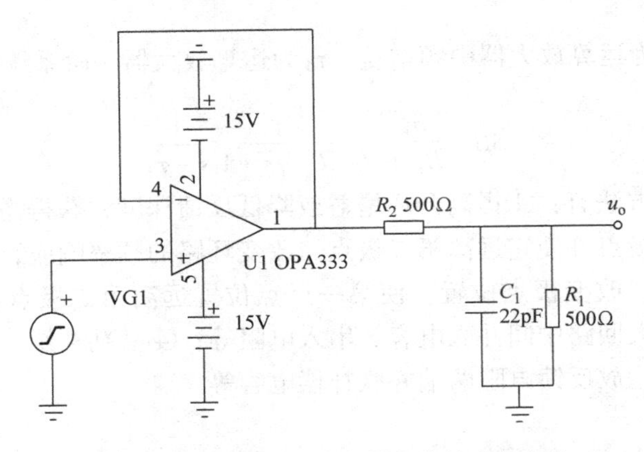


图 2-5-14　OPA333 带容性负载的改进电路

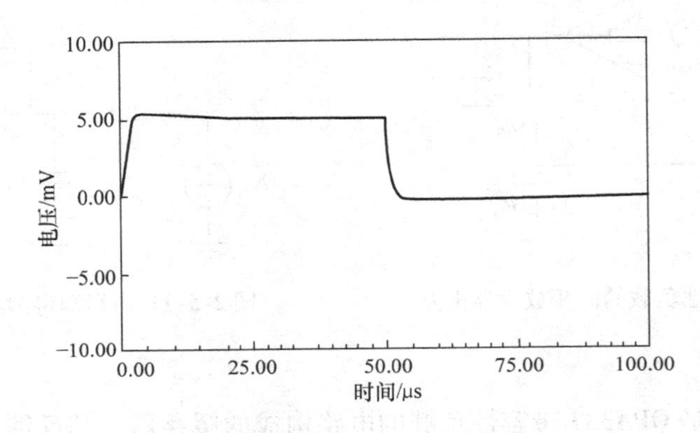


图 2-5-15　输出过冲消除波形

函数。

2）利用仿真软件仿真图 2-5-12 的环路增益及相位图，确定其相位裕度，探究电路不稳定原因。

3）利用仿真软件仿真图 2-5-14 的环路增益及相位图，确定其相位裕度，探究电路的稳定性。

4）总结电路自激消除的原因。

**实验探究：**

1）分别按照图 2-5-12 和图 2-5-14 搭建电路，利用示波器观察输出波形。将改善前后的波形画在同一图中进行对比。

2）用点频法（频谱仪或示波器）测量，找出图 2-5-12 与图 2-5-14 环路增益的幅值、极点及零点频率。简单画出环路增益的幅频及相频特性。

3）找出图 2-5-12 和图 2-5-14 相位裕度，并与仿真值进行比较。

4）给出接入改善电阻阻值的范围。

## 六、思考题

1）本实验中的两级放大电路级联后，静态工作点基本保持不变，为什么？

2）两级放大电路中，可以引入哪些组态的交流负反馈？说明理由。

3）本实验方案1中，若两级电路开环并两级单独测量，第一级电压放大倍数为$A_{u1}$，第二级电压放大倍数为$A_{u2}$，则两级级联后的电压放大倍数是$A_{u1}A_{u2}$吗？为什么？

4）在图2-5-7所示电路中，第一级放大电路的上下偏置电阻的取值会影响哪些动态参数？如果它们取值太小，会产生什么现象？

## 七、实验报告要求

**方案1：**

1）设计实验表格、整理实验数据、计算未知数据。

2）分析讨论实验过程中出现的问题。

3）完成实验报告。

**方案2：**

1）写出电路设计理论依据及参数计算过程。

2）电路设计仿真，验证设计正确性及性能参数满足要求。

3）按要求设计并填写各实验表格，整理实验数据，并画出必要的波形。

4）将实验结果与理论计算值相比较，分析产生误差的原因。

5）完成实验报告。

❖ **方案3：**完成实验论文，另从理论及仿真角度分析电路改善的原因，将仿真及实验数据填入自己设计的表格中，再找出其他补偿方法。另外思考：

1）将各测试表格中的实测值与理论值进行比较。

2）根据实验结果研究电压串联负反馈对放大器性能的影响与反馈深度的关系。

3）若输入信号存在失真，能否通过负反馈来改善？

4）负反馈放大电路产生自激振荡的原因是什么？

# 实验2.6　集成运算放大器

## 一、实验目的

**方案1　验证性实验：**

1）熟悉集成运算放大器的基本特性及使用方法。

2）掌握集成运算放大器构成各种运算电路的安装及测试方法。

**方案2　设计性实验：**

1）学习应用集成运算放大器设计实用电路。

2）掌握实用电路元器件的选择及参数的计算。

❖ **方案3　探究性实验：**

1）学习非理想运算放大器参数的物理意义。

2）探究实际运算放大器的参数对其性能的影响。

## 二、实验设备及元器件

方案1：示波器，数字万用表，函数信号发生器，模拟电路实验箱，集成芯片μA741，电阻、电容若干。

方案2：示波器，数字万用表，函数信号发生器，模拟电路实验箱；集成芯片 μA741 或 LM324，稳压管 2DW234，晶体管 2SD111，电位器，电阻若干。

❖ 方案3：示波器，数字万用表，函数信号发生器，集成芯片 μA741，电阻若干。

## 三、实验原理

1. 集成运算放大器

集成运算放大器是一种具有高增益的多级直接耦合放大器，并通过现代集成工艺技术，将所有元器件集成制作在同一块硅片上。它具有开环电压增益高、输入阻抗高、输出阻抗低、温度漂移小、共模抑制比高等特点。目前，集成运算放大器不仅可以放大直流信号，还可以放大交流信号，并实现电信号的多种运算。

在计算分析时，将集成运算放大器视为理想的集成运算放大器，其主要特征如下：

1）开环电压增益无限大，$A_{uo}=\infty$。

2）输入电阻均为无限大，$R_i=\infty$。

3）输出电阻为零，$R_o=0$。

4）开环带宽无限大，放大器本身不引入额外相移，信号传递无延迟，即 $f_{BW}=\infty$。

5）放大器失调电压、失调电流为零，即 $U_{os}=0$、$I_{os}=0$。

6）共模抑制比无限大，$K_{CMR}=\infty$。

集成运算放大器常用图 2-6-1a 表示，从外部结构看，集成运算放大器是一个双端输入、单端输出，具有很高电压放大倍数、高输入电阻、低输出电阻，能很好地抑制温漂的差分放大电路。这里的 $u_p$ 称为“同相”输入端，是指输出电压与输入电压相位相同；$u_N$ 称为“反相”输入端，是指输出电压与输入电压相位相反。集成运放的输出电压 $u_o$ 与输入电压（$u_p-u_N$）之间的关系曲线称为电压传输特性曲线，即 $u_o=f(u_p-u_N)$。电压传输特性不需要考虑集成运放内部的结电容，在稳态时描绘出输出电压和输入电压的关系曲线，如图 2-6-1b 所示。集成运算放大器的电压传输特性曲线分为线性区和非线性区两部分，在线性区，曲线斜率为电压放大倍数，由于放大的是差模信号，且没有引入反馈，故其电压放大倍数称为开环电压放大倍数 $A_{ud}$。集成运算放大器工作在线性区时，$u_o=A_{ud}(u_p-u_N)$，通常 $A_{ud}$ 高达十万倍，所以（$u_p-u_N$）的数值仅为几十至一百微伏，因此，用集成运算放大器组成各种实用电路且能稳定地工作在线性区时必须要引入负反馈。当（$u_p-u_N$）的数值大于一定值时，集成运算放大器工作在非线性区，其输出电压只有两种可能的情况，即 $+U_{om}$ 或 $-U_{om}$（电源电压减去饱和电压降）。

在集成运算放大器的输入端与输出端之间，接入线性元器件组成反馈网络时，则可以实现对输入信号的算术运算，如比例运算、加法运算、减法运算、积分运算和微分运算等功能电路。若在集成运算放大器的输入端与输出端之间，接入非线性元器件组成反馈网络时，则可以实现对输入信号的乘法运算、除法运算、对数运算和波形变换等功能电路。

理想的集成运算放大器在线性应用时有两个重要特性如下：

1）由于开环电压增益 $A_{ud}$ 无限大，因此要求差模输入信号无限小，可认为理想集成运算放大器两个输入端之间的电压差近似为零，即两输入端电压近似相等，相当于“虚短”。

2）由于差模输入电阻 $R_i$ 无穷大，则表明在输入有限信号时，流进集成运算放大器的电流近似于零，故通常把集成运算放大器的两输入端视为开路，相当于“虚断”。

上述两个特性是分析理想集成运算放大器线性应用电路的原则，可以大大简化集成运算放大电路的计算。

集成运算放大器的种类型号很多，本实验选用型号为 μA741 的集成运算放大器，重点研究集成运算放大器的线性应用电路，其外形与各引脚功能如图 2-6-2 所示。

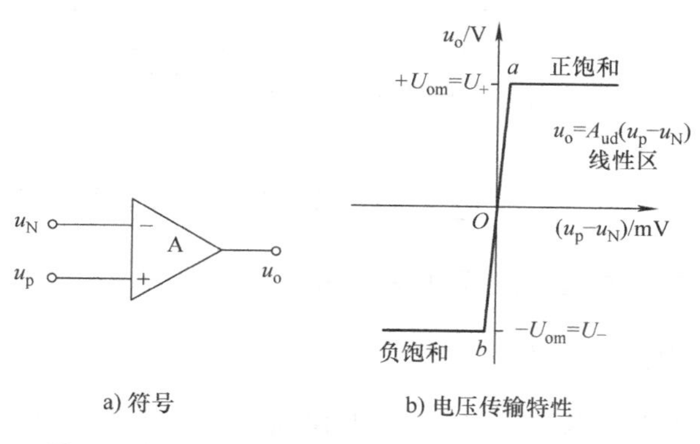


a) 符号　　b) 电压传输特性

图 2-6-1　集成运算放大器的符号和电压传输特性

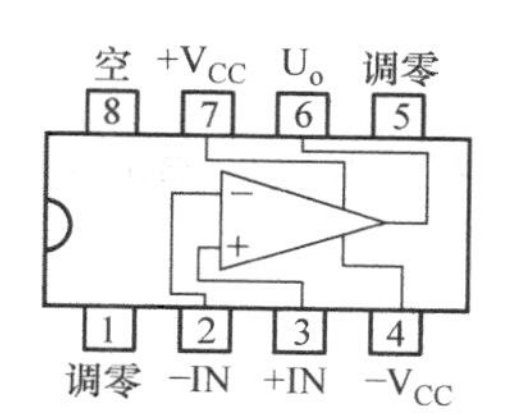


图 2-6-2　μA741 芯片各引脚功能

μA741 各引脚功能如下：

1 脚：调零端；2 脚：反相输入端；3 脚：同相输入端；4 脚：负电源端；5 脚：调零端；6 脚：输出端；7 脚：正电源端；8 脚：空脚。

在了解集成运算放大器的各引脚功能后，还应注意以下几点：

1）熟悉集成运算放大器 μA741 各引脚的功能；切忌正、负电源极性接反和输出短路，否则将损坏集成块。

2）由于集成运算放大器的开环增益极高，线性范围很小，无法工程应用，因此在使用集成运算放大器时，在其输入端和输出端之间接相应的负反馈电路，以便完成集成运算放大器的线性应用功能，否则集成运算放大器将不能工作在线性区。

3）当集成运算放大器的两个输入端差模电压为零时，要保证输出电压为零。为消除输入失调电压和电流对输出电压的影响，提高运算精度，必须对集成运算放大器进行调零。调零方法是：在集成运算放大器的引脚 1 和引脚 5 之间加一个微调可变电位器，滑动端接负电源，分别把同相输入端和反相输入端接地，用万用表直流电压（DCV）档测集成运算放大器输出端的电压，调节微调可变电位器，使万用表指示为 0V 即可。当改变集成运算电路的运算功能时，应该再次调零。

4）集成运算放大器由一个高增益的多级放大器组成，当工作在某些频率时，输出信号会有附加相移，可能使负反馈变成正反馈而使电路出现自激，因此必须消除自激振荡。μA741 内部已接密勒补偿电容，在使用时无须再接补偿电容来消振。其他的集成运算放大器是否接补偿电容，需查阅器件资料手册。

5）为提高集成运算放大器内部差动电路的对称性，减少零点漂移，必须保持集成运算放大器两个输入端电压对地电阻相同，即外接有效平衡电阻。

2. 典型集成运算电路

利用集成运算放大器可以构成各种运算放大电路，具体如下：

（1）反相比例运算电路

反相比例运算电路如图 2-6-3 所示。输入信号$\dot{U}_i$经电阻$R_1$接到集成运算放大器的反相输入端，同相输入端经电阻$R_2$接地。输出端$\dot{U}_o$经电阻$R_F$接回到反相输入端，故为电压负反馈，而反馈支路与输入信号支路相并联，所以这种反馈称作电压并联负反馈。对于理想集成运算放大器，反相比例放大器的闭环增益为

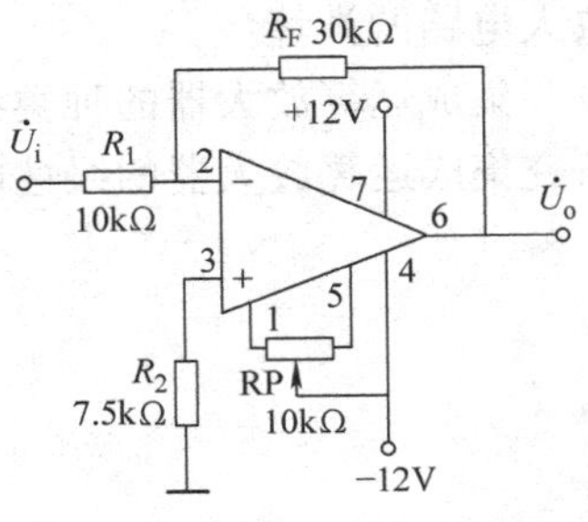


图 2-6-3　反相比例运算电路

$$A_u = \frac{\dot{U}_o}{\dot{U}_i} = -\frac{R_F}{R_1} \qquad (2\text{-}6\text{-}1)$$

由上式可得该电路的输出电压$\dot{U}_o$与输入电压$\dot{U}_i$之间的关系为

$$\dot{U}_o = -\frac{R_F}{R_1}\dot{U}_i \qquad (2\text{-}6\text{-}2)$$

由上式可知，反相比例放大器的输出电压取决于$R_F$与$R_1$的比值。在一定范围内，适当改变电阻阻值，可使反相比例放大器的电压增益$A_u$大于、小于或等于 1。

若$R_F = R_1$，则$\dot{U}_o = -\dot{U}_i$。反相比例放大电路变为一个反相器，或称为反相电压跟随器。

平衡电阻为

$$R_2 = R_1 /\!/ R_F \qquad (2\text{-}6\text{-}3)$$

由上述可知，当运算放大器工作在线性区时，通常要引入深度负反馈。所以，它的输出电压和输入电压的比例主要决定于电路结构和参数，而与集成运算放大器本身的参数关系不大。

（2）同相比例运算电路

同相比例运算电路如图 2-6-4 所示。信号$\dot{U}_i$从同相输入端输入，输出电压$\dot{U}_o$与输入电压$\dot{U}_i$的关系为

$$\dot{U}_o = \left(1 + \frac{R_F}{R_1}\right)\dot{U}_i \qquad (2\text{-}6\text{-}4)$$

平衡电阻为

$$R_2 = R_1 /\!/ R_F \qquad (2\text{-}6\text{-}5)$$

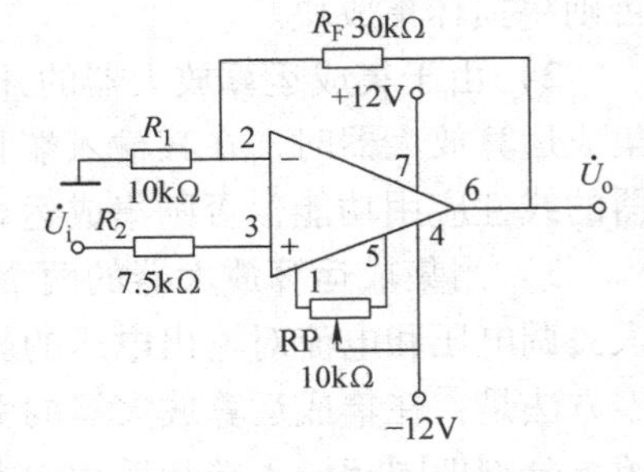


图 2-6-4　同相比例运算电路

由上式可知，同相比例运算电路的输出电压$\dot{U}_o$取决于$1 + R_F/R_1$的大小。若$R_F = 0$或$R_1 \to \infty$，$A_u = 1$，则$\dot{U}_o = \dot{U}_i$。于是同相比例放大器就变为同相跟随器，即同相电压跟随器。此时由于放大器几乎不从信号源获取电流，可把它看作电压源，也是一种理想的阻抗变换器。

（3）反相加法运算电路

反相加法运算电路如图 2-6-5 所示。当集成运算放大器开环增益足够大时，两输入电压可以彼此独立地通过自身输入回路的电阻转换为电流，能实现求和运算。其输出电压为：

$$\dot{U}_o = -\left(\frac{R_F}{R_1}\dot{U}_{i1} + \frac{R_F}{R_2}\dot{U}_{i2}\right) \qquad (2\text{-}6\text{-}6)$$

平衡电阻为

$$R_3 = R_1 /\!/ R_2 /\!/ R_F \tag{2-6-7}$$

若 $R_1 = R_2 = R_F$，则 $\dot{U}_o = -(\dot{U}_{i1} + \dot{U}_{i2})$。

由此可知，反相加法运算的结果相当于两个反相器叠加的结果。

（4）减法运算电路（差分运算放大器）

减法运算电路如图 2-6-6 所示，当集成运算放大器的同相端和反相端分别输入信号 $\dot{U}_{i1}$ 和 $\dot{U}_{i2}$ 时，在理想情况下，集成运算放大器输入电流为零。根据叠加原理，可以认为输出电压 $\dot{U}_o$ 是两个输入信号 $\dot{U}_{i1}$、$\dot{U}_{i2}$ 分别作用时的输出代数和，即

$$\dot{U}_o = \frac{R_3}{R_1}\frac{R_F + R_1}{R_3 + R_2}\dot{U}_{i2} - \frac{R_F}{R_1}\dot{U}_{i1} \tag{2-6-8}$$

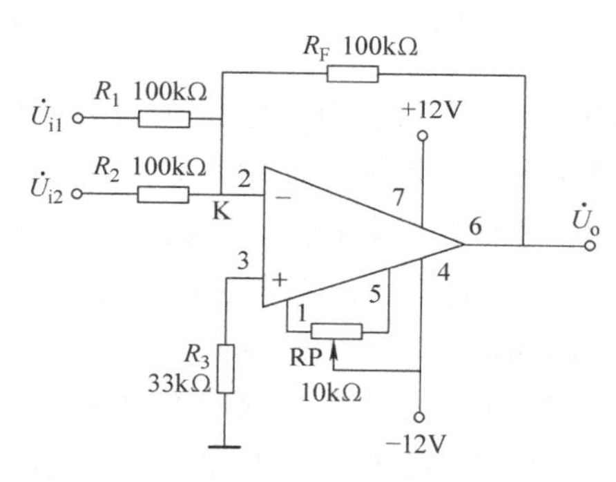


图 2-6-5　反相加法运算电路

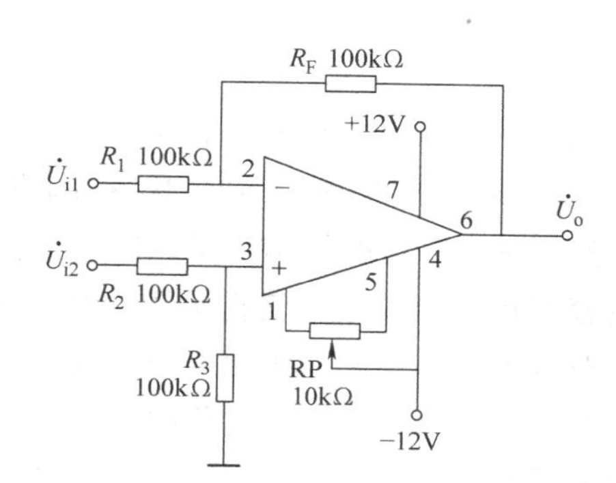


图 2-6-6　减法运算电路

当 $R_1 = R_2$、$R_3 = R_F$ 时，有如下关系式：

$$\dot{U}_o = \frac{R_F}{R_1}(\dot{U}_{i2} - \dot{U}_{i1}) \tag{2-6-9}$$

由此可知，减法运算电路的输出电压与输入电压之差成正比，实现了差分运算。如果 $R_1 = R_F$，则 $\dot{U}_o = \dot{U}_{i2} - \dot{U}_{i1}$。

（5）反相比例积分运算电路

反相比例积分运算电路如图 2-6-7 所示。在理想条件下

$$u_o(t) = -\frac{1}{R_1 C}\int_0^t u_i \mathrm{d}t + u_C(0) \tag{2-6-10}$$

式中，$u_C(0)$ 是 $t=0$ 时刻电容 $C$ 两端的电压，即初始值。

当输入端 $u_i(t)$ 在 $t=0$ 时刻加上幅值为 $U$ 的正向阶跃电压时，并设电容初始电压 $u_C(0)=0$，则

$$u_o(t) = -\frac{1}{R_1 C}\int_0^t U \mathrm{d}t = -\frac{U}{R_1 C}t \tag{2-6-11}$$

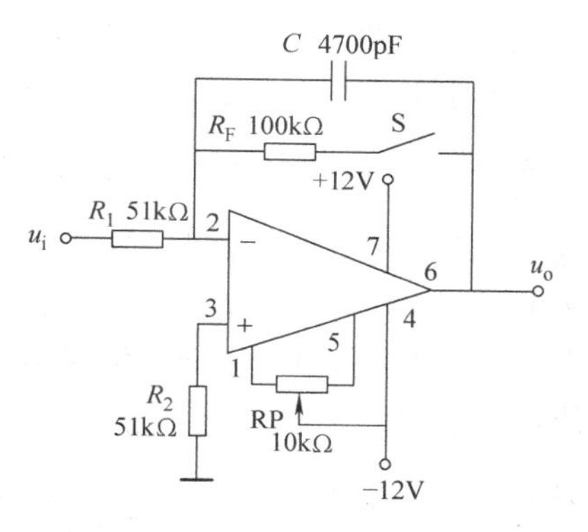


图 2-6-7　反相比例积分运算电路

式中，$R_1 C$ 称为积分时间常数，在正向阶跃电压作用下，输出电压的相位与输入电压的相位相反，即输出电压 $u_o(t)$ 随时间线性变化呈斜下坡电压，显然 $R_1 C$ 的数值越大，达到给定的 $u_o$ 值所需的时间就越长，而积分电路输出的电压幅值受到集成运算放大器最大输出电压 $-U_{om}$ 的限制。

对于理想的积分电路，即使输入为零，由于输入失调电压和输入失调电流的作用，使得电容 $C$ 两端的电压产生漂移，导致集成运放输出饱和。为了减小输出电压的直流漂移，限制积分电路的低频电压增益，解决的办法是在电容 $C$ 两端并联一个大电阻 $R_F$，保证 $R_F C >> T_s$ 信号周期，以防止积分电路电压漂移所造成的饱和现象，使其成为一个实用的积分电路。

当输入电压 $u_i$ 为对称的方波信号时，经积分电路后，其输出电压 $u_o$ 为三角波信号。此时的输出电压 $u_o$ 应分段计算。

（6）反相比例微分运算电路

把反相比例积分器运算电路中的 $R_1$ 与 $C$ 的位置对调，并把 $R_1$ 改成 $R_F$ 即可构成简单的微分运算电路，实现积分的逆运算。若集成运算放大器是理想的，其输出电压为

$$u_o(t) = -i_R R_F = -R_F C \frac{du_i(t)}{dt} \tag{2-6-12}$$

由式（2-6-12）可以看出，微分电路的输出电压 $u_o$ 正比于输入电压 $u_i$ 对时间的微分，可以实现波形变换，如将三角波变换为矩形波、将矩形波变换为尖脉冲波形。

虽然这种微分电路结构简单，但是在实际运用中还存在一些缺点。当输入信号频率升高时，电容 $C$ 的容抗减小，使得输出电压随着频率的升高而增大，则电压放大倍数增大，造成电路对输入信号中的高频噪声和干扰非常敏感，因而输出信号中的噪声成分严重增加，信噪比大大下降。另外，微分电路中的反馈网络形成滞后的移相，与集成运算放大器内部电路的相位滞后叠加共同作用，很容易满足自激振荡的相位条件而产生自激振荡，使电路的稳定性变差。最后，如果输入电压产生阶跃变化或脉冲式大幅值干扰，使得集成运算放大器的输入电流过大，导致集成运放内部的晶体管进入饱和或截止状态，即使消除输入信号，晶体管仍然不能脱离原状态而回到放大区，出现“阻塞”现象，使得电路不能正常工作，所以这种微分电路很少使用。

为了克服以上缺点，在输入回路中接入一个电阻 $R_1$ 与微分电容 $C$ 串联，用以限制输入电流，使之成为一个实用的微分电路，如图 2-6-8 所示。在低频工作区，由于电容 $C$ 的容抗较大，使得对于信号频率 $f$ 的容抗 $\frac{1}{2\pi fC} >> R_1$，因此在低频工作范围内，电阻 $R_1$ 的作用不明显。而在高频工作区，当电容 $C$ 的容抗小于电阻 $R_1$ 时，$R_1$ 的存在限制了闭环增益的进一步增大，从而有效地抑制了高频噪声和干扰。但是 $R_1$ 的阻值也不能过大，太大会引起微分运算误差。当输入信号的频率 $f$ 低于 $f_o$（$f_o = \frac{1}{2\pi R_1 C}$）时，电路起微分作用；当输入信号的频率 $f$ 远高于 $f_o$ 时，电路近似为反相比例放大器，使高频电压放大倍数固定为

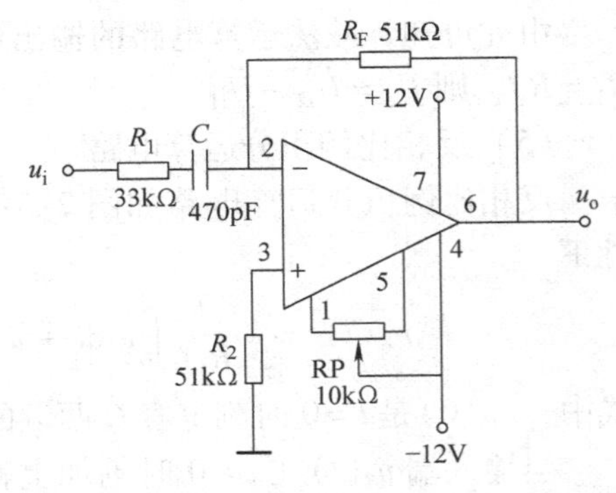

图 2-6-8　反相比例微分运算电路

$$A_{uF} = -\frac{R_F}{R_1} \tag{2-6-13}$$

## 四、实验预习仿真

1. 反相比例运算电路仿真

在 Multisim 软件上按图 2-6-9 所示电路进行仿真。

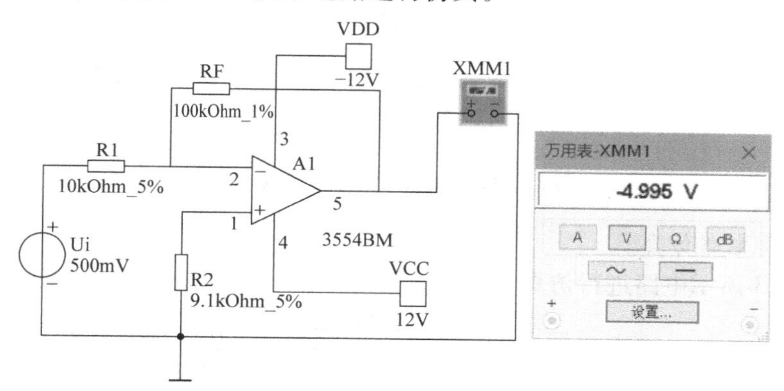


图 2-6-9　反相比例运算仿真电路

2. 同相比例运算电路仿真

按图 2-6-10 和图 2-6-11 所示电路进行仿真。

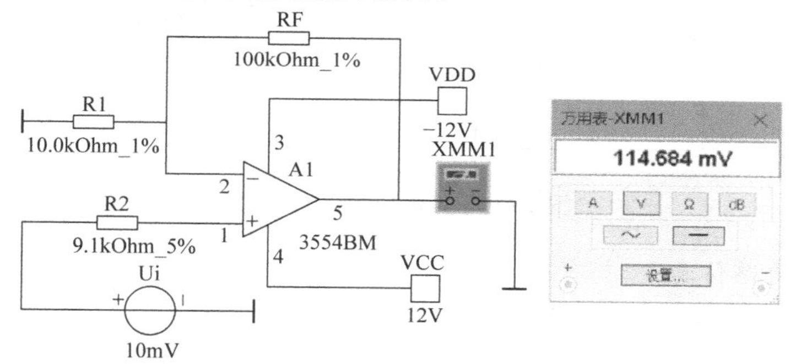


图 2-6-10　同相比例运算仿真电路

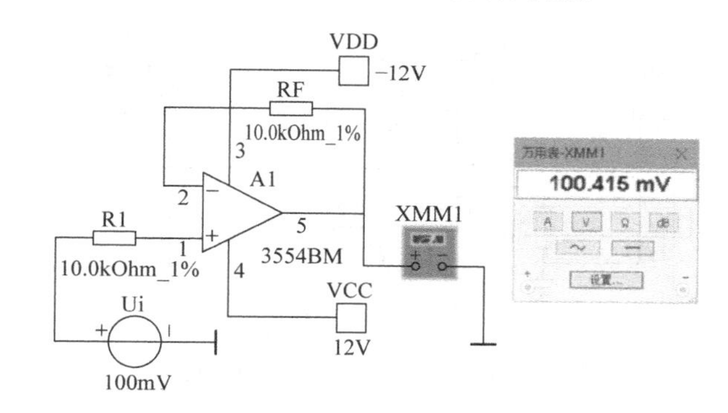


图 2-6-11　电压跟随器仿真电路

3. 反相加法运算电路仿真

按图 2-6-12 所示电路进行仿真。

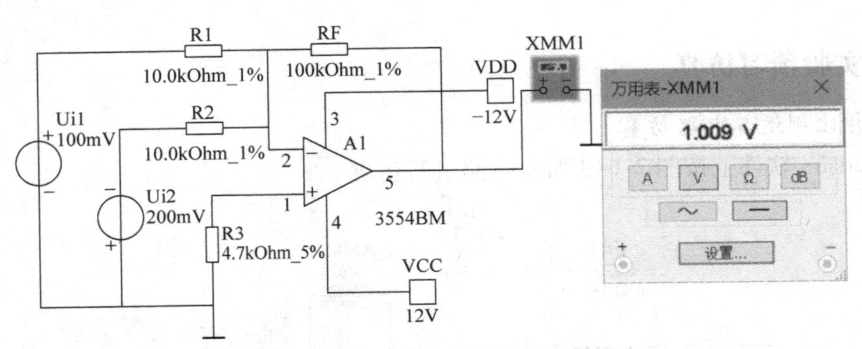


图 2-6-12　反相加法运算仿真电路

4. 减法运算电路仿真

按图 2-6-13 所示电路进行仿真。

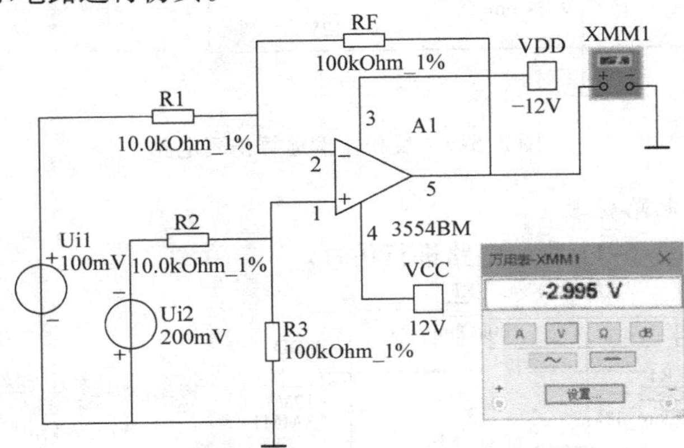


图 2-6-13　减法运算仿真电路

5. 积分运算电路仿真

采用图 2-6-14 所示电路进行仿真。

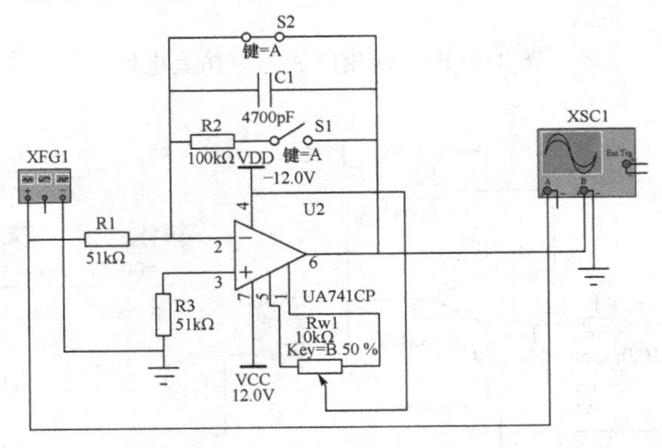


图 2-6-14　反相积分运算仿真电路

S2 的设置一方面为积分电容放电提供通路，使积分电容初始电压 $U_C(0)=0$；另一方面，可控制积分起始点，即在加入信号 $U_i$后，只要 S2 打开，电容将被充电，电路也就开始进行积分运算。可以通过开关 S1 的闭合和断开来比较积分电路的输出波形。其输入、输出波形如图 2-6-15 所示。

6. 微分电路仿真

采用图 2-6-16 所示的实用微分电路进行仿真。主要措施是在输入回路中接入一个电阻 R2 与微分电容 C2 串联，在反馈电阻 R1 上并联一个电容 C1，并尽量使 R2C2 = R1C1。在正常的工作频率范围内，R2、C1 对微分电路的影响很小。当频率高到一定程度时，R1 和 C2 的作用使闭环电压放大倍数降低，从而有效抑制了高频噪声。同时 R2、C1 形成一个超前相位，与微分电路相位滞后共同作用，对相位进行补偿，提高了电路的稳定性。

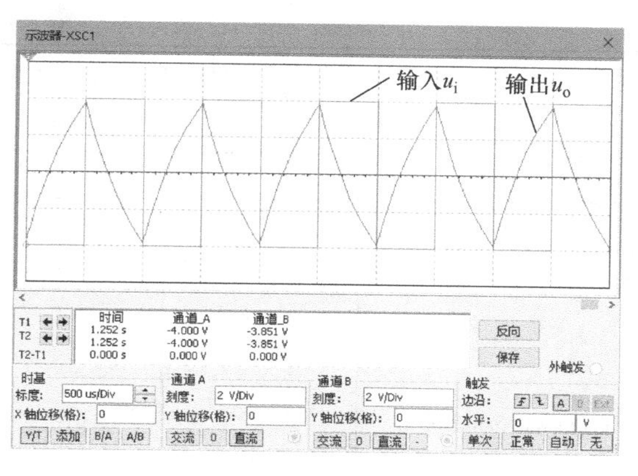


图 2-6-15　反相积分运算电路的输入、输出波形

此电路的输出波形只反映微分电路对输入信号波形的突变部分，对恒定部分则没有输出。如果输入的是方波信号，则输出的尖脉冲波形的宽度与 R1C2 有关，若 R1C2 越小，尖脉冲波形越尖，反之则宽，其输入、输出波形如图 2-6-17 所示。此电路的 R1C2 必须远小于输入信号的周期，否则就失去波形变换的作用，变为一般的 RC 耦合电路了。

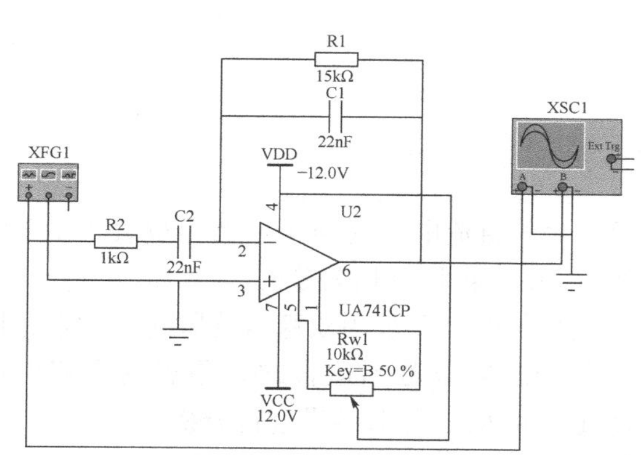


图 2-6-16　实用微分仿真电路

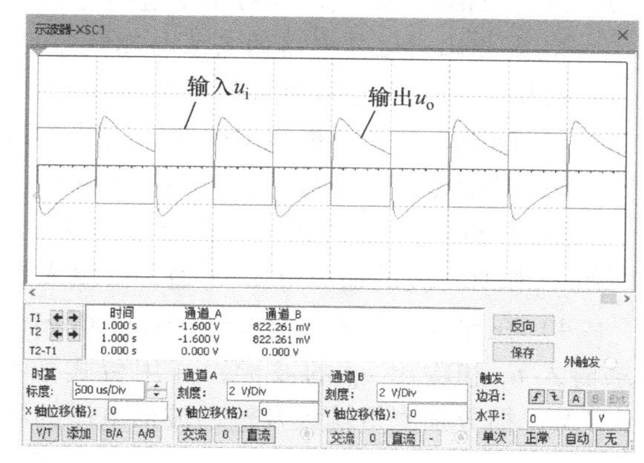


图 2-6-17　微分电路的输入、输出波形

## 五、实验内容

### 方案 1：验证性实验

1. 反相比例运算电路的安装与测试

反相比例运算电路如图 2-6-3 所示。

1）按图 2-6-3 在模拟实验箱上连接好电路。

2）调零：在无输入信号的情况下，将运放的输入端接地，调节调零电位器 RP，用数字万用表的直流电压（DCV）档测量集成运放的输出端，使其电压为 0V。

3）去除接地线的输入端，输入信号 $\dot{U}_i$ 接可调直流电压源，用数字万用表的直流电压（DCV）档分别测量表 2-6-1 中每组 $U_i$ 及其对应的输出电压 $U_o$ 值，填入表 2-6-1 中，并计算相关数值。

表 2-6-1

| $U_i$/V | $U_o$/V | $A'_{uF}=U_o/U_i$（实测） | $A_{uF}=1+R_F/R_1$（理论） | $E=\frac{A'_{uF}-A_{uF}}{A_{uF}}\%$（相对误差） |
|---|---|---|---|---|
| -0.5 | | | | |
| +1.0 | | | | |
| $u_i(t)=0.5\sin2000\pi t$ | | | 输入与输出波形 | |

4）在输入端输入 $u_i(t)=0.5\sin2000\pi t$ 的交流信号时，要求用示波器同时观察、记录输入 $u_i$ 和输出 $u_o$ 的波形，并用台式数字万用表交流电压（ACV）档分别测量输入及输出波形的电压有效值 $U_i$和 $U_o$，并对结果进行分析。

2. 同相比例运算电路的安装与测试

同相比例运算电路如图 2-6-4 所示。

1）按图 2-6-4 在模拟实验箱上安装电路。

2）对运算电路进行调零，调零方法同上。

3）将输入信号 $U_i$接可调直流电压源，用万用表的直流电压（DCV）档测量表 2-6-2 中每组 $U_i$和所对应的输出电压 $U_o$值，并填入表 2-6-2 中，再计算相关数值。

4）在输入端输入 $u_i(t)=0.5\sin2000\pi t$ 的交流信号时，要求用双踪示波器同时观察、记录输入 $u_i$ 和输出 $u_o$ 的波形，并用台式数字毫伏表或频率范围适合的万用表的交流电压（ACV）档分别测量输入及输出波形电压的有效值 $U_i$和 $U_o$，并对结果进行分析。

表 2-6-2

| $U_i$/V | $U_o$/V | $A'_{uF}=U_o/U_i$（实测） | $A_{uF}=1+R_F/R_1$（理论） | $E=\frac{A'_{uF}-A_{uF}}{A_{uF}}\%$（相对误差） |
|---|---|---|---|---|
| -0.5 | | | | |
| +1.0 | | | | |
| $u_i(t)=0.5\sin2000\pi t$ | | | 输入与输出波形 | |

3. 反相加法运算电路的安装与测试

反相加法运算电路如图 2-6-5 所示。

1）按图 2-6-5 在模拟实验箱上连接好电路。

2）对运算电路进行调零，调零方法同上。

3）调零后，将输入信号 $U_{i1}$、$U_{i2}$ 按照给定输入分别接入可调直流电压源。

4）用万用表 DCV 档测量每组 $U_{i1}$、$U_{i2}$ 所对应的输出电压 $U_o$ 值，填入表 2-6-3，并与理论值比较。

表 2-6-3

| $U_{i1}$/V | $U_{i2}$/V | $U_o$/V（实测） | $U_o$/V（理论） |
| --- | --- | --- | --- |
| 2 | 3 | | |
| 5 | −2 | | |
| −2 | −3 | | |

4. 减法运算电路（差分运算放大器）的安装与测试

减法运算电路如图 2-6-6 所示。

1）按图 2-6-6 在模拟实验箱上连接好电路。

2）对运算电路进行调零，调零方法同上。

3）调零后，将输入信号 $U_{i1}$、$U_{i2}$ 按照给定输入分别接入可调直流电压源。

4）用万用表直流电压档测量每组 $U_{i1}$、$U_{i2}$ 所对应的输出电压 $U_o$ 值，填入表 2-6-4，并与理论值比较。

表 2-6-4

| $U_{i1}$/V | $U_{i2}$/V | $U_o$/V（实测） | $U_o$/V（理论） |
| --- | --- | --- | --- |
| 2 | 5 | | |
| 5 | 2 | | |

5. 反相比例积分运算电路的连接与测试

反相比例积分运算电路如图 2-6-7 所示。

1）按图 2-6-7 在模拟实验箱上连接好电路。

2）对运算电路进行调零，调零方法同上。

3）将信号发生器的输出端与积分运算电路的输入端相连。

4）调节信号发生器的输出为 $f=1\text{kHz}$、$u_{PP}=4\text{V}$ 的方波信号作为输入信号 $u_i$。

① 反馈支路开关断开，即不并联反馈电阻 $R_F$ 时，用示波器同时观察输入 $u_i$、输出 $u_o$ 的波形，在表 2-6-5 中画出 $u_i$、$u_o$ 的波形及相位关系。

② 反馈支路开关闭合，即并联反馈电阻 $R_F$ 时，用示波器同时观察输入 $u_i$、输出 $u_o$ 的波形，并在表 2-6-5 中画出 $u_i(t)$、$u_o(t)$ 波形及相位关系。

5）测出 $u_i(t)$、$u_o(t)$ 的 $U_{PP}$ 和周期 $T$。

表 2-6-5

| 积分运算电路 | 无反馈电阻 $R_F$ | 有反馈电阻 $R_F$ |
| --- | --- | --- |
| 输入信号 $u_i$ | | |
| 输出信号 $u_o$ | | |

6. 反相比例微分运算电路的安装与测试

1）按图 2-6-8 在模拟实验箱上连接好电路。

2）对运算电路进行调零，调零方法同上。

3）将信号发生器的输出端与微分运算电路的输入端相连。

4）调节信号发生器的输出为 $f=1\text{kHz}$、$U_{PP}=4\text{V}$ 的方波信号作为输入信号 $u_i$。用双踪示波器同时观察输入 $u_i$、输出 $u_o$ 的波形，并在表 2-6-6 中画出 $u_i(t)$、$u_o(t)$ 的波形及相位关系。

表 2-6-6

| 微分运算电路 | |
| --- | --- |
| 输入信号 $u_i$ | |
| 输出信号 $u_o$ | |

**方案 2：设计性实验**

1. 设计任务

用集成运算放大器 μA741 和稳压二极管（基准电压为 6V）、晶体管和电阻设计一个电流可调恒流源电路。在该电路中，稳压二极管工作在稳压状态，负载电阻 $R_L$ 为 51Ω，要求该电路向负载提供最大的恒定电流为120mA。随着基准电压的下降，输出电流将会减小。由稳压二极管的稳定电压 $U_z$ 通过电位器RP产生一个基准电压 $U_{REF}$，调节电位器RP使基准电压 $U_{REF}$ 在 $0\sim U_z$ 任意变化，从而向负载提供电流可调的恒定电流。

2. 设计要求

1）根据上述要求设计电路，可以用集成运算放大器设计电压跟随器，查阅集成运放相关参数，最大输出电流无法满足要求，因此在运放输出端增加输出驱动晶体管，使其向负载提供需要的恒定电流。

2）查阅所选稳压二极管的相关参数，以保证稳压二极管正常工作。为了方便计算，选择100kΩ电位器、1kΩ等阻值的电阻。根据输出电流选择晶体管，如2SD1111，画出设计的电路图，并且用Multisim仿真软件进行仿真，观察实验结果是否满足实验要求。如果不满足，要怎样调整电路参数才能满足实验设计要求。

3. 实验测试内容

在实验平台上安装电路，用台式数字万用表测试基准电压 $U_{REF}$ 变化时流过负载的电流 $I_L$，填入表2-6-7中。

表 2-6-7

| 基准电压 $U_{REF}$ | 输出电流 $I_L$ |
|---|---|
| $U_{REF}=U_z$ | $I_{Lmax}=$ |
| $U_{REF}=3V$ | $I_L=$ |
| $U_{REF}=0V$ | $I_{Lmin}=$ |

**方案3：探究性实验**

前面关于运算放大器的分析和计算都是基于理想放大器进行的，性能参数如图2-6-18所示。但实际运算放大器是非理想的，如图2-6-19所示。

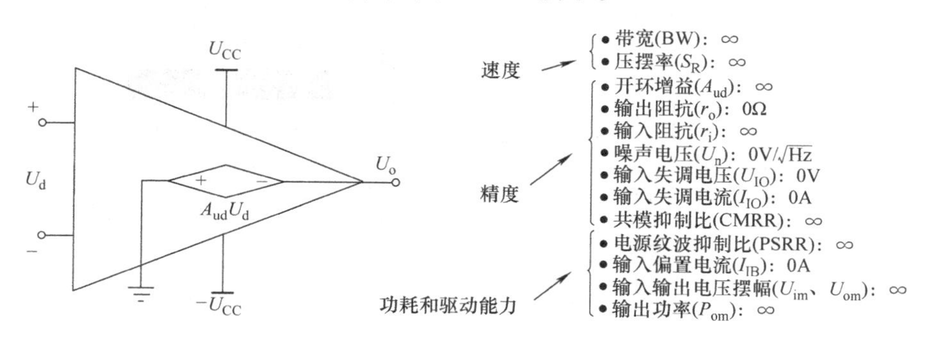


图2-6-18　理想运算放大器性能参数

理想和实际运算放大器的参数差异影响运算放大器在应用时的性能发挥，我们在利用图2-6-20的运算放大器实现放大倍数为10时出现了下面三种异常输出情况，如图2-6-21～图2-6-23所示。图2-6-21是当输入接地时，输出电压不为零的零漂电压；图2-6-22是当输入为频率10kHz、幅度0.5V方波时的输出是三角波波形；图2-6-23是输入为频率15kHz、幅度0.5V的正弦波时，输出为同频率的三角波波形。

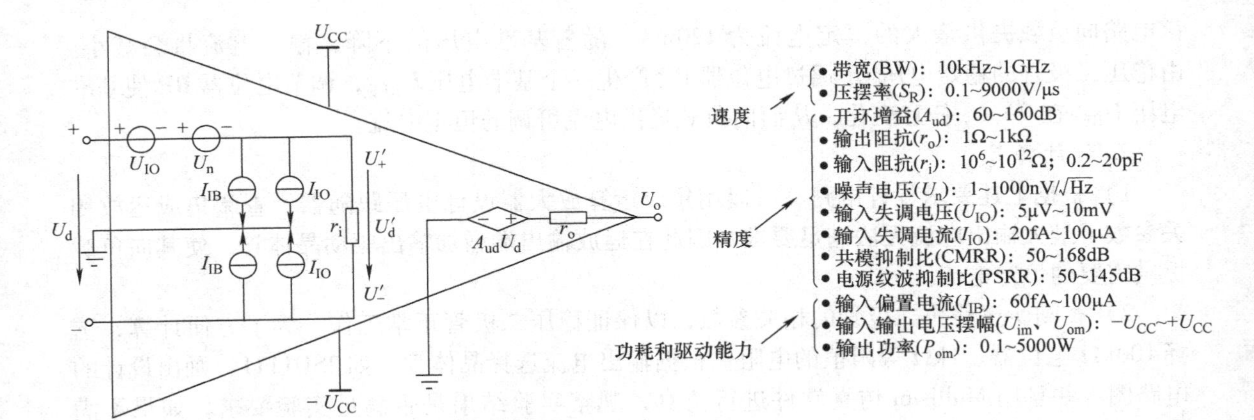


图 2-6-19　实际运算放大器性能参数

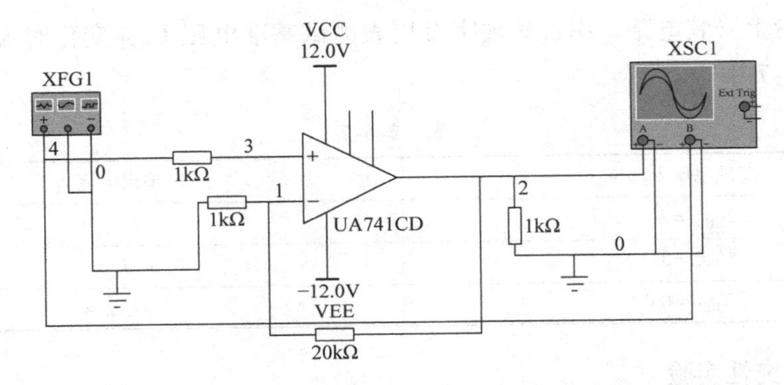


图 2-6-20　由 μA741 组成的反相运算放大器电路

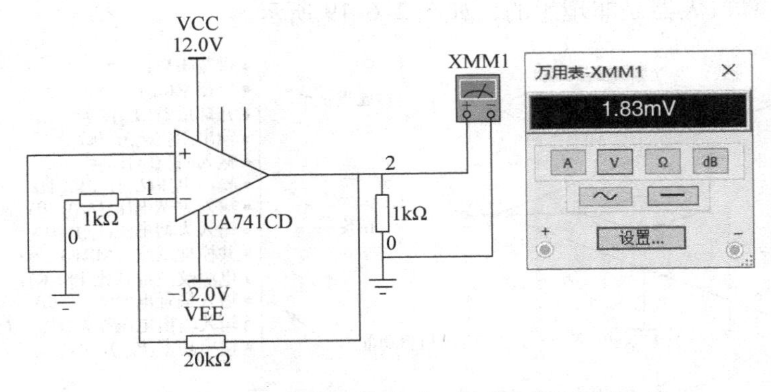


图 2-6-21　当输入接地时，输出电压不为零

**理论探究：**

请通过理论分析说明是运算放大器的什么性能参数使得输出出现这三种异常情况，并用仿真软件复现图 2-6-21 ~ 图 2-6-23 中波形。

**实验探究：**

1）按照图 2-6-20 搭建电路，首先去掉同相输入端 1kΩ 的平衡电阻并将输入接地，输出将出现零点漂移，如图 2-6-21 输出万用表显示值。然后加上输入信号并调节函数发生器波形、频率和幅值，分别使输出波形出现如图 2-6-22、图 2-6-23 所示异常，最后重新修改电路或选择运算放大器，重新实验使得输出恢复正常。

2）通过上述分析总结运算放大器选取的原则。

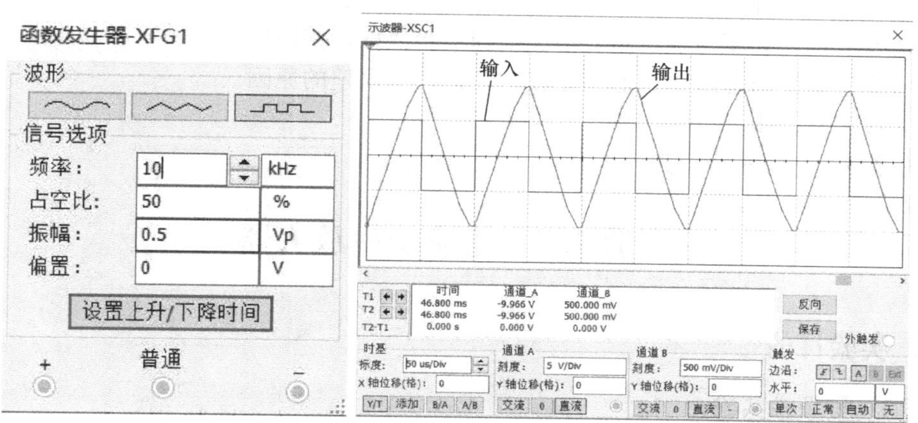


图 2-6-22　输入为频率 10kHz、幅度 0.5V 的方波，输出为三角波波形

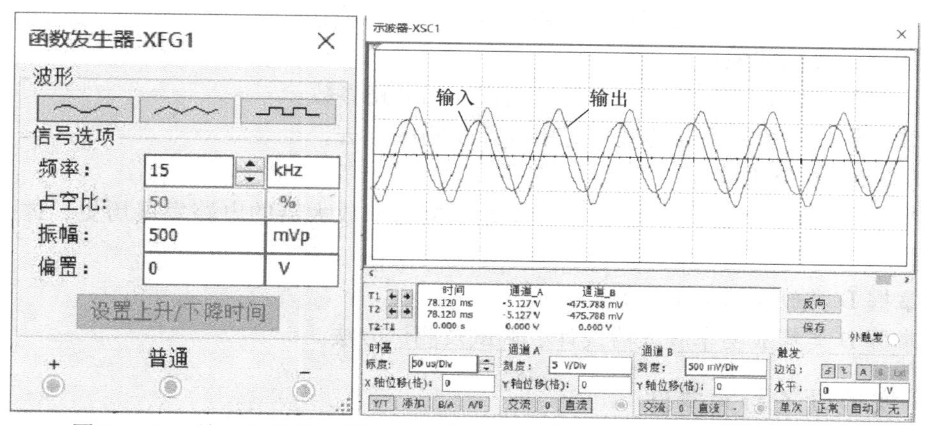


图 2-6-23　输入为频率 15kHz、幅度为 0.5V 的正弦波，输出为三角波波形

## 六、思考题

1）减法运算电路中，输入端输入 $u_{i1}=0.5\text{V}$，$u_{i2}=\dfrac{\sqrt{2}}{2}\cos 2000\pi t$，输出端 $u_o$ 等于多少？

2）运算放大器接成积分器，在积分电容的两端并联电阻 $R_F$ 的作用是什么？

3）为什么要在微分运算电路中串联小电阻？

## 七、实验报告要求

**方案 1：**

1）完成表 2-6-1 ~ 表 2-6-4 的测试、计算，分析产生误差的原因。

2）用坐标纸描绘出所观察的输入与输出波形，注意它们的相位关系。

3）总结用运算放大器构成基本运算电路的方法。

4）完成实验报告。

**方案2：**

1）写出电路设计理论依据及参数计算过程。

2）电路设计仿真，验证设计正确性及性能参数满足要求。

3）按要求设计和填写各实验表格，整理实验数据，并画出必要的波形和曲线。

4）将实验结果与理论计算值相比较，分析产生误差的原因。

5）完成实验报告。

❖ **方案3：**完成实验论文。

# 实验2.7　集成功率放大器

## 一、实验目的

**方案1　验证性实验：**

1）熟悉OTL功率放大器的基本概念及工作原理。

2）掌握OTL功率放大电路的静态调试及动态测量方法。

**方案2　设计性实验：**

1）了解集成功率放大电路的主要性能指标和电路参数。

2）掌握集成功率放大器的基本应用设计及测试方法。

❖ **方案3　探究性实验：**

1）学习从AB（甲乙）类功率放大器到D类功率放大器的电路发展历史，体会其创新思维过程。

2）掌握D类放大器的工作原理。

3）掌握D类集成功率放大器设计、调试及测试方法。

## 二、实验设备与元器件

方案1：数字示波器，函数发生器，数字万用表，直流稳压电源，模拟实验箱，晶体管（3DG6、3DG12或9014），电位器，8Ω电阻，二极管IN4007，电阻，电容。

方案2：数字示波器，函数发生器，数字万用表，直流稳压电源，模拟实验箱，集成芯片LM386，电位器，8Ω电阻，电阻、电容若干。

❖ 方案3：信号发生器，示波器，稳压电源，555定时器，比较器LM393，反相器74HC04，运算放大器1片，电位器，电阻，电容、电感若干，面包板（通用焊接版）一个，导线若干。

## 三、实验原理

在实用电路中，常常要求放大电路的输出级向负载提供足够大的输出功率，以带动负载正常工作，如驱动电表使其指针偏转、驱动扬声器使其发出声音等。把这种能够向负载提供足够大输出功率的放大电路统称为功率放大电路，简称功放。

在电源电压确定的情况下，功率放大电路通常要求输出尽可能大的电压和电流，使功放管工作在极限状态下，在选择功放管时，要特别注意极限参数的选择，还需考虑散热情况，以保证功放管的安全工作。因此，功放电路的组成、分析方法和元器件的选择都与小信号放大电路有着明显的区别。功率放大器输出级常用的电路形式有：乙类变压器输出、OTL（output transformerless）电路和OCL（output capacitorless）电路。OTL、OCL功率放大器除具有乙类推挽功率放大器工作效率高的优点外，还省掉了影响其频率特性、体积笨重的输入输出变压器。

1. 晶体管构成OTL功率放大器

晶体管组成的OTL音频功率放大器电路如图2-7-1所示，晶体管$VT_1$组成推动级（也称前置放大级），其作用是为功率放大级提供足够的信号电压。$VT_2$、$VT_3$是一对参数对称的NPN型和PNP型晶体管互补连接，组成互补推挽式OTL电路。由于每一个管子是射极输出器形式，因此具有输出阻抗低、带负载能力强等优点，非常适合作为功率输出级。晶体管$VT_1$工作于甲类状态，它的集电极电流$I_{C1}$由电位器RP1进行调节。$I_{C1}$的一部分流经电位器RP2及二极管VD，给晶体管$VT_2$、$VT_3$提供偏置电压。适当调节电位器RP2，可以使晶体管$VT_2$、$VT_3$得到合适的静态电流而工作于甲、乙类状态，以克服交越失真。静态时要求输出端中点A的电位$U_A = \frac{1}{2}U_{CC}$，可以通过调节RP1来实现，又由于RP1的一端接在A点，因此在电路中引入交、直流电压并联负反馈时，一方面能够稳定放大器的静态工作点，另一方面也改善了非线性失真。

当输入正弦交流信号$u_i$时，经晶体管$VT_1$放大、倒相后同时作用于晶体管$VT_2$、$VT_3$的基极。在$u_i$的负半周，$VT_2$管导通（$VT_3$管截止），有电流通过耦合电容$C_o$流过负载$R_L$，同时向电容$C_o$充电；在$u_i$的正半周，$VT_3$管导通（$VT_2$管截止），则已充好电的电容器$C_o$起着电源的作用，通过负载$R_L$放电。这样在$R_L$上就得到完整的正弦交流信号。

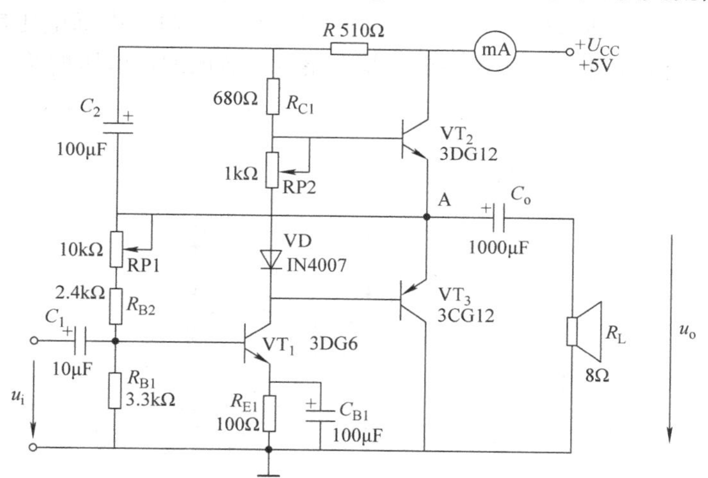


图2-7-1　晶体管组成OTL音频功率放大器电路

$C_2$和$R$构成自举电路，可以提高输出电压正半周的幅度，得到较大的动态范围，增大功率放大器不失真输出功率，提高晶体管$VT_1$集电极等效负载电阻，从而增大晶体管$VT_1$的电压增益。

2. 集成功率放大器

随着半导体集成工艺技术的发展，特别是将OTL、OCL和BTL功率放大器集成化之后，在内部电路又集成了一些保护电路，使电路更加稳定可靠。在使用集成功放时只需外接很少的元器件，就能调节增益和输出功率，这样也大大减小了功放的体积和成本，具有线路简单、性能优良、工作可靠、便于调整和工作效率高等优点。

本实验选用LM386集成功率放大器作为研究对象，LM386是8个引脚的双列直插式集成芯片，其引脚图如2-7-2图所示。引脚2为反相输入端；引脚3为同相输入端；引脚5为输出端；引脚1和8为电压增益设定端；引脚7为旁路电容端，使用时通常在引脚7和地之间接一个10μF的旁路电容；引脚4为地端，当输入端以地为参考时，输出端被自动偏置到电源电压的一半；引脚6为电源端。

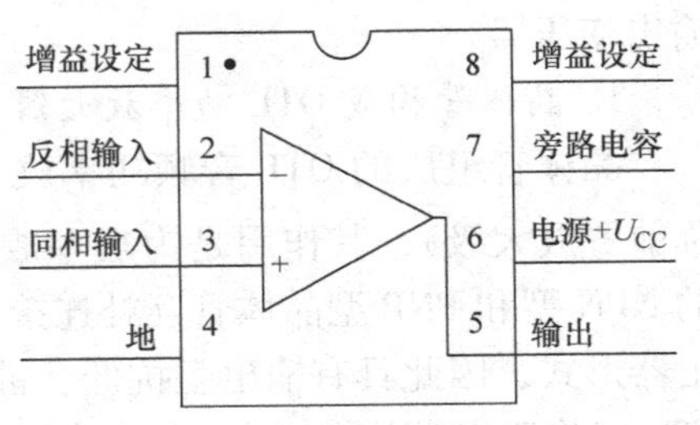


图2-7-2　LM386引脚功能图

LM386的内部电路原理图如图2-7-3所示。它由差动输入级、电压放大推动级和互补对称功率放大三级组成。第一级为差分放大电路，$VT_1$和$VT_3$、$VT_2$和$VT_4$构成PNP型复合管作为差分放大电路的放大管；$VT_5$、$VT_6$为镜像恒流源，作为$VT_3$、$VT_4$的有源负载，信号从$VT_1$、$VT_2$管的基极输入，从$VT_4$管的集电极输出，为双端输入单端输出的差分放大电路。使用镜像恒流源作为差分放大电路的有源负载时，可使单端输出的电压增益近似等于双端输出的电压增益。第二级由$VT_7$构成共射电压放大电路作为推动级，其集电极负载用恒流源替代，以增大放大倍数，而整个集成功放的开环增益主要由该级决定。第三级由$VT_8$与$VT_9$复合成一只PNP型管，和NPN型管$VT_{10}$构成准互补对称射级输出电路，二极管$VD_1$、$VD_2$为输出级提供合适的静态偏置电压，使输出级工作在甲乙类状态，可以消除交越失真。电阻$R_7$从输出端连接到$VT_4$，形成反馈通路，并与电阻$R_5$、$R_6$构成内部电压串联负反馈回路，使整个电路具有稳定的电压增益，也决定了整个集成功放的闭环电压增益。

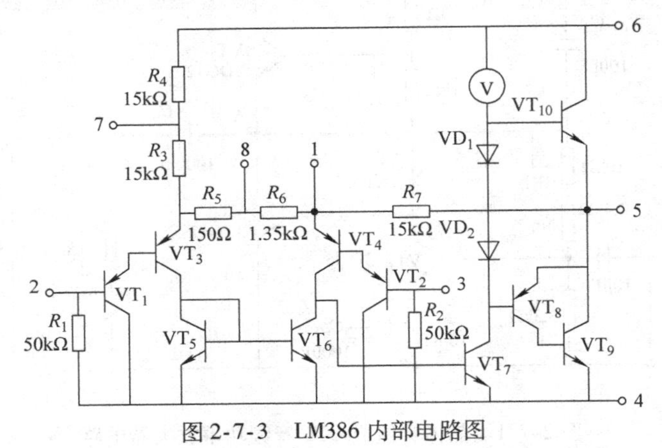


图2-7-3　LM386内部电路图

若在LM386的引脚1、8间开路，电路放大倍数仅由内部电阻$R_7$与$R_5+R_6$决定，此时电压放大倍数为20倍。若在LM386的引脚1、8间外接一个几十微法的大电容，放大倍数可以达到最大值200倍。若在LM386的引脚1、8间接入一个几十微法的电容和一个电阻的串联，改变该串联电阻的阻值即可方便地改变电压放大倍数，电压放大倍数的调节范围为20～200倍，即电压增益的调节范围为26～46dB。如果希望提升低音效果，还可以在LM386的引脚1和引脚5之间串联一个$RC$网络。

由于LM386采用单电源供电，输出采用准互补对称射极输出，输出端不能直接接负载，一定要连接一个电容之后再接负载，这就是OTL电路的特点，即只需要一个电容就可以把一个电源变成两个对称电源。由于输出电容的作用，LM386的低频特性较差。LM386的电气特性参数如表2-7-1。

**表2-7-1　LM386的电气特性参数**　（$T=25℃$　$f=1kHz$）

| 电气指标 | 条件 | 最小值 | 典型值 | 最大值 |
|---|---|---|---|---|
| 静态电流 | | | 4mA | 8mA |
| 输出功率 | $U_{CC}=6V$　$R_L=8\Omega$　失真度为10% | 250mW | 325mW | |
| | $U_{CC}=9V$　$R_L=8\Omega$　失真度为10% | | 500mW | |
| 电压增益 | 引脚1、8开路 | | 26dB | |
| | 引脚1、8外接10μF电容 | | 46dB | |
| -3dB带宽 | 引脚1、8开路 | | 300kHz | |
| 失真度 | $R_L=8\Omega$　$P_o=125mW$　引脚1、8开路 | | 0.2% | |
| 输入电阻 | 引脚2、3开路 | | 50kΩ | |
| 输入偏置电流 | | | 250mA | |

3. OTL功率放大器的主要性能指标

1）噪声电压$U_n$：输入信号为零时，输出端交流电压的有效值。

2）最大不失真输出功率$P_{omax}$：输出基本不失真时的最大输出功率。理想情况下

$$P_{omax}=\frac{U_{CC}^2}{8R_L} \tag{2-7-1}$$

实验中可通过测量$R_L$两端的最大不失真电压有效值来求得实际最大不失真输出功率

$$P_{omax}=\frac{U_{om}^2}{R_L} \tag{2-7-2}$$

3）输入灵敏度$U_{imax}$：输出电压信号最大而且不失真时，输入电压的有效值。

4）最大输出功率下，每只晶体管的管耗$P_{VT}$：

$$P_{VT}=\frac{U_{CC}^2(4-\pi)}{16\pi R_L} \tag{2-7-3}$$

5）直流电源供给的平均功率$P_E$

$$P_E=P_{omax}+\frac{U_{CC}^2(4-\pi)}{8\pi R_L}=\frac{U_{CC}^2}{2\pi R_L} \tag{2-7-4}$$

实验中，可通过测量电源输出的平均电流$I_E$求得$P_E$，即电源供给的平均功率

$$P_E=U_{CC}I_E \tag{2-7-5}$$

6）理想情况下，最大效率$\eta$

$$\eta = \frac{P_{omax}}{P_E} = \frac{\pi}{4} \approx 78.5\% \tag{2-7-6}$$

7）功率增益：

$$K_p = 10\lg\frac{P_o}{P_i}$$

当集成功率放大器不能满足负载所需要的功率要求时，可以考虑采用分立元件组成的OTL、OCL电路或者变压器耦合乙类推挽功率放大电路。

## 四、实验预习仿真

1）认真阅读实验指导书，查阅相关资料，写出预习报告。

2）根据实验要求，画出合适的实验测试表格，理论计算值、测量值等相关项目。测量值在实验后填写，并与计算值相对照，以验证是否正确。

OTL低频功率放大器如图2-7-4所示，在输入端输入正弦交流信号 $u_i$ 时，在输出端得到放大的、完整的正弦交流信号 $u_o$，其输入、输出波形如图2-7-5所示。

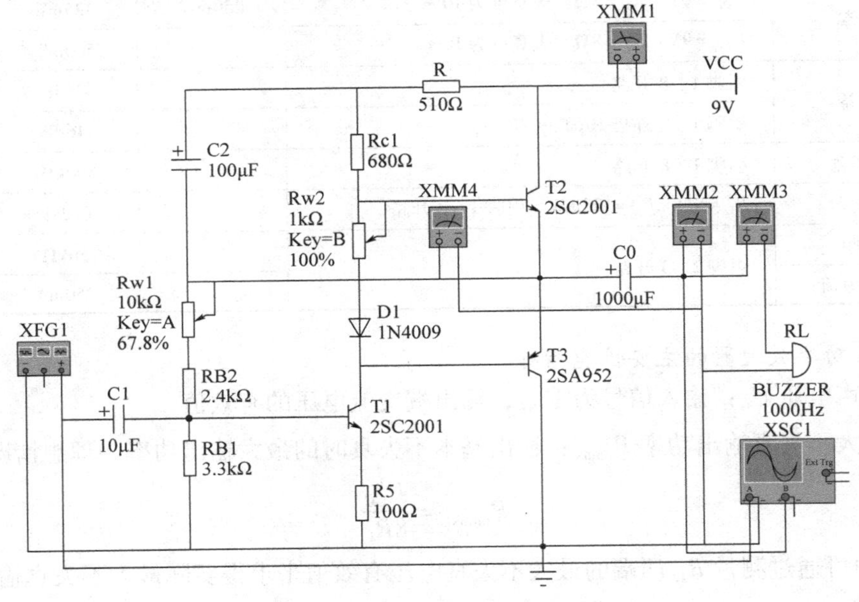


图2-7-4 OTL低频功率放大器

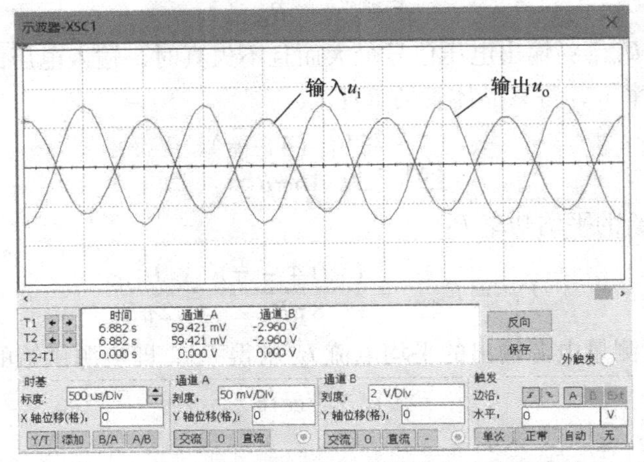


图2-7-5 OTL低频功率放大器输入、输出波形

扬声器的设置：应根据输入信号的频率及输出信号的幅值（用示波器测出）来设置扬声器的参数。双击扬声器在弹出的 BUZZER 对话框中单击“值”，出现如图 2-7-6 所示对话框并进行参数设置。

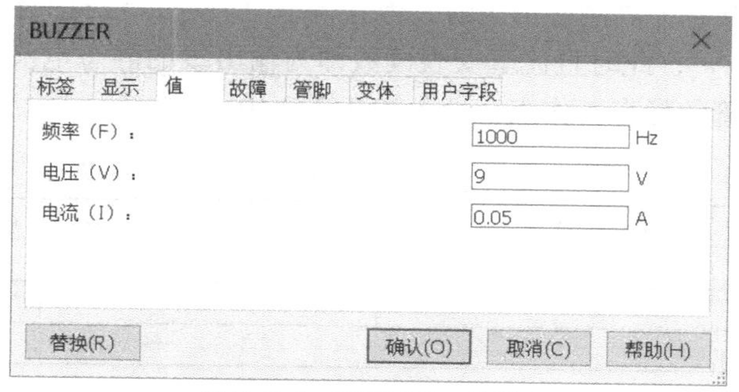


图 2-7-6　BUZZER 对话框

在仿真平台上可用电流表、电压表测量功率放大电路的负载电流和输出电压，如图 2-7-7所示，从而计算功率放大电路的最大不失真输出功率。再用电流表测出电源供给的平均电流，如图 2-7-8 所示，可以计算电源供给功率放大电路的平均功率。

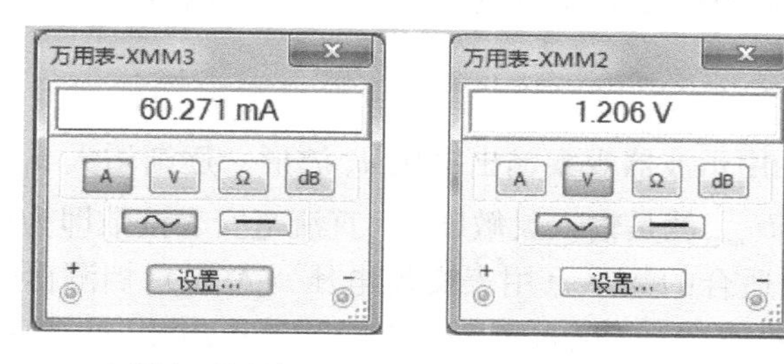


a) 流过$R_L$的电流　　b) $R_L$两端电压有效值$U_{om}$

图 2-7-7　最大不失真输出功率 $P_{om}$测量

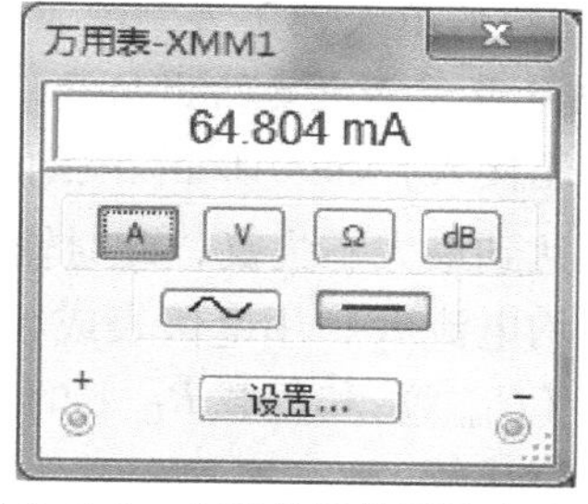


图 2-7-8　电源供给的平均电流 $I_E$

在本例中也可在仿真中用两块瓦特计分别测量电源供给的平均功率 $P_E$ 及最大不失真输出功率 $P_{om}$，其图标和面板如图 2-7-9 所示。该图标中的瓦特计有两组输入端，左边一组输入端为电压输入端子，与所要测试电路并联；右边一组输入端为电流输入端子，与所要测试电路串联。

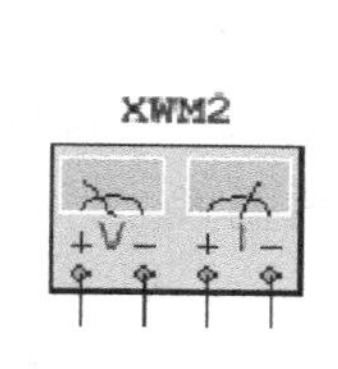

图 2-7-9　数字万用表图标和面板

## 五、实验内容

### 方案 1：验证性实验

1. 静态工作点的调整与测试

1）按图 2-7-1 连接实验电路，$U_{CC}=+5V$，$R_L=8\Omega$（扬声器）。电源进线中串入直流毫安表（200mA 档），在输入信号$u_i$为零的情况下，即不接入信号发生器，将电位器 RP2 旋到最大值（顺时旋到头），将电位器 RP1 旋至中间位置，观察毫安表，若电流过大，应立即断开电源检查原因（如 RP2 开路、电路自激等）。如无异常现象，开始调试。

2）调节电位器 RP1，用万用表直流电压（DCV）档测量 A 点电位，使 $U_A = \frac{1}{2}U_{CC}$。

3）将输入端接入 $f=400\text{Hz}$、$U_i = 10\text{mV}$ 的正弦信号，用示波器观察输出波形出现交越失真，调节 RP2，当交越失真刚好消失时，停止调节（注意：没有饱和与截止失真）。

4）去掉输入信号 $u_i$，此时直流毫安表读数即为输出级的静态电流 $I_E$。用万用表直流电压档分别测量各晶体管的静态工作点，填入表 2-7-2 中。

表 2-7-2

| 晶体管 | $VT_1$ | $VT_2$ | $VT_3$ |
|---|---|---|---|
| $U_B$/V | | | |
| $U_C$/V | | | |
| $U_E$/V | | | |

5）静态工作点调好后，如无特殊情况，不得随意旋动 RP1、RP2 的位置。

2. 噪声电压的测试

测量时将输入端短路（$U_i=0\text{V}$），用示波器观察输出噪声波形，并用数字万用表交流电压（ACV）档测量输出电压有效值，即为噪声电压 $U_n$，本电路若 $U_n < 15\text{mV}$，即满足要求，并将 $U_n$ 的数值填入表 2-7-3中。

3. 测量最大不失真输出功率

输入端接入 $f=400\text{Hz}$ 的正弦信号 $u_i$，用示波器观察输出电压 $u_o$ 波形。逐渐增大 $u_i$，使输出电压达到最大不失真，此时输入电压 $U_{imax}$就是输入灵敏度 $S$，直流毫安表读数即为放大电路的平均电流 $I_E$，用毫伏表或频率范围适合的数字万用表交流电压（ACV）档测出输入灵敏度 $S$（$U_{imax}$）和负载 $R_L$ 上的电压有效值 $U_{om}$，填入表 2-7-3 中。计算出相应的值并与理论值进行比较。

表 2-7-3　（$U_A=2.5\text{V}$　$R_L=8\Omega$）

| $U_n$ | $S$（$U_{imax}$） | $U_{omax}$ | $I_E$ | $P_{omax}$ | $P_E$ | $P_T$ | $\eta$ |
|---|---|---|---|---|---|---|---|
| | | | | | | | |

4. 测量最大不失真输出时的功率增益

上面测试条件不变，测出最大不失真时的输入电压 $U_{imax}$，再用串联电阻 $R_S$ 法测出 $U_i$，填入表 2-7-4 中，并计算功率增益 $K_p$。

$$K_p = 10\lg(P_o/P_i) \tag{2-7-7}$$

表 2-7-4

| $U_{imax}$ | $U_i$ | 串联电阻 $R_S$ | $R_i$ | $P_{imax}$ | $P_{omax}$ | $K_p$ |
|---|---|---|---|---|---|---|
| | | | | | | |

5. 测量功率放大器的频率特性

在保证 $f$ 为 10Hz～20kHz 范围内，功放输出 $U_o$无明显限幅失真的条件下，保持 $U_i$ 不变，测出 $f$ 分别为 10Hz、20Hz、50Hz、100Hz、200Hz、500Hz、1kHz、2kHz、5kHz、10kHz、20kHz、30kHz、50kHz 时的输出电压有效值 $U_o$，并作出 $U_o-\lg f$ 曲线，反映输出电压随输入信号频率变化的关系，从而确定下限截止频率 $f_L$ 及上限截止频率 $f_H$。数值填入

表2-7-5中。

表 2-7-5

| $f$/Hz | 10 | 20 | 50 | 100 | 200 | 500 | $1\times10^3$ | $2\times10^3$ | $5\times10^3$ | $10\times10^3$ | $20\times10^3$ | $30\times10^3$ | $50\times10^3$ |
|---|---|---|---|---|---|---|---|---|---|---|---|---|---|
| $U_o$/V | | | | | | | | | | | | | |

**方案2：设计性实验**

1. 设计任务

用集成音频功率放大器LM386构成一个线路简单、性能优良、工作可靠的功率放大电路。要求该功率放大电路的电源电压$U_{CC}$为9V，负载电阻$R_L$为8Ω，电压放大倍数为20～200倍可调。输入一个频率$f_i$=1kHz的交流信号$u_i$经可变电阻（音量电位器）RP加到集成功率放大器的同相输入端，逐渐增大输入交流信号$u_i$的电压，要求输出的交流信号无明显失真。

2. 设计要求

在本实验整个过程中，需特别注意以下几点：

1）集成功放电源电压不允许超过极限值（15V），极性不要接反，否则损坏集成功放。

2）要注意电解电容的引脚极性，不能接错。电路工作时绝对避免负载短路，否则将烧毁集成功放。

3）电路的地线尽量接在一起，连线尽可能短，否则很容易产生自激。

4）接通电源后应随时注意集成功放芯片的温度，若没加输入信号就发现集成功放芯片过热，同时直流毫安表显示出较大的电流，示波器显示出频率和幅值较大的波形，说明电路有自激现象，应立即关闭电源，检查电路，分析排除故障，也可以在引脚7与地之间外接一个10μF电容来消除自激。

5）输入信号$u_i$不要过大，接入集成功放时，通常需要加入隔直电容，否则会影响LM386的静态工作点，可能导致集成功放无法正常工作。

3. 实验测试内容

1）将设计的电路在实验箱上连接好，经仔细检查连线无误后方可接通+9V电源电压。

2）静态时测试集成功放LM386各引脚电压，填入表2-7-6中。

表 2-7-6

| 集成块引脚 | 1 | 2 | 3 | 4 | 5 | 6 | 7 | 8 |
|---|---|---|---|---|---|---|---|---|
| 电压/V | | | | | | | | |

3）测量最大不失真输出功率$P_{omax}$、输入灵敏度$U_{imax}$。输入$f$=1kHz的正弦交流信号，将音量电位器RP旋至功率放大器输出最大端，即RP阻值最小，可以用示波器观察输出波形最大。继续调节输入交流信号电压$u_i$的幅值大小，使功率放大器输出波形达到最大不失真，用数字万用表ACV档测出此时的输入电压$U_{imax}$和输出电压$U_{omax}$，计算$P_{omax}$。数值填入表2-7-7中。

表 2-7-7

| $R_L$ | $U_{imax}$ | $U_{omax}$ | $P_{omax}$ |
|---|---|---|---|
| | | | |

4）测量效率$\eta$。在最大不失真输出条件下，将直流电流表串联在电源回路中，测出电源回路的平均电流$I_E$，计算功率放大器的效率

$$\eta = \frac{P_{\text{omax}}}{U_{\text{CC}}I_{\text{E}}} \times 100\% \tag{2-7-8}$$

将实际测量值填入表 2-7-8 中。

**表　2-7-8**

| $U_{\text{CC}}$ | $I_{\text{E}}$ | $P_{\text{E}}$ | $P_{\text{omax}}$ | $\eta$ |
|---|---|---|---|---|
| | | | | |

5）测量最大不失真输出时的功率增益。功率增益定义为

$$K_{\text{p}} = 10\lg\frac{P_{\text{omax}}}{P_{\text{imax}}} = 10\lg\frac{P_{\text{omax}}}{U_{\text{imax}}^2/R_{\text{i}}} \tag{2-7-9}$$

输入端串联 10kΩ 电阻，用串联电阻法测出功率放大电路的输入电阻 $R_{\text{i}}$，再利用前面已经测出的 $P_{\text{omax}}$、$U_{\text{imax}}$ 求出功率增益，将结果填入表 2-7-9 中。

**表　2-7-9**

| $U_{\text{imax}}$ | $U_{\text{S}}$ | $U_{\text{i}}$ | 串联电阻 | $R_{\text{i}}$ | $P_{\text{imax}}$ | $P_{\text{omax}}$ | $K_{\text{p}}$ |
|---|---|---|---|---|---|---|---|
| | | | | | | | |

6）测量功率放大器的频响特性。将放大器的输入电压 $U_{\text{i}}$ 降至输入灵敏度的 50%，并在整个测试过程中保持 $U_{\text{i}}$ 恒定且功率放大器输出 $U_{\text{o}}$ 无限幅失真。测出输出电压随输入信号频率变化的关系，并做出 $U_{\text{o}}-\lg f$ 曲线。确定下限截止频率 $f_{\text{L}}$ 及上限截止频率 $f_{\text{H}}$。数据填入表 2-7-10 中。

**表　2-7-10**

| $f$/Hz | 10 | 20 | 50 | 100 | 200 | 500 | $1\times10^3$ | $2\times10^3$ | $5\times10^3$ | $10\times10^3$ | $20\times10^3$ | $30\times10^3$ | $50\times10^3$ |
|---|---|---|---|---|---|---|---|---|---|---|---|---|---|
| $U_{\text{o}}$/V | | | | | | | | | | | | | |

| $f$/Hz | $f$（1kHz） | $f_{\text{L}}$ | $f_{\text{H}}$ |
|---|---|---|---|
| $U_{\text{o}}$/V | | | |

*7）试听音响效果。输入信号改为录音机输出，输出端接试听音箱及示波器。开机试听，并观察语言和音乐信号的输出波形。

**❖ 方案 3：探究性实验**

**实验任务：**

1）学习从 AB（甲乙）类功率放大器到 D 类功率放大器的电路发展历史，体会其创新思维过程。

2）掌握 D 类放大器的工作原理。

3）利用 D 类集成功率放大器设计放大电路。具体设计任务如下：

设计并制作一个高效率音频功率放大器装置。功率放大器的电源电压为 +5V（电路其他部分的电源电压不限），负载为 8Ω 电阻。功率放大器的设计要求：①3dB 通频带为 300～3400Hz，输出正弦信号无明显失真；②最大不失真输出功率≥1W；③输入阻抗 >10kΩ，电压放大倍数 1～20 连续可调；④低频噪声电压（20kHz 以下）≤

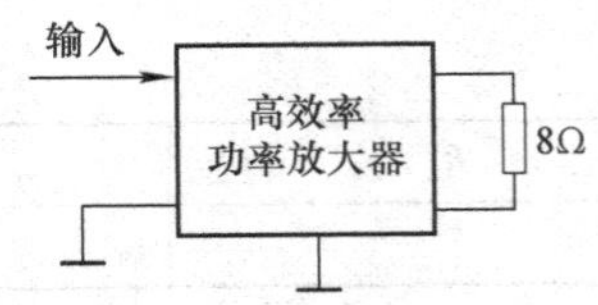


图 2-7-10　开关方式实现低频功率放大的电路

10mV，在电压放大倍数为 10，输入端对地交流短路时测量；⑤在输出功率 500mW 时测量的功率放大器效率（输出功率/放大器总功耗）≥50%。功率放大电路如图 2-7-10 所示。图中的高效率功率放大器采用 D 类功放实现，D 类功放的晶体管工作在开关状态，是提高效率的主要途径之一。效率计算中的放大器总功耗是指功率放大器部分的总电流乘以供电电压（+5V），制作时要注意便于效率测试。在整个测试过程中，要求输出波形无明显失真。

**理论探究：**

1）根据所学的 A 类、B 类及 AB 类功率放大器，总结晶体管的工作区与效率的关系。

2）OCL 和 OTL 两种功放电路的缺点是电源的利用率不高，其主要原因是在输入正弦信号时，在每半个信号周期中，电路只有一个晶体管和一个电源在工作。为了提高电源的利用率，即在较低电源电压的作用下，使负载获得较大的输出功率，一般采用平衡式无输出变压器电路，又称为 BTL 电路。图 2-7-11 为晶体管构成的 BTL 原理电路，与 OTL 电路相比，同样是单电源供电，在 $U_{CC}$、$R_L$ 相同条件下，分析 BTL 电路输出功率为 OTL 电路输出功率的多少倍及该电路效率。

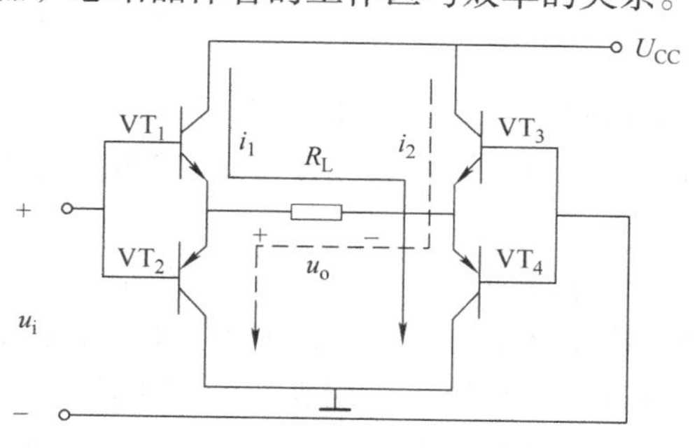


图 2-7-11　分立元件 BTL 电路

3）D 类放大器与线性音频放大器（如 A 类、B 类和 AB 类）相比，在效率上有相当的优势。对于线性放大器（如 AB 类）来说，偏置元件和输出晶体管的线性工作方式会损耗大量功率。而 D 类放大器的晶体管只是处于开关状态，用来控制流过负载的电流方向，这样输出级消耗的功耗极低。D 类放大器的功耗主要来自输出晶体管的导通阻抗、开关损耗，这样使 D 类放大器对散热器的要求大为降低，甚至可省掉散热器。查找资料，根据图 2-7-12 所示，研究 D 类放大器组成及其工作原理，假设电源电压为 $U_{DD}$，场效应晶体管（MOS-FET）导通电阻为 $R_{ON}$，负载电阻为 $R_L$，忽略开关损耗时，推导其效率表达式。假设开关波形占空比为 $D$，分析其输出电压 $u_o$ 的表达式，探究该类功率放大器场效应晶体管的工作区与效率的关系。

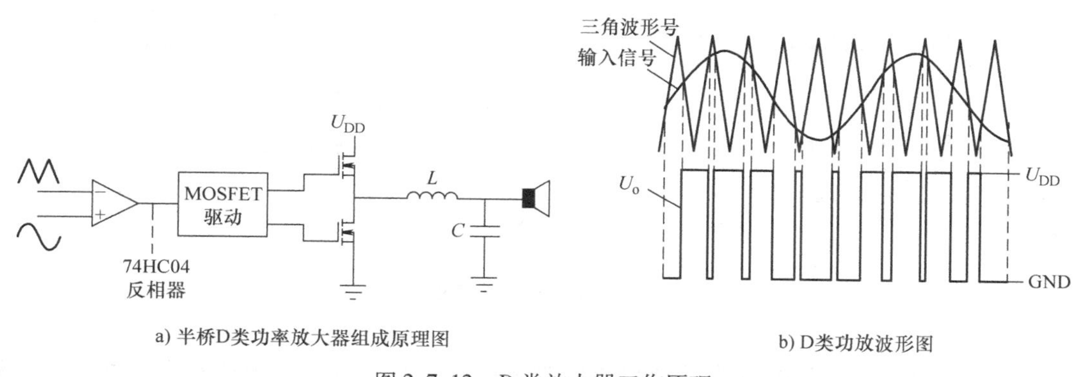


a) 半桥D类功率放大器组成原理图

b) D类功放波形图

图 2-7-12　D 类放大器工作原理

4）本实验功率放大器采用图 2-7-13 组成框图实现。

前置放大器：音频信号可以由函数发生器产生，由于题目要求输入阻抗 >10kΩ，电压

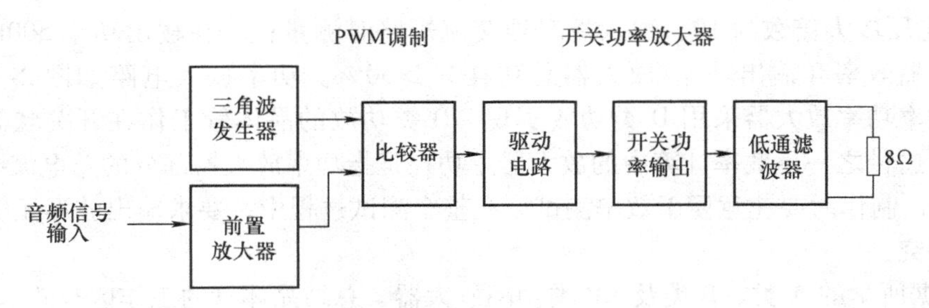


图 2-7-13　功率放大器组成框图

放大倍数 1 ~20 倍连续可调，因此需要在进入比较器之前设计前置电压放大器，使其满足题目要求。由于运算放大器 NE5532 频带较宽、转换速率（摆率）较快，适合用于对音频信号的放大。

三角波发生器：载波频率的选定既要考虑抽样定理，又要考虑电路实现，所以选择 150kHz 的载波频率。NE5532 具有较宽的频带和较快的转换速率（摆率），能够保证产生线性良好的三角波。采用高速精密比较器 LM311 来实现迟滞比较器，并配合 NE5532 构成积分电路组成三角波发生器，即可实现幅度为 1.5V、频率为 150kHz 三角波。

比较器：选用高速精密比较器 LM311，在单电源供电的情况下，由两对相等的电阻分压分别提供两比较输入端 2.5V 的静态电位。注意，音频信号的输入应小于三角波发生器的幅值 1.5V。

驱动电路：具体实现电路如图 2-7-14 所示，将 PWM 调制信号变换为互补对称的驱动信号 PWM1 和 PWM2，将施密特触发器 74HC14 并联以获得较大的驱动电流，为保证快速驱动，采用晶体对管组成推挽输出结构。在此电路中，选用 HC 系列主要是考虑到其具有转换速度较高且可提供较大电流的特点，晶体管选用 8050 和 8550 对管。

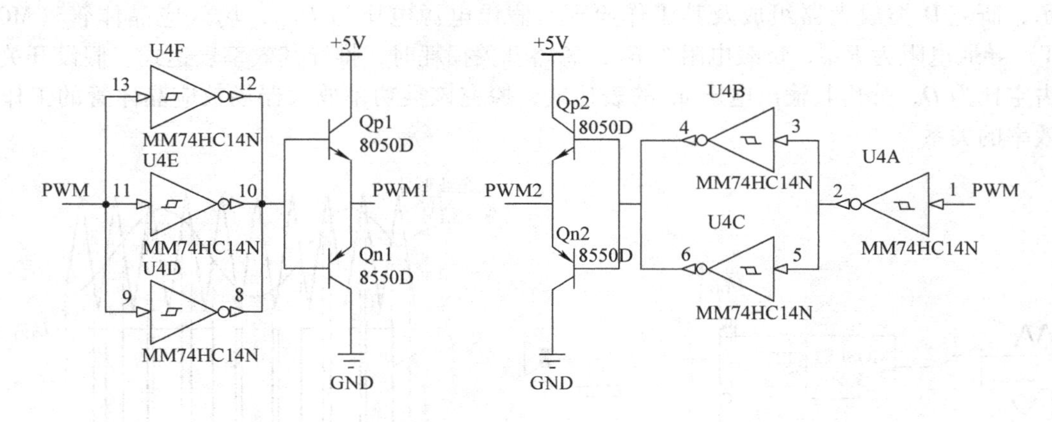


图 2-7-14　全桥驱动电路

开关功率输出：实际中 D 类功放可以归类成两种拓扑，分别是半桥和全桥结构，每种拓扑都各有利弊。图 2-7-12 所示为半桥 D 类功率放大器。半桥结构简单，但电源面临从功放返回来的能量而导致严重的母线电压波动的问题，特别是当功放输出低频信号到负载时，波动更为严重。全桥拓扑电路如图 2-7-15 所示，由两个半桥功放构成，这样就需要更多的元器件，但全桥拓扑的固有差分输出结构可以消除谐波失真和直流偏置。全桥拓扑的一个臂倾向于消耗另一个臂的能量，所以就没有可以回流的能量。另外，可选用H桥的输出方式。此方式浮动输出载波峰-峰值可达$2U_{CC}$，充分利用了电源电压，有效提高了输出效率。

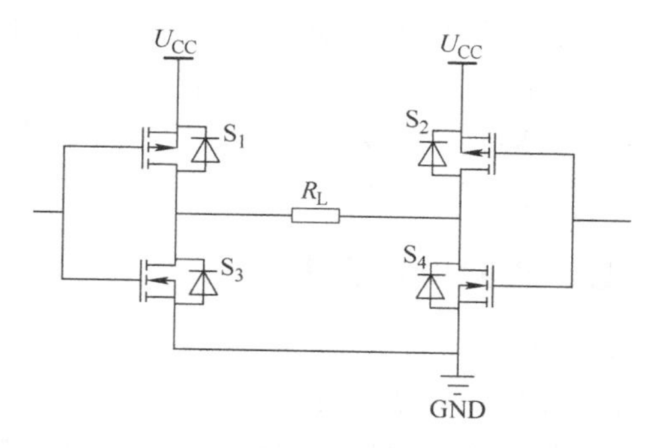


图2-7-15　全桥开关功率输出电路

低通滤波器：采用四阶巴特沃斯无源低通滤波器如图2-7-16所示。对低通滤波器的要求是上限频率大于20kHz且在通带内幅频曲线平坦。

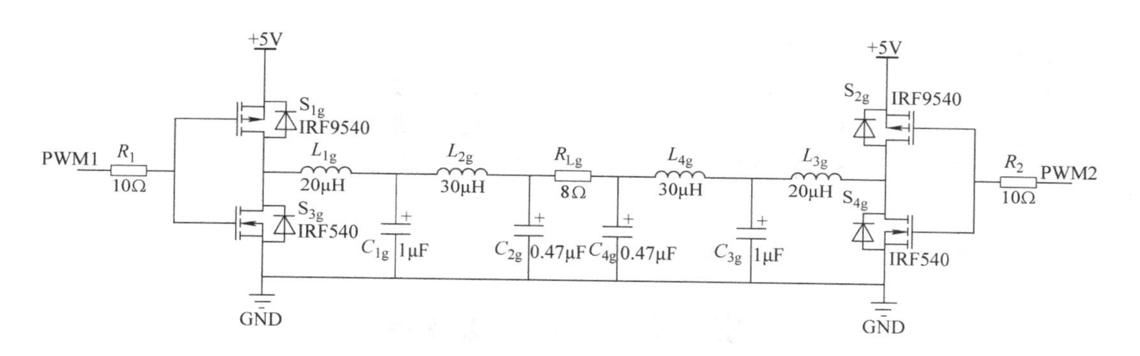


图2-7-16　四阶巴特沃斯无源滤波器

5）设计注意事项：①由于题目是+5V供电，在设计三角波发生器、前置放大器和比较器时，注意静态工作点设置在2.5V，便于全周波形通过。②在图2-7-16中，$R_1$和$R_2$的作用是加大电路中的阻尼，防止导线的等效电感与栅极电容发生振荡，$R_1$和$R_2$的具体选择是通过实验比较的方法完成的，实验证明选择10Ω合适。

**实验探究：**

1）根据理论设计的结果，进行电路连接。

2）设计表格，并测量下列数据填入表格中：①3dB通频带，记录输出正弦信号波形；②最大不失真输出功率；③输入阻抗>10kΩ时的电压放大倍数；④低频噪声电压（20kHz以下），在电压放大倍数为10、输入端对地交流短路时测量；⑤在输出功率500mW时测量的功率放大器效率（输出功率/放大器总功耗）。

3）比较测试结果与理论计算误差，分析误差产生的原因。

## 六、思考题

1）在OTL电路中，当$R_L$增大时如何提高输出功率？它与变压器耦合推挽功放负载变化有何不同？

2）OTL或OCL功率放大器为什么会产生交越失真？如何克服交越失真？

3）思考 LM386 的引脚 1 和引脚 8 之间不接电容和接电容，为什么电压放大倍数相差那么大？并且通过理论分析计算得出结论。

4）在集成功放实验电路中，若减小引脚 1 和引脚 8 之间的电阻 $R$，即增大电压放大倍数后能否提高效率 $\eta$？

## 七、实验报告要求

**方案 1：**

1）简述集成功率放大器的工作原理，画出原理图。

2）整理实验数据，包括画表格、实验数据、计算数据。

3）分析讨论实验过程中出现的问题。

4）完成实验报告。

**方案 2：**

1）写出电路设计理论依据及参数计算过程。

2）电路设计仿真，验证设计的正确性及性能参数满足要求。

3）按要求填写各实验表格，整理实验数据，并画出必要的波形。

4）将实验结果与理论计算值进行比较，分析产生误差的原因。

5）完成实验报告。

❖ **方案 3：**按照实验小论文格式，完成实验论文。

# 实验 2.8　有源滤波器

## 一、实验目的

**方案 1　验证性实验：**

1）了解用集成运放、电阻、电容构成的有源低通滤波器的原理。

2）学习滤波器单元性能指标计算和电路的搭建、调试方法。

3）掌握有源滤波器幅频特性的测试方法。

**方案 2　设计性实验：**

1）了解用集成运放、电阻、电容构成的有源高通和带通滤波器的原理。

2）学习有源高通和带通滤波器的设计方法、仿真及调试方法。

3）分析实际滤波器与理论设计之间误差产生的原因。

❖ **方案 3　探究性实验：**

1）熟悉开关电容滤波器的工作原理。

2）掌握集成开关电容滤波器的应用及连接方法。

3）测试滤波器的性能指标。

## 二、实验设备与元器件

方案 1、方案 2：函数信号发生器，数字万用表，示波器，直流稳压电源；集成运算放大器 μA741 两片，面包板一块，电阻、电容、导线若干。

❖ 方案3：直流稳压电路，函数信号发生器，示波器；芯片 MF10 一片，CD40106 一片，电阻、电容若干。

## 三、实验原理

1. 一阶有源低通滤波器

一阶有源低通滤波电路由一级 RC 低通电路和同相放大器构成。相比无源滤波器，同相放大器能够使其具有较强的带负载能力及放大能力，如图 2-8-1 所示。

将图 2-8-1 中的 R 和 C 交换位置就可以构成一阶高通有源滤波器。

对于某一频率信号，图 2-8-1 中一阶有源低通滤波器的传递函数和幅频特性分别表示为

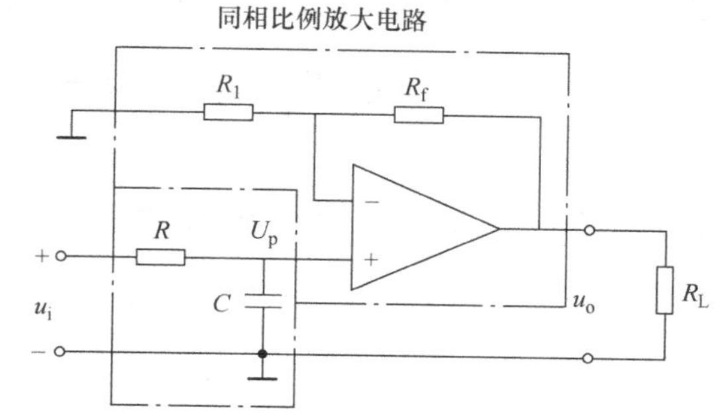

图 2-8-1　带同相比例放大电路的一阶有源低通滤波器

$$A(j\omega)=\frac{u_o(j\omega)}{u_i(j\omega)}=\frac{A_o}{1+j\left(\frac{\omega}{\omega_c}\right)} \tag{2-8-1}$$

$$20\lg|A(j\omega)|=20\lg\frac{|u_o(j\omega)|}{|u_i(j\omega)|}=20\lg\frac{A_o}{\sqrt{1+\left(\frac{\omega}{\omega_c}\right)^2}} \tag{2-8-2}$$

式中，$A_o$等于同向比例放大电路电压增益，$A_o=1+R_f/R_1$；特征角频率 $\omega_c=1/(RC)$，在这里 $\omega_c$ 是 -3dB 截止角频率 $\omega_H$。由式 (2-8-2) 画出一阶有源低通滤波电路的幅频响应，如图 2-8-2 所示，其通带到阻带的下降斜率为 -20dB/十倍频。

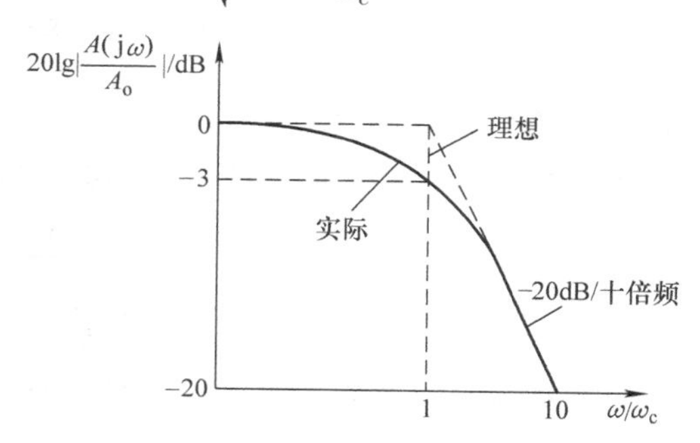

图 2-8-2　一阶有源低通滤波电路的幅频响应曲线

2. 二阶有源低通滤波器

图 2-8-3 所示为二阶有源 RC 低通滤波电路，该电路具有输入阻抗高、输出阻抗低的特点。其传递函数为

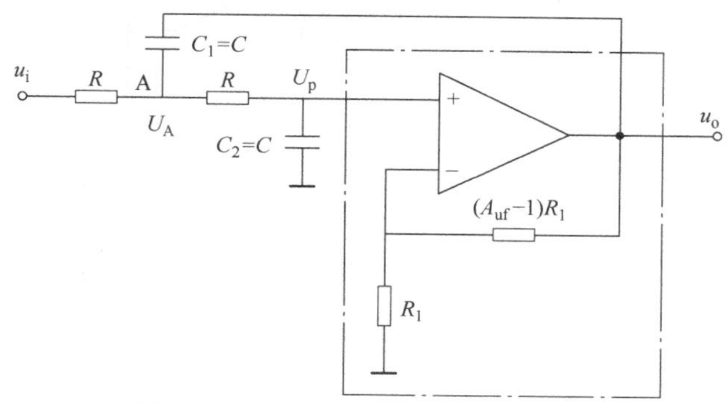

图 2-8-3　二阶有源 RC 低通滤波电路

$$A(s)=\frac{A_{uf}\omega_c^2}{s^2+\frac{\omega_c}{Q}s+\omega_c^2}=\frac{A_o\omega_c^2}{s^2+\frac{\omega_c}{Q}s+\omega_c^2} \tag{2-8-3}$$

式中，$A_o=A_{uf}=1+R_f/R_1$；等效品质因数 $Q=1/(3-A_{uf})$，由于 $Q>0$，因此 $A_{uf}<3$；特征角频率 $\omega_c=1/(RC)$。根据其幅频特性，当 $Q=0.707$ 时，$\omega_c$ 也是 3dB 截止角频率。

由式（2-8-3）可得该二阶有源低通滤波器幅频响应为

$$20\lg\left|\frac{A(j\omega)}{A_o}\right|=20\lg\frac{A_o}{\sqrt{\left[1-\left(\frac{\omega}{\omega_c}\right)^2\right]^2+\left(\frac{\omega}{\omega_c Q}\right)^2}} \tag{2-8-4}$$

由式（2-8-4）画出不同 $Q$ 值下的幅频响应，如图 2-8-4 所示。

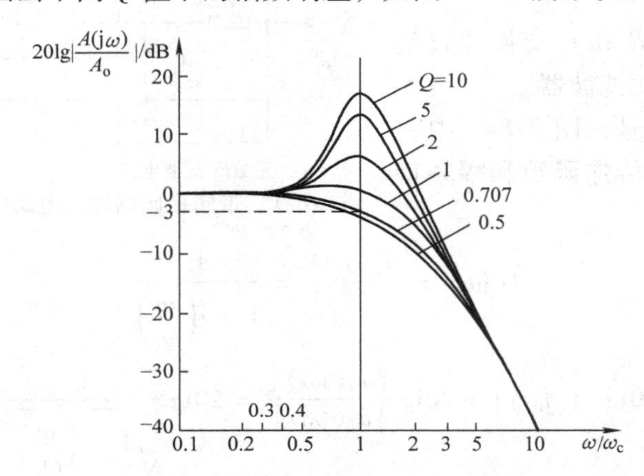


图 2-8-4　二阶有源低通滤波器幅频响应

3. 二阶有源高通滤波器

图 2-8-5 所示为二阶有源 $RC$ 高通滤波器的电路图。其传递函数为

$$A(s)=\frac{A_{uf}S^2}{s^2+\frac{\omega_c}{Q}s+\omega_c^2}=\frac{A_oS^2}{s^2+\frac{\omega_c}{Q}s+\omega_c^2} \tag{2-8-5}$$

式中，$A_o=A_{uf}=1+R_f/R_1$，$\omega_c=1/(RC)$，$Q=1/(3-A_{uf})$。

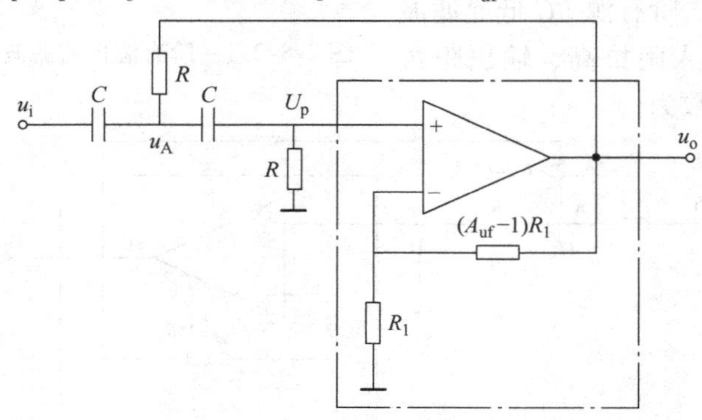


图 2-8-5　二阶有源 $RC$ 高通滤波器

4. 带通有源滤波器

构成带通有源滤波器电路的条件是低通滤波电路的截止角频率 $\omega_H$ 大于高通滤波电路的截止角频率 $\omega_L$。因此，将低通滤波电路与高通滤波电路串联就可以构成带通有源滤波器，如图 2-8-6 所示。图中左边为低通滤波器，右边为高通滤波器。

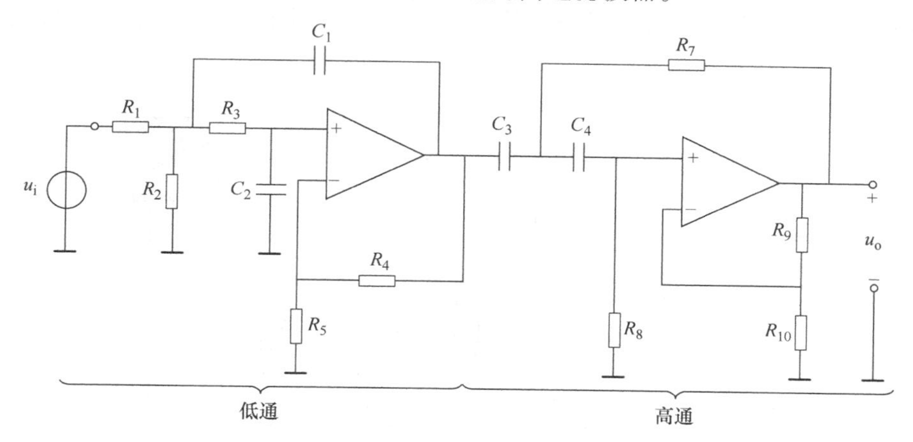


图 2-8-6　带通有源滤波器的构成示意图

## 四、滤波器参数及测试方法

滤波器的常用参数很多，除了包括常用指标中心频率（带通滤波、带阻滤波）、通带截止频率（$\omega_H$）、通带宽度、带内的增益等，还包括通带的带内波动、阻带截止频率（$\omega_R$）、过渡带宽度、阻带的带内波动和衰减速度（从 $\omega_H$ 到 $\omega_R$ 的增益下降速度，用十倍频的增益变化表示）等，如图 2-8-7 所示。这些参数都需基于频率响应曲线。

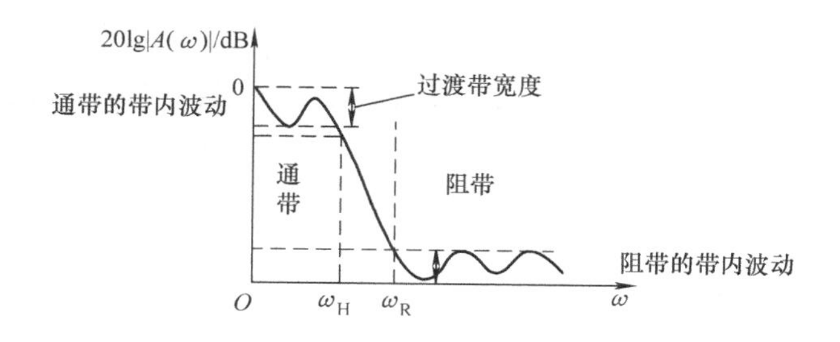


图 2-8-7　低通滤波器的指标示意图

电路的幅频特性曲线的测试方法包括扫频法和点频法。扫频法是用频谱仪通过自动连续改变输入信号频率的扫偏方式直接显示出电路的频率特性。点频法即描点法，是通过改变输入信号的频率，测量出一组在不同频率下输入电压和输出电压幅度值及相位差，计算得到电压放大倍数，将放大倍数和频率、相位和频率这两组数据描绘成幅—频及相—频平面上的一系列的点，再用平滑的曲线将这些点连接起来就得到幅频特性曲线。选取频率时，至少要包含 1/2 的截止频率、截止频率、10 倍的截止频率等频率点，以便真实地描绘特性曲线。

## 五、实验预习仿真

1. 一阶有源低通滤波仿真

用 Multisim 软件搭建基于运放 μA741 的一阶有源低通滤波器如图2-8-8 所示，在同向输入端和信号发生器之间接入由 R2 和 C1 构成的一级 *RC* 低通滤波电路，设置 $A_o = 2$，$f_c = 16\text{kHz}$。

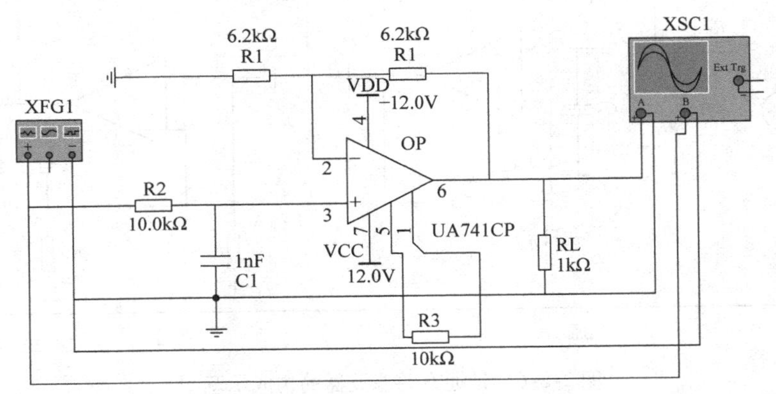


图 2-8-8　一阶有源低通滤波仿真电路

用示波器的两个通道分别观察输入频率为 40kHz 的正弦波信号和集成运放的输出，如图 2-8-9所示。

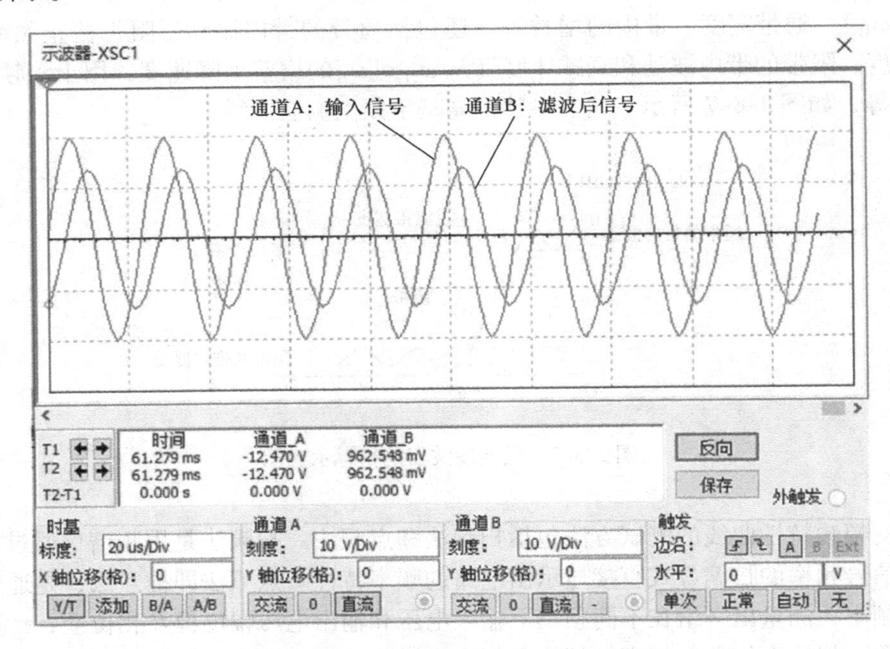


图 2-8-9　一阶有源低通滤波仿真结果

由图 2-8-9 可见，输入的正弦波通过滤波后幅度变小，并产生相位差。

进一步采用交流分析获得该滤波器的幅频特性曲线和相频特性曲线，如图 2-8-10 所示。

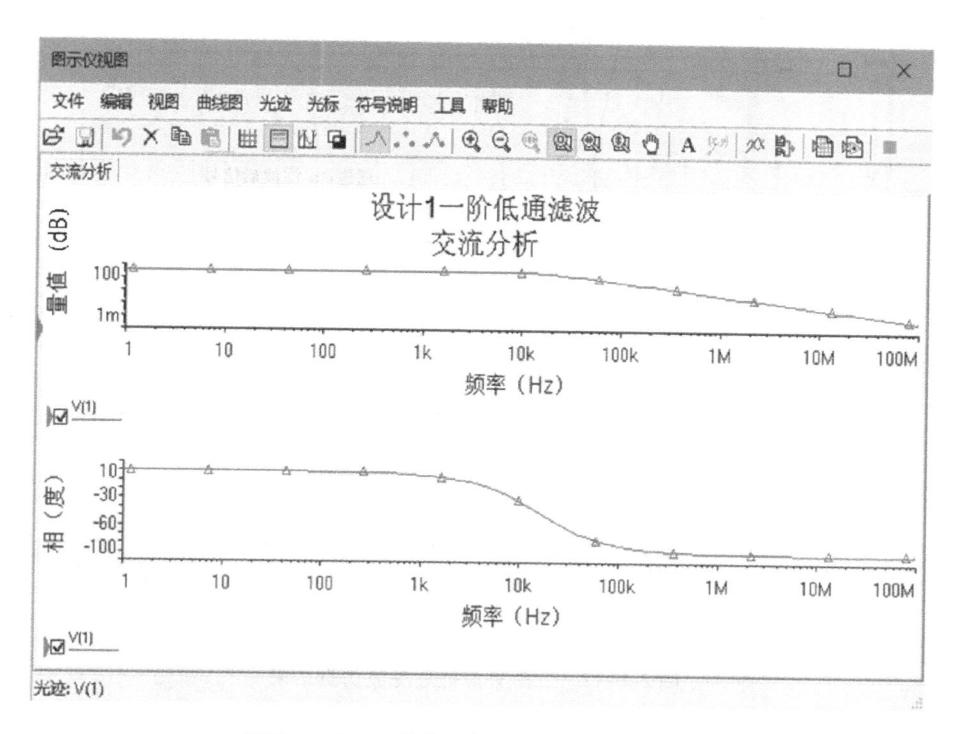


图 2-8-10　一阶有源低通滤波频率特性曲线

2. 二阶有源低通滤波仿真

根据性能要求，设计二阶有源低通滤波器并进行仿真。如图 2-8-11 所示，二阶低通滤波器由集成运放 μA741 和一个二阶 $RC$ 滤波器构成，$A_{o}=2$，$f_{c}=16\text{kHz}$。仿真时，可适当调整参数，以达到期望的滤波性能要求。

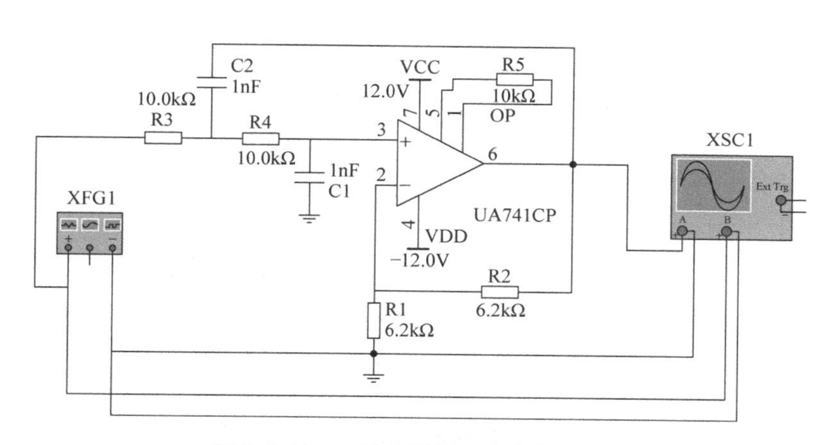


图 2-8-11　二阶有源低通滤波仿真电路

图 2-8-12 所示为输入频率为 40kHz 正弦波时，用滤波器观察的输入和输出波形。

进一步采用交流分析获得该滤波器的幅频特性曲线和相频特性曲线，如图 2-8-13 所示。

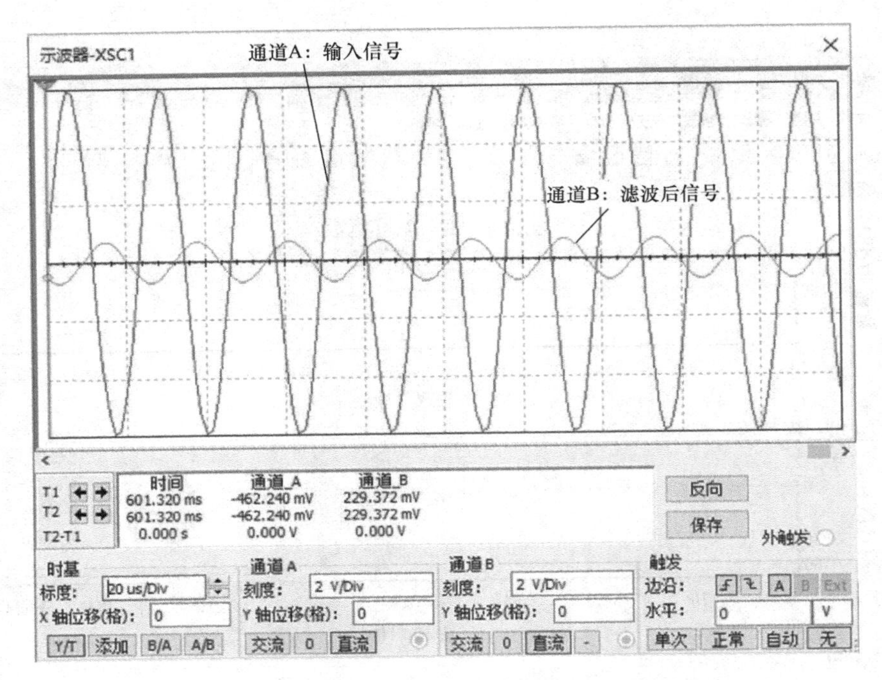


图 2-8-12　二阶有源低通滤波仿真结果

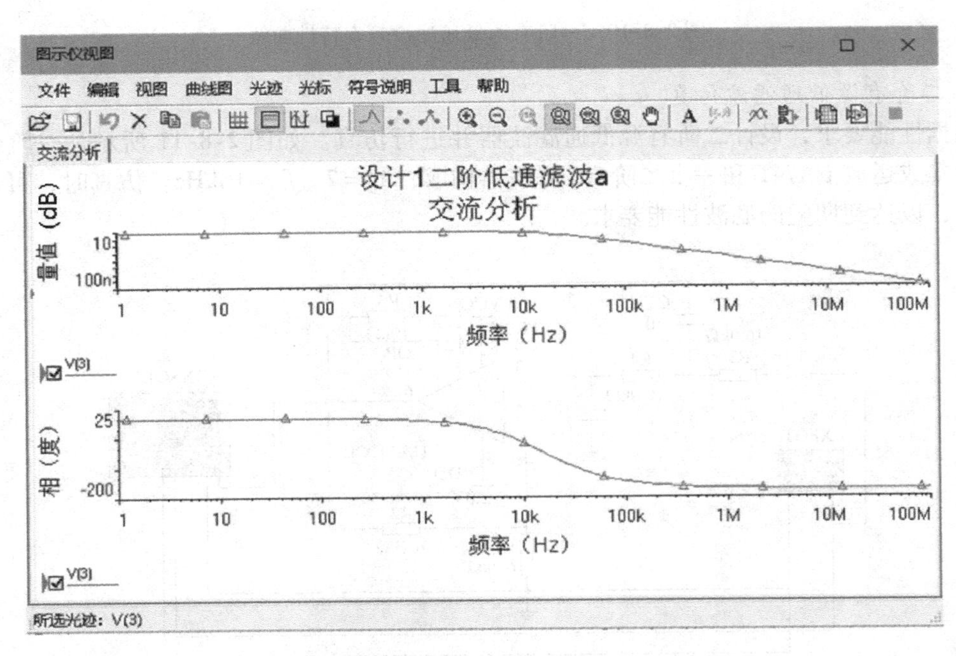


图 2-8-13　二阶有源低通滤波频率特性曲线

## 六、实验方案及内容

### 方案 1：验证性实验

1. 一阶有源低通滤波器测试

1）按图 2-8-1 搭建一个一阶有源低通滤波器，要求 $R_1 = R_f = 6.2\text{k}\Omega$，$R = 2\text{k}\Omega$，$C = 1\text{nF}$。要求输入不同频率的正弦波，峰－峰值 $U_{pp} = 3\text{V}$，测量该滤波器的幅频特性，完成频率特性测试数据表 2-8-1。

表 2-8-1

| 频率 | $0.05f_c$ | $0.1f_c$ | $0.5f_c$ | $f_c$ | $2f_c$ | $5f_c$ | $10f_c$ | $f_H$ | 十倍频程衰减 |
|---|---|---|---|---|---|---|---|---|---|
| $u_i$ | | | | | | | | — | — |
| $u_o$ | | | | | | | | — | — |
| $A(j\omega)$ | | | | | | | | | |

根据表 2-8-1 的测试数据，绘出一阶有源 $RC$ 低通滤波电路的幅频特性波特图。

2）在绘制波特图的基础上，自行选择频率测试点，获得一阶有源 $RC$ 低通滤波电路的上限截止角频率 $f_H$；测试并计算十倍频程衰减速率；结果填入表 2-8-1 中。

2. 二阶有源低通滤波器的搭建与测试

1）搭建图 2-8-3 所示二阶有源低通波电路，要求 $R = 10\text{k}\Omega$，$C = 1\text{nF}$，$R_1 = 6.2\text{k}\Omega$，取 $A_{uf} = 2$。计算 $f_c$，并输入不同频率的正弦波，峰－峰值 $U_{pp} = 3\text{V}$，测量该滤波器的幅频特性，完成频率特性测试数据表 2-8-2。

表 2-8-2

| 频率 | $0.05f_c$ | $0.1f_c$ | $0.5f_c$ | $f_c$ | $2f_c$ | $5f_c$ | $10f_c$ | $f_H$ | 通带内波动 | 十倍频程衰减 |
|---|---|---|---|---|---|---|---|---|---|---|
| $u_i$ | | | | | | | | — | — | — |
| $u_o$ | | | | | | | | — | — | — |
| $A(j\omega)$ | | | | | | | | | | |

根据表 2-8-2 的测试数据，绘出二阶有源 $RC$ 低通滤波电路的幅频特性波特图。

2）在绘制的波特图基础上，自行增加频率测试点，获得更详尽的二阶有源 $RC$ 低通滤波电路的幅频特性曲线，并参考该曲线测试获得上限截止频率 $f_H$；测得通带内波动的最大值和最小值，计算通带波动；测试并计算十倍频程衰减速率；将结果填入表 2-8-2 中。

**方案 2：设计性实验**

1. 设计任务和要求

（1）二阶高通滤波器的设计

参考图 2-8-5，设计二阶有源高通滤波器，要求参数 $A_{uf} = 2$，$f_c = 80\text{Hz}$，$R_1 = 48\text{k}\Omega$，取 $C = 0.1\mu\text{F}$，设计并计算 $R$ 值。建议集成运放采用 μA741，电源电压采用 12V。

（2）带通有源滤波器的设计

参考方案 1 中的二阶有源低通滤波器和方案 2 中的二阶有源高通滤波器，根据图 2-8-6 设计带通滤波器。参数要求：通带增益 >2，$f_L = 160\text{kHz}$，$f_H = 16\text{kHz}$，在 8Hz 衰减大于

20dB，在160kHz衰减大于20dB。设计电路，计算并选择合适的$C$值，进一步计算$R$值。建议集成运放采用μA741，电源电压采用12V。

2. 实验测试

（1）二阶高通滤波器的测试

根据图2-8-5和设计参数搭建电路，输入不同频率的正弦波，$U_{pp}=3V$，测量该滤波器的幅频特性，完成频率特性测试数据表2-8-3。

表 2-8-3

| 频率 | $0.05f_c$ | $0.1f_c$ | $0.5f_c$ | $f_c$ | $2f_c$ | $5f_c$ | $10f_c$ | $f_L$ | 通带内波动 | 十倍频程衰减 |
|---|---|---|---|---|---|---|---|---|---|---|
| $u_i$ | | | | | | | | — | — | — |
| $u_o$ | | | | | | | | — | — | — |
| $A(j\omega)$ | | | | | | | | | | |

根据表2-8-3的测试数据，绘出二阶有源高通滤波电路的幅频特性波特图。进一步，自行增加频率测试点，获得更详尽的二阶有源$RC$高通滤波电路的幅频特性曲线，并参考该曲线测试获得下限截止频率$f_L$；测得$f_L \sim 10f_L$通带内波动的最大值和最小值；计算通带波动；测试并计算十倍频程衰减速率。

（2）带通有源滤波器的测试

设计表格，自行选择频率测试点，测试该滤波器的幅频特性并绘制幅频特性波特图；参考该曲线测试获得下限截止频率$f_L$和上限截止频率$f_H$；测得$f_L \sim f_H$通带内波动的最大值和最小值，计算通带波动；测试并计算通带两侧的十倍频程衰减速率；将结果填入自制表格中。

**❖ 方案3：探究性实验**

1. 学习并掌握开关电容滤波器原理

**理论探究：**

如图2-8-14a所示一阶有源低通滤波器，其传递函数为式（2-8-6），截止频率决定于时间常数$R_fC_f$。

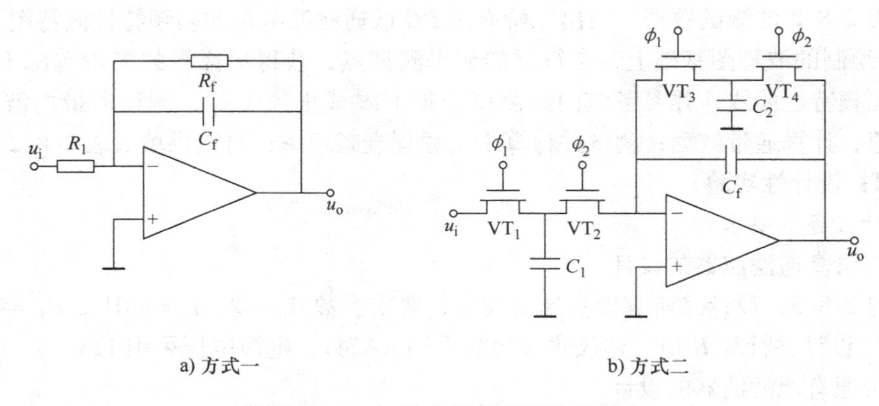


a) 方式一　　b) 方式二

图2-8-14　一阶有源低通滤波器电路

$$A(s)=\frac{u_o(s)}{u_i(s)}=-\frac{R_f}{R_1}\frac{1}{1+sR_fC_f}=\frac{A_o}{1+s/\omega_{3dB}} \tag{2-8-6}$$

其中增益为

$$A_o=-\frac{R_f}{R_1} \tag{2-8-7}$$

-3dB 截止角频率为

$$\omega_{3dB}=\frac{1}{R_fC_f} \tag{2-8-8}$$

如果用开关电容滤波器，如图 2-8-14b 所示，其传递函数仍为式（2-8-6）。比较两种方式可以看出，决定时间常数的电阻可用开关管和电容来实现，图 2-8-14b 中对应图 2-8-14a中电阻 $R_1$、$R_f$的等效电阻分别用 $R_{1eq}$、$R_{feq}$表示，其表达式为

$$R_1=R_{1eq}=\frac{T_c}{C_1} \tag{2-8-9}$$

$$R_f=R_{feq}=\frac{T_c}{C_f} \tag{2-8-10}$$

其中，$T_c$ 为开关管的控制周期。

用开关管和电容来等效电阻的原理如图 2-8-15a 所示。

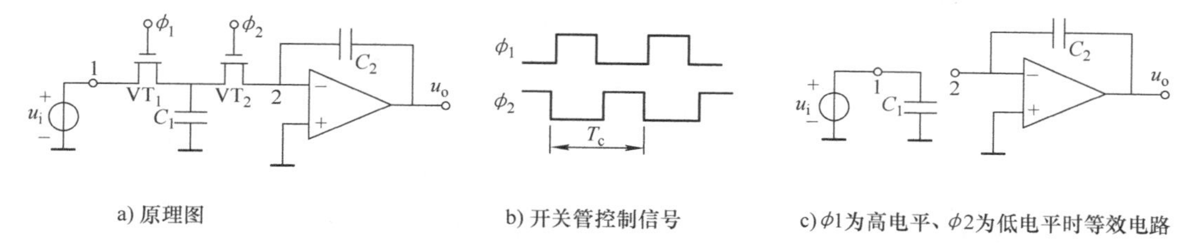


a) 原理图　　b) 开关管控制信号　　c) $\phi$1为高电平、$\phi$2为低电平时等效电路

图 2-8-15　用开关电容滤波器等效电阻的原理

图 2-8-15b 为采用场效应晶体管所加控制信号，互为反向。当 $\phi_1$ 为高电平时，等效电路如图 2-8-15c 所示，$VT_1$ 导通，$VT_2$ 截止，$C_1$ 被充电，电容充电电荷为 $Q_{C1}=C_1u_i$；当 $\phi_2$ 为高电平时，$VT_1$ 截止，$VT_2$ 导通，$C_1$ 所充电荷向 $C_2$ 转移。在每一时钟周期 $T_c$ 内，从信号源中提取的电荷 $Q_{C1}$供给积分电容器 $C_2$。因此，在节点 1、2 之间流过的平均电流为

$$i_{av}=\frac{Q_{C1}}{T_c}=\frac{C_1u_i}{T_c} \tag{2-8-11}$$

当开关控制信号周期 $T_c$ 远小于信号周期时，可在两节点之间定义一个等效电阻 $R_{eq}$为

$$R_{eq}=\frac{u_i}{i_{av}}=\frac{T_cu_i}{C_1u_i}=\frac{T_c}{C_1} \tag{2-8-12}$$

由式（2-8-12）看出，开关电容滤波器的时间常数取决于控制开关管的时钟周期和电容比值。电容滤波器由 MOS 开关电容和运放组成。

2. 读懂集成滤波器芯片 MF10-N 数据手册及使用方法

开关电容集成滤波器 MF10-N 是一种通用型开关电容滤波器集成电路，依外部接法不同，可实现低通、高通、带通、带阻和全通等滤波特性。MF10-N 由 2 个独立且极易使用的通用 CMOS 有源滤波器组成。每个模块连同一个外部时钟和 3～4 个电阻，可以产生各种

二阶功能。每个模块有 3 个输出引脚，其中一个输出引脚可以配置为执行全通、高通或陷波功能；其余 2 个输出引脚执行低通和带通功能。低通和带通二阶函数的中心频率可以直接依赖于时钟频率，也可以同时依赖于时钟频率和外部电阻比。陷波和全通函数的中心频率直接取决于时钟频率，而高通中心频率则取决于电阻比和时钟。通过将 MF10－N 的两个二阶模块级联，可以组成四阶或高于四阶的滤波器；通过级联 MF10－N 还可以获得高于四阶的滤波器，形成任何经典的滤波器结构（如巴特沃斯、贝塞尔、考尔和切比雪夫）。集成滤波器 MF10－N 芯片内部框图及其引脚如图 2-8-16 所示。

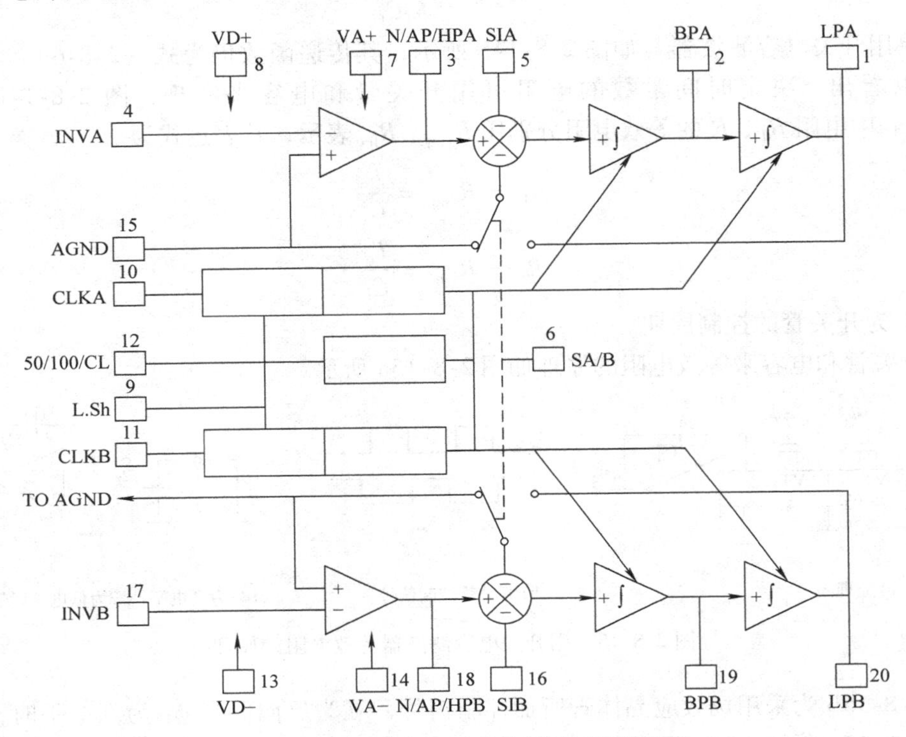


图 2-8-16　MF10－N 芯片内部框图及引脚图

开关电容集成滤波器 INVA 无须外接决定滤波频率的电阻和电容，其滤波频率仅由输入时钟 $f_{clk}$ 决定，通常时钟频率 $f_{clk}$ 应高于信号频率的 50 倍或 100 倍。根据图 2-8-16，引脚 4、17 为内部运放反相输入端（INVA、INVB）；引脚 5、16 为求和输入端（SIA、SIB）；引脚 1、20 为低通输出端（LPA、LPB）；引脚 2、19 为带通输出端（BPA、BPB）；引脚 3、18 为带阻/全通/高通输出端（N/AP/HPA、N/AP/HPB）；引脚 10、11 为时钟输入端（CLKA、CLKB）；引脚 12 用于设定时钟频率 $f_{clk}$ 与滤波器的频率 $f_0$ 的比值。当引脚 12 接高电平时，$50=\frac{f_{clk}}{f_0}$，则 $f_0=\frac{f_{clk}}{50}$；接地时，$100=\frac{f_{clk}}{f_0}$，则 $f_0=\frac{f_{clk}}{100}$；只要在时钟输入端 CLKA（CLKB）控制输入的时钟频率，就可以改变滤波频率，这样就可以实现滤波频率的数字控制。滤波器的品质因数 $Q$ 通过外接电阻设定。

**理论探究：**

1）请根据该芯片的数据手册，完成二阶低通滤波器、二阶高通滤波器、二阶带通滤波器及二阶带阻滤波器引脚连接方案及参数计算（截止频率、带宽、增益及 $Q$ 值）。

2）利用施密特触发器设计时钟信号发生器，时钟频率为 100kHz。

**实验探究：**

开关电容滤波器实验电路如图 2-8-17 所示。J1、J2、J3 和 J4 为转接插座，切换短路帽分别接成低通、高通、带通、带阻、全通滤波器。

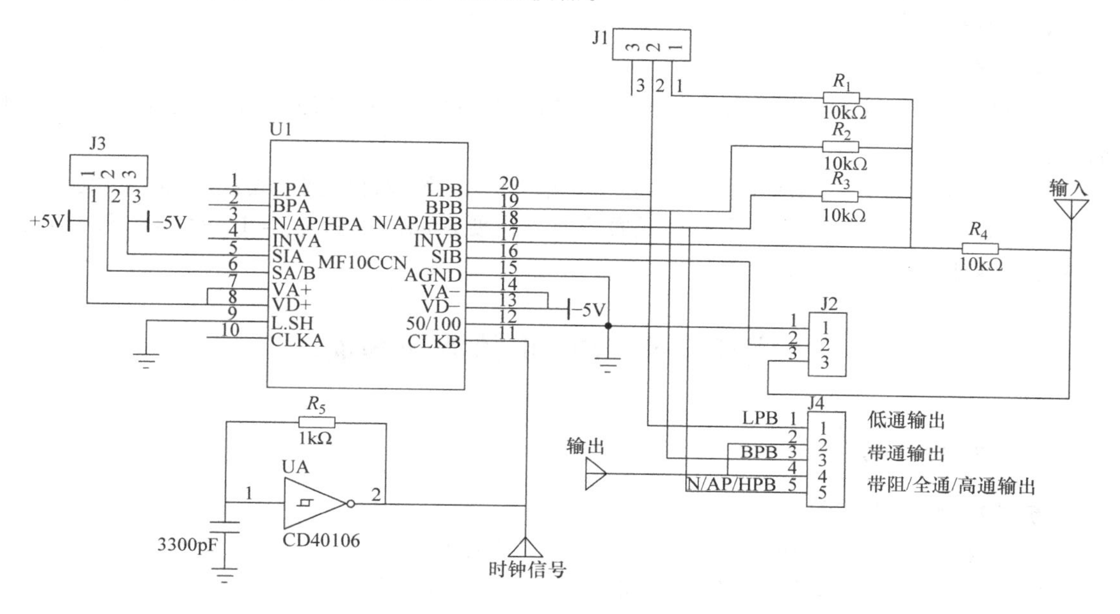


图 2-8-17　开关电容滤波器实验电路

1）接入 ±5V 直流电源。直流电源正负极切忌接反，否则会烧坏集成芯片。

2）将设计的时钟信号接入示波器，观察时钟信号的波形，记录波形的频率及幅值。

3）调节信号发生器，使之输出正弦信号，接入输入端，输出端接示波器，按照前面“电路说明”部分，通过切换短路帽分别接成低通、高通、带通、带阻、全通滤波器，用示波器观察输入信号与输出信号，改变输入信号的频率，记录输出信号的幅度及相位随输入信号频率变化的情况。

## 七、思考题

1）一阶和二阶低通滤波器的区别是什么？

2）分析用低通和高通滤波器构成带通滤波器时要注意哪些事项？

## 八、实验报告要求

**方案 1：**

1）按要求填写各实验表格，整理实验数据，并画出必要的波形。

2）将实验结果与理论计算值相比较，分析产生误差的原因。

3）完成实验报告。

**方案2：**

1）写出电路设计理论依据及参数计算过程。

2）电路设计仿真，验证设计正确性及性能参数满足要求。

3）按要求设计并填写各实验表格，整理实验数据，并画出必要的波形。

4）将实验结果与理论计算值相比较，分析产生误差的原因。

5）完成实验报告。

**❖ 方案3：**

1）整理实验数据，绘制上述几种滤波器的滤波特性曲线；按照实验小论文格式完成实验报告。

2）在小论文中回答用集成开关电容滤波器 MF10 – N 设计滤波器需注意哪些问题。

3）试用 MF10 – N 设计一个四阶低通滤波器，要求品质因数 $Q_1=1$、$Q_2=0.5$，其截止频率 $f_0=2\text{kHz}$，试画出其原理图。

# 实验2.9　*RC* 正弦波振荡器

## 一、实验目的

**方案1　验证性实验：**

1）了解 *RC* 串并联选频网络的频率特性及工作原理。

2）掌握晶体管构成文氏电桥振荡器的静态调试及动态测试。

**方案2　设计性实验：**

1）熟悉集成运放构成文氏电桥正弦波振荡器的电路结构及指标计算。

2）掌握文氏电桥正弦波振荡器的设计、制作与测量方法。

3）了解热敏电阻、稳压二极管及场效应晶体管在振荡电路中稳幅的应用。

**❖ 方案3　探究性实验：**

1）掌握构成正弦波发生器的必要条件：电路组成及其作用。

2）学会推导环路增益，并根据相位平衡条件推导振荡频率，根据幅值平衡条件推导增益，通过学习相关器件参数的边界条件学会选择器件。

3）若该电路不具备自稳幅功能，请给出稳幅措施。

## 二、实验设备与元器件

方案1：模拟电路实验箱，函数信号发生器，示波器，数字万用表，晶体管 3DG12 或 9013，电位器，电阻、电容若干。

方案2：模拟电路实验箱，函数信号发生器，示波器，数字万用表，集成芯片 μA741，二极管，热敏电阻，稳压管，电位器，电阻、电容若干。

❖ 方案3：稳压电源，示波器，面包板，运算放大器 TLV2474，电阻、电容若干。

## 三、实验原理

正弦波振荡电路是指在电源接通时，没有外加输入信号的情况下，会在电路中激起一个微小的扰动信号，依靠电路的正反馈及频率选择电路持续产生一定频率和幅值的正弦波交流信号。振荡器电路产生振荡必须满足两个条件：①相位平衡条件，意味着反馈电路必须是正反馈，即 $\phi_A+\phi_F=2n\pi$；②振幅平衡条件，表明要产生振荡，还必须有足够的反馈量，即 $AF=1$。

振荡器电路是由负反馈放大电路、正反馈、选频网络和稳幅环节三部分组成。放大电路能对振荡器输入端所加信号予以放大；正反馈选频网络必须保证向输入端提供的反馈信号与输入信号相位相同；稳幅环节：当输出信号增加到一定程度时，就要限制它继续增加，否则会引起波形非线性失真，因此在电路中引入负反馈，不仅可以提高放大倍数的稳定性，还可以改善振荡电路的输出波形。

若振荡电路的选频网络用 $R$、$C$ 元件组成，则称为 $RC$ 振荡器，一般用来产生 1Hz ~ 1MHz 范围内的频率较低的输出信号；若用 $L$、$C$ 元件组成选频网络的振荡电路，则称为 $LC$ 振荡器，一般用来产生 1MHz 以上的频率较高的输出信号；而石英晶体振荡器能产生非常稳定的固有频率。因此在低频段一般采用 $RC$ 振荡器，常用的有 $RC$ 移相振荡器和 $RC$ 串并联（文氏电桥）振荡器。

$RC$ 串并联正弦波振荡器，是由集成运算放大器 A 与 $R_f$、$R_p$ 负反馈网络构成的放大电路和具有选频功能的 $RC$ 串并联网络组成。$R_1C_1$ 和 $R_2C_2$ 支路是正反馈网络，由于 $R_1C_1$、$R_2C_2$ 和 $R_f$、$R_p$ 刚好构成输出端和地两个顶点之间的两个臂，也称为 $RC$ 文氏电桥。$RC$ 串并联正弦波振荡器常用作产生频率较低、频率范围较宽、波形较好的正弦波。其电路结构如图 2-9-1 所示。

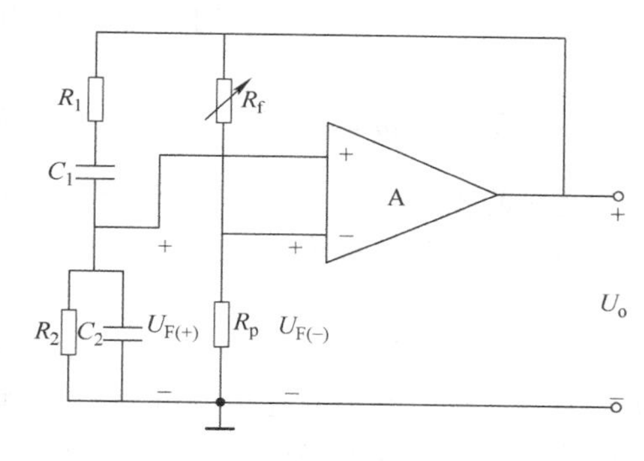


图 2-9-1　$RC$ 文氏电桥振荡电路

1. $RC$ 串并联选频网络的选频特性

对于 $RC$ 文氏电桥振荡电路，一般取 $R_1=R_2=R$，$C_1=C_2=C$。选频特性为

$$\dot{F}_{(+)}=\frac{\dot{U}_f}{\dot{U}_o}=\frac{R//\frac{1}{j\omega C}}{R+\frac{1}{j\omega C}+R//\frac{1}{j\omega C}} \tag{2-9-1}$$

整理可得

$$\dot{F}_{(+)}=\frac{1}{3+j\left(\omega RC-\frac{1}{\omega RC}\right)} \tag{2-9-2}$$

令 $\omega_0=\frac{1}{RC}$为 $RC$ 串并联网络的特征角频率。

幅频特性为

$$|\dot{F}_{(+)}|=\frac{1}{\sqrt{9+\left(\frac{\omega}{\omega_0}-\frac{\omega_0}{\omega}\right)^2}} \tag{2-9-3}$$

相频特性为

$$\varphi_F = -\arctan\frac{1}{3}\left(\frac{\omega}{\omega_0}-\frac{\omega_0}{\omega}\right) \tag{2-9-4}$$

当 $\omega=\omega_0$ 时，$|\dot{F}_{(+)}|=\frac{1}{3}$，即 $|\dot{U}_f|=\frac{1}{3}|\dot{U}_o|$，$\varphi_F=0°$。

因此，*RC* 文氏电桥振荡电路正反馈网络传递函数的幅频特性曲线和相频特性曲线如图2-9-2所示。

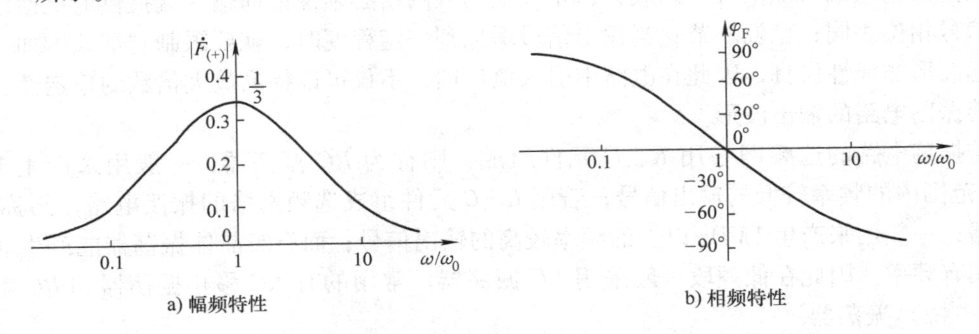


图2-9-2　*RC* 串并联网络的频率响应

由图可见，在 $\omega=\omega_0$ 处，正反馈支路幅频特性的幅值最大，即 $|\dot{F}_{(+)}|=\frac{1}{3}$，与 $\omega_0$ 大小无关，此时的相移为 $\varphi_F=0°$，即文氏电桥振荡电路只有在 $\omega_0$ 这一角频率下传输系数最大，且相移为零，振荡频率为

$$f_0=\frac{\omega_0}{2\pi}=\frac{1}{2\pi RC} \tag{2-9-5}$$

也就是说，文氏电路只有在单一频率 $f_0$ 时才能产生正弦振荡，在 $f_0$ 以外，由于文氏电桥的附加相移不能满足起振条件而停振。若同步改变 $R_1$、$R_2$（或 $C_1$、$C_2$）的值，即可得到频率范围较宽的正弦波。

2. 振荡的建立和起振条件

*RC* 文氏电桥振荡电路在接通电源时，电量的波动和噪声都会在电路中激起一个微小的扰动信号，这些扰动信号包含许多不同频率的分量。为了保证这种微弱的信号振荡，通过正反馈及选频网络选择某一特定频率 $f_0$，若满足振荡要求的幅频和相频条件，那么该振荡电路就能产生频率为 $f_0$ 的正弦波信号。因此，为了使输出量能够从小到大直至稳定在一定幅值，该电路必须满足的起振条件为

$$|\dot{A}\dot{F}|>1 \tag{2-9-6}$$

式（2-9-6）为起振的幅值条件。频率为 $f_0$ 的扰动信号通过放大、输出、反馈的反复循环，逐渐由小变大，$f_0$ 以外的其他频率信号因为不满足相位平衡条件而逐渐衰减下去。振荡电路起振后，输出量将随时间逐渐增大，这种增大不是无限的。由于电路中放大电路动态范围的限制，要使电压放大倍数随振荡幅度的增大而自动减小，最后使 $|\dot{A}\dot{F}|=1$，振荡电路的输出稳定在一定幅值。从 $|\dot{A}\dot{F}|>1$ 自动变为 $|\dot{A}\dot{F}|=1$ 的过程，就是振荡电路的建立与稳定过程。

根据起振条件 $|\dot{A}\dot{F}|>1$，*RC* 文氏电桥电路在谐振时，由于 $|\dot{F}_{(+)}|=\frac{1}{3}$，则要求运算放

大电路的电压放大倍数 $A \geqslant 3$。由图 2-9-1 可知，$RC$ 串并联网络的反馈信号 $\dot{U}_{F(+)}$ 加在运算放大器的同相输入端，而运算放大器的电压放大倍数 $A$ 则由 $R_f$ 和 $R_p$ 确定，其放大倍数为

$$A = 1 + \frac{R_f}{R_p} \geqslant 3 \tag{2-9-7}$$

如果 $|\dot{A}\dot{F}| < 1$，振荡幅度不断减小，最后导致停振；如果 $|\dot{A}\dot{F}| > 1$，则振荡电路增幅振荡。在实验中，可以通过选择电阻 $R_p$ 或 $R_f$ 的阻值来决定运算放大器放大倍数 $A$ 的大小，使集成运放的放大倍数满足起振条件。

3. *RC* 文氏电桥振荡器的稳幅

要使振荡电路由 $|\dot{A}\dot{F}| > 1$ 自动变为 $|\dot{A}\dot{F}| = 1$，必须要在起振后能自动地改变运算放大器的放大倍数，因此可以在负反馈支路中引入温度敏感元件，使负反馈的大小随振荡输出幅度的大小而自动改变放大电路的放大倍数，从而达到稳幅的目的。

通常，$RC$ 文氏电桥电路通过引入热敏电阻 $R_f$ 来调节电压放大倍数 $A$，$R_f$ 是具有负温度系数的热敏电阻，起振前其阻值较大，使 $A > 3$。当起振后，流过 $R_f$ 的电流加大，使得 $R_f$ 的温度升高而阻值减小，负反馈 $F_{(-)}$ 增强以控制输出量幅度，从而达到稳定振荡幅值的目的。

除了上述之外，还可以在负反馈支路中加入非线性器件，如稳压二极管，主要利用稳压二极管动态电阻的非线性来实现稳幅。如果输出电压 $U_o$ 增大，流经稳压二极管的电流增大，则稳压二极管的动态电阻减小；如果输出电压 $U_o$ 减小，流经稳压二极管的电流减小，则稳压二极管的动态电阻增大。$|\dot{F}_{(-)}|$ 会随着输出电压 $U_o$ 的变化而变化，改变负反馈的强弱，从而自动改变放大器的增益，直到 $|\dot{A}\dot{F}| = 1$，电路进入稳幅振荡状态，从而使输出电压趋于稳定。

如图 2-9-3a、b 所示分别为稳压二极管的 $U_z - I_z$ 和 $R_z - I_z$ 特性曲线。除此以外，还可以利用场效应晶体管作为可变电阻来实现稳幅，由于场效应晶体管工作在可变电阻区，电阻随栅源电压 $U_{GS}$ 变化非常灵敏，故场效应晶体管的稳幅性能较热敏电阻更优。

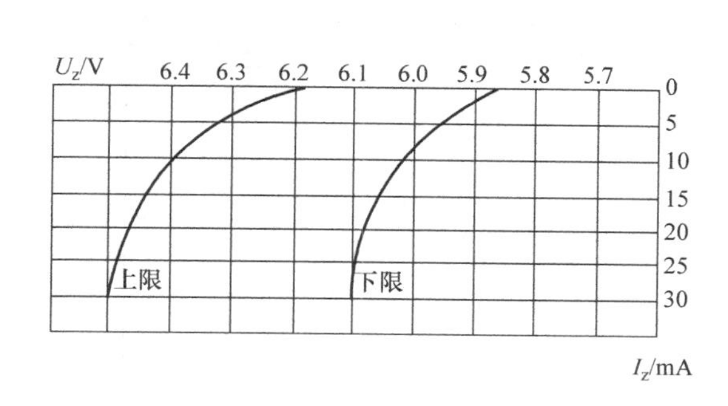


a) 稳压二极管的 $U_z$–$I_z$ 特性曲线

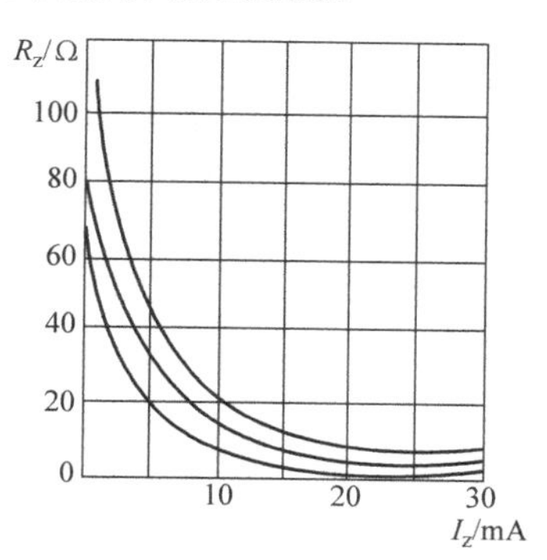


b) 稳压二极管的 $R_z$–$I_z$ 特性曲线

图 2-9-3　稳压二极管特性

## 四、实验预习仿真

1）复习模拟电子技术教材有关 *RC* 振荡器的结构与工作原理。

2）若选方案 1：计算所给电路的振荡频率。

3）若选方案2：熟悉集成运算放大器的应用，根据设计要求选择元器件，计算电路起振、正常振荡及停振的负反馈电阻的阻值，分析负反馈支路引入非线性元件的作用。

4）若选方案3：分析所给电路的工作原理，计算理论振荡频率、起振和平衡条件。

采用Multisim软件仿真的*RC*振荡电路如图2-9-4所示，改变图中电阻Rw大小，观察输出波形。当Rw调节至某一临界值$Rw_0$时，可观察到等幅振荡波形，如图2-9-5所示；继续调整Rw，当$Rw < Rw_0$时，输出波形逐渐衰减，直至停振，如图2-9-6所示；继续调整Rw，当$Rw > Rw_0$时，输出波形增幅振荡，直至饱和失真，如图2-9-7所示。

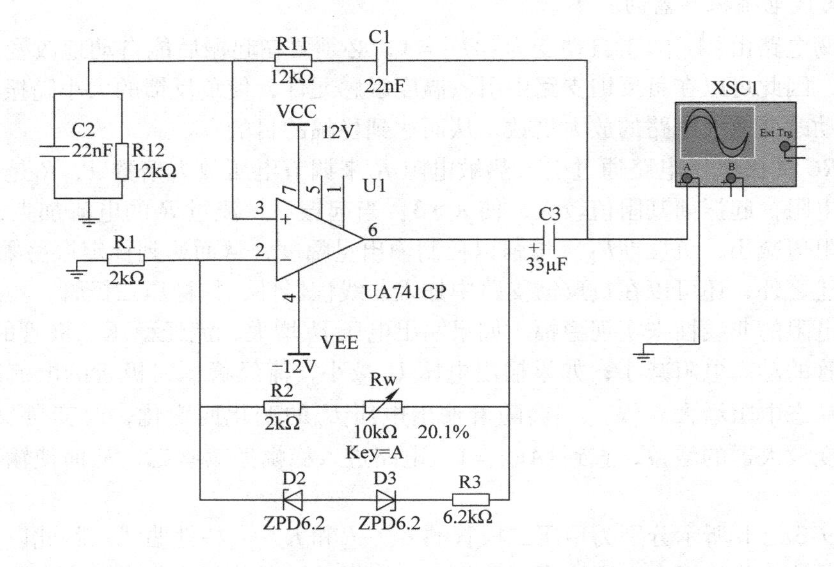


图2-9-4　运算放大器组成的*RC*桥式正弦波仿真振荡电路

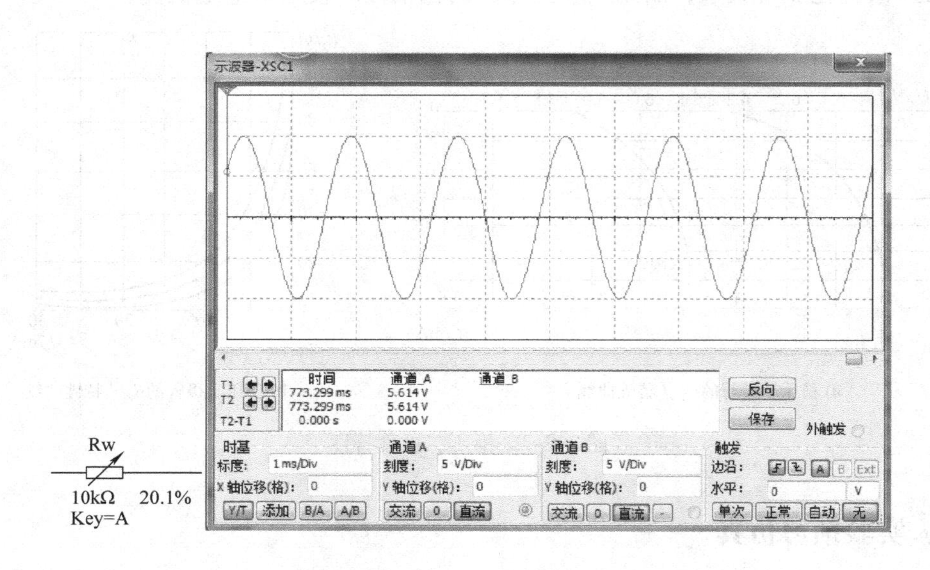


图2-9-5　$Rw = Rw_0$时的输出波形

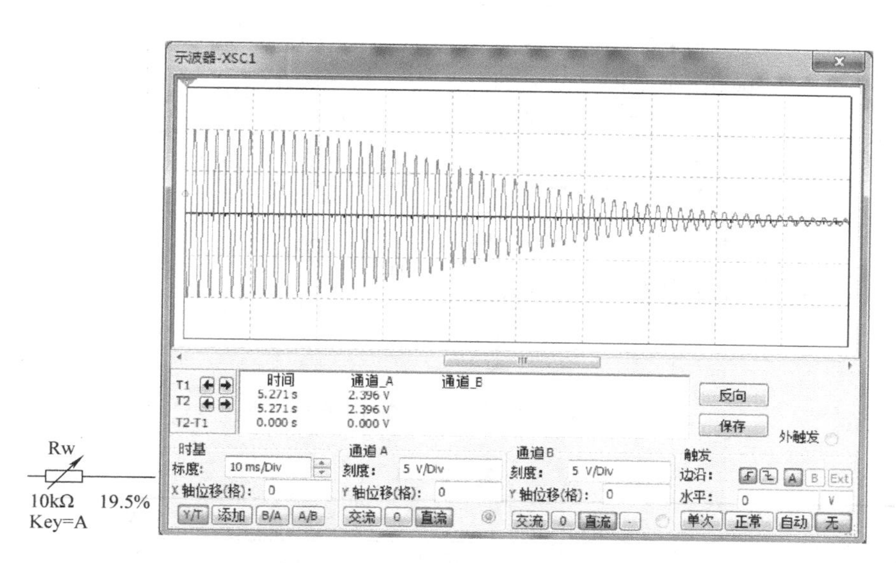


图 2-9-6 Rw < $Rw_0$ 时的输出波形

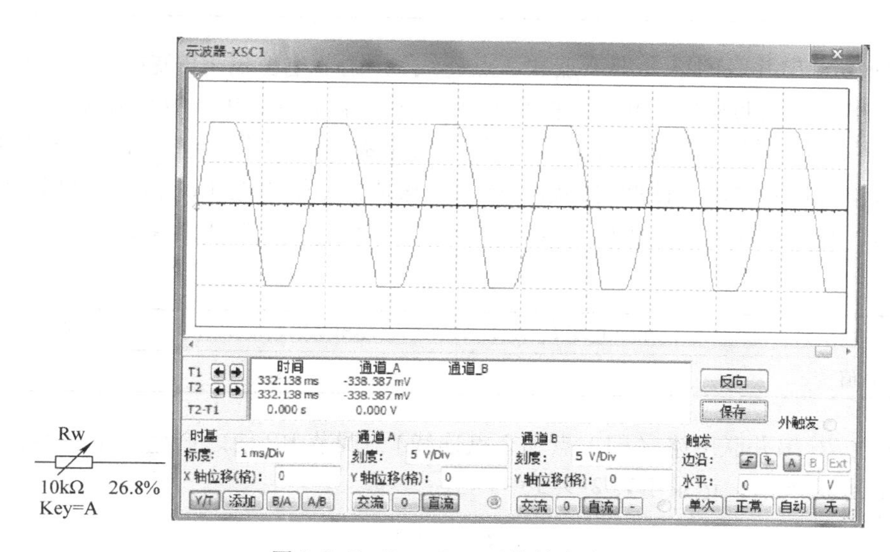


图 2-9-7 Rw > $Rw_0$ 时的输出波形

## 五、实验方案及内容

### 方案 1：验证性实验

1. 晶体管 *RC* 串并联选频网络振荡器

实验电路如图 2-9-8 所示，其中 $U_{CC}$ = +12V。

1）断开 *RC* 串并联网络（即 1 点和 2 点不连线），输入信号为零，测量放大电路中晶体管 $VT_1$、$VT_2$静态工作点电压 $U_E$、$U_B$、$U_C$，记录在表 2-9-1 中。

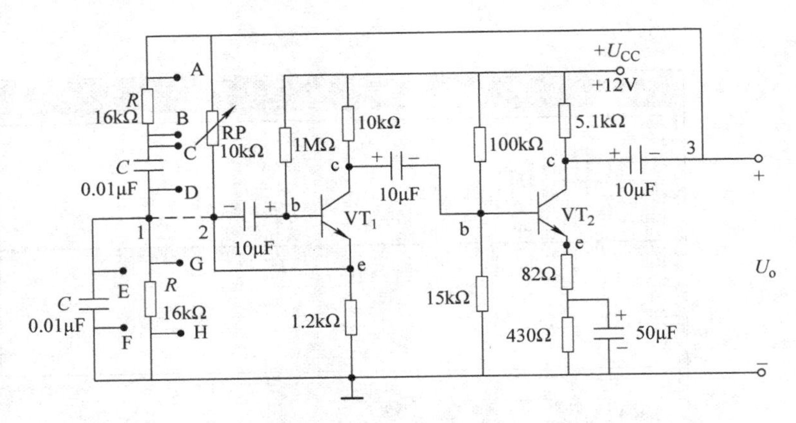


图 2-9-8　*RC* 串并联选频网络振荡电路

表　2-9-1

| 器件 | $VT_1$ | | | $VT_2$ | | |
|---|---|---|---|---|---|---|
| 测试点 | $U_E$/V | $U_B$/V | $U_C$/V | $U_E$/V | $U_B$/V | $U_C$/V |
| 测量值 | | | | | | |

2）接通 *RC* 串并联网络（即 1 点和 2 点连线），调节电位器 RP 使电路产生振荡，用示波器观察输出波形无明显失真并测量振荡频率 $f_0$（记录于表 2-9-3 中）及输出电压 $U_o$。断开 *RC* 串并联网络，保持 RP 不变，将函数信号发生器输出频率 $f=f_0$ 的正弦信号接至 2 点，并适当调节输入信号幅度，使此时的输出电压与振荡器原输出电压 $\dot{U}_o$ 相等，测量放大器 2 点的输入电压 $\dot{U}_i$ 及 3 点的输出电压 $\dot{U}_o$，并计算其放大倍数，记录于表 2-9-2 中。

表　2-9-2

| 测试内容 | 输入电压 $\dot{U}_i$ | 输出电压 $\dot{U}_o$ | 放大倍数 |
|---|---|---|---|
| 测量值 | | | |

3）接通 *RC* 串并联网络（即 1 点和 2 点连线），调节 RP 使之产生正常振荡，用示波器观察输出电压 $u_o$ 波形，记录于表 2-9-3 中。

表　2-9-3

| 频率 | $f_0$ | $f_1$（*R* 改变） | $f_2$（*C* 改变） |
|---|---|---|---|
| 测量值 | | | |
| 计算值 | | | |
| 波形 | $u_o(t)$ — $t$ | $u_o(t)$ — $t$ | $u_o(t)$ — $t$ |

4）计算 *RC* 串并联振荡器的振荡频率，记录于表 2-9-3 中，并与测量值进行比较。

5）改变电阻 *R* 值（即 A 点和 B 点、G 点和 H 点各并联一个电阻 *R*），观察振荡频率的变化情况，并记录于表2-9-3中。

6）改变电容 $C$ 值，即C点和D点、E点和F点各并联一个电容C，观察振荡频率的变化情况，并记录于表2-9-3中。

2. *RC* 串并联网络幅频特性的观察

将 *RC* 串并联网络与放大器断开，函数信号发生器输出 $f=1\text{kHz}$ 的正弦信号接至 *RC* 串并联网络的3点和地，保持输入信号的电压有效值 $U_i=3\text{V}$ 不变，只改变输入信号频率，*RC* 串并联网络输出电压幅度将随频率而变化。当输入信号达到某一频率时，*RC* 串并联网络的输出信号电压有效值 $U_o=1\text{V}$ 左右，且输入、输出信号相位相同，此时信号源频率为

$$f \approx f_0 = \frac{1}{2\pi RC} \tag{2-9-8}$$

采用三点法测试 *RC* 串并联网络幅频特性，将结果记入表2-9-4中。

表 2-9-4

| $f$/Hz | $f_0$ | $f_L$ | $f_H$ |
|---|---|---|---|
| $U_{oL}$/V | | | |

**方案2：设计性实验**

1. 设计任务

设计一个振荡频率为 $f_0=1.0\text{kHz}$、输出交流电压为6V的 *RC* 文氏电桥正弦波振荡电路，而且要求振荡频率和输出电压在一定范围内可调。

2. 设计要求

放大电路可采用集成运算放大器μA741，在 *RC* 选频网络中若选择 $C=22\text{nF}$ 的电容，根据设计要求，自行选择元器件，计算并确定元器件参数，说明其振荡原理。

3. 实验测试

（1）搭建自己设计的电路

首先检查集成运算放大器μA741正负电源连接是否正确，连线时注意电解电容的极性。然后开启电源开关，用数字万用表测量正常振荡状态与静态（停振）时，μA741各引脚的工作电压，记入表2-9-5中。

表 2-9-5

| 测试点 | μA741 | | | | | | | |
|---|---|---|---|---|---|---|---|---|
| | 1 | 2 | 3 | 4 | 5 | 6 | 7 | 8 |
| 正常振荡状态（交流） | | | | | | | | |
| 静态（直流） | | | | | | | | |

（2）测量振荡电路正反馈网络的反馈系数和放大倍数

1）测量 $U_{F(+)}$、$f_0$ 和 $U_o$。调节负反馈电位器使电路产生振荡，用示波器观察输出波形。当输出电压波形达到最大且无明显失真时，用数字万用表测量输出电压 $U_o$ 及正反馈电压 $U_{F(+)}$，记入表2-9-6中，再用示波器观察并画出 $U_{F(+)}$ 和 $U_o$ 的波形，测量此时振荡波形的频率 $f_0$，并记于表2-9-6中。

表 2-9-6

| 测试内容 | $U_o$ | $U_{F(+)}$ | $F_{(+)}=\frac{U_{F(+)}}{U_o}$ | $f_0$ |
| --- | --- | --- | --- | --- |
| 正常振荡 | | | | |

2）测量放大倍数。断开正反馈网络，将函数信号发生器输出端接集成芯片 μA741 的引脚 3，调节信号发生器使输出信号频率 $f$ 与振荡频率 $f_0$ 相同，用数字万用表测量输出电压。适当调整输入信号幅度，使输出电压与振荡器原输出电压 $U_o$ 相等，再用数字万用表测量此时的电压 $U_i$ 和 $U_o$ 的值，并计算 $A_{uf}$ 的值，记入表 2-9-7 中。用示波器观察并画出输入、输出信号波形。

表 2-9-7

| 测试内容 | $U_o$ | $U_i$ | $A_{uf}$ | $\lvert\dot{A}_{uf}\dot{F}_{(+)}\rvert$ |
| --- | --- | --- | --- | --- |
| 正弦波振荡 | | | | |

（3）测量明显失真时的放大倍数

1）接入正反馈网络，调节电位器使振荡电路输出产生比较明显的失真。

2）断开正反馈网络，将函数信号发生器输出端接于集成芯片 μA741 的引脚 3，信号源频率不变，适当改变信号源幅度，用示波器观察波形，使输出达到最大不失真，用数字万用表测量此时的 $U_o$ 及 $U_i$，并计算 $A_{uf}$，记入表 2-9-8 中。

表 2-9-8

| 测试内容 | $U_o$ | $U_i$ | $A_{uf}$ | $\lvert\dot{A}_{uf}\dot{F}_{(+)}\rvert$ |
| --- | --- | --- | --- | --- |
| 正弦波振荡 | | | | |

（4）测量停振时的放大倍数

1）接入正反馈网络，调节电位器使电路停振。

2）断开正反馈网络，将低频信号发生器输出端接于集成芯片 μA741 的引脚 3，信号源频率不变，适当改变信号源幅度，用示波器观察波形，使输出达到最大不失真，用数字万用表测量此时的 $U_o$ 及 $U_i$，并计算 $A_{uf}$，记入表 2-9-9 中。

表 2-9-9

| 测试内容 | $U_o$ | $U_i$ | $A_{uf}$ | $\lvert\dot{A}_{uf}\dot{F}_{(+)}\rvert$ |
| --- | --- | --- | --- | --- |
| 正弦波振荡 | | | | |

（5）测量振荡频率和失真度

1）调节电位器，使振荡器输出幅度最大、失真最小，用示波器或频率计测量振荡频率，与理论计算值比较，计算相对误差 α，并记入表 2-9-10 中。

表 2-9-10

| 测试内容 | $R$ | | $C/\mu F$ | | $f_1$ | $f_2$ | $f$ | α |
| --- | --- | --- | --- | --- | --- | --- | --- | --- |
| | 标称值 | 实测值 | 标称值 | 实测值 | 频率计测 | 示波器 | 计算值 | 误差 |
| 数据 | | | | | | | | |

2）在设计的电路中，如果串并联网络中电容 $C$ 的值不变，改变串并联网络中电阻的大小，从而改变振动频率 $f_0$。分别测量 3 组不同频率时相应的振荡电路输出电压 $U_o$ 及频率 $f_0$，将测量结果填入表 2-9-11 中，并将频率测量值与理论值相比较，分析产生误差的原因。

**表 2-9-11**

| $R$ | 1 组 | | | 2 组 | | | 3 组 | | |
|---|---|---|---|---|---|---|---|---|---|
| 测试内 | $f_{01}$ | | $U_o$ | $f_{02}$ | | $U_o$ | $f_{03}$ | | $U_o$ |
| | 计算值 | 测量值 | | 计算值 | 测量值 | | 计算值 | 测量值 | |
| 数据 | | | | | | | | | |

（6）测量 $RC$ 串并联网络的幅频特性曲线

将振荡频率为 $f_0=1.5\text{kHz}$ 的选频网络与集成运算放大器断开，把函数信号发生器接至 $RC$ 串并联网络的输入端，示波器接 $RC$ 串并联网络的输出端，用数字万用表交流档测得输入正弦信号 $U_{(A)}=3\text{V}$（有效值），只改变输入信号频率 $f$，用逐点法测量输出端的电压 $U_{(B)}$（有效值），即 $RC$ 串并联网络的幅频特性。将测量结果记录在表 2-9-12 中，并用半对数坐标绘出特性曲线（横坐标为 $\lg f$，纵坐标为 $U_{(B)}$，即 $U_{F(+)}$ 或传输系数 $F$）。

**表 2-9-12**

| 正弦信号 $U_{(A)}=3\sin 2\pi ft$ | $f$ | 20Hz | 50Hz | 80Hz | 100Hz | 120Hz | 160Hz | … | 80kHz | 100kHz |
|---|---|---|---|---|---|---|---|---|---|---|
| | $U_{(B)}$ | | | | | | | | | |

❖ **方案 3：探究性实验**

**理论探究：**

图 2-9-9 是移相式 $RC$ 振荡器的一种。可以将该振荡器分为放大器部分 A 和正反馈网络 F。

1）写出 A 正弦稳态响应表达式。

2）写出反馈 F 正弦稳态响应表达式。

3）根据正弦振荡条件 $AF=1$ 计算振荡频率。

4）分析其稳幅原理。

**实验探究：**

1）根据图 2-9-9 连接电路，测量正弦输出和余弦输出频率和幅度，并画出波形。

2）分析频率产生误差的原因。

3）利用示波器的 FFT 计算功能，测量输出畸变率 THD。

4）运放采用单电源供电，若采用双电源供电，怎么改动？输出幅度有什么变化？

5）若希望信号输出可调，请给出实验方案。

请自己设计研究报告及测试数据表格。

## 六、思考题

1）测量振荡频率可采用几种常用的方法？

2）正弦波振荡电路由哪几部分组成？判断电路是否可能产生正弦波振荡的基本要点是什么？

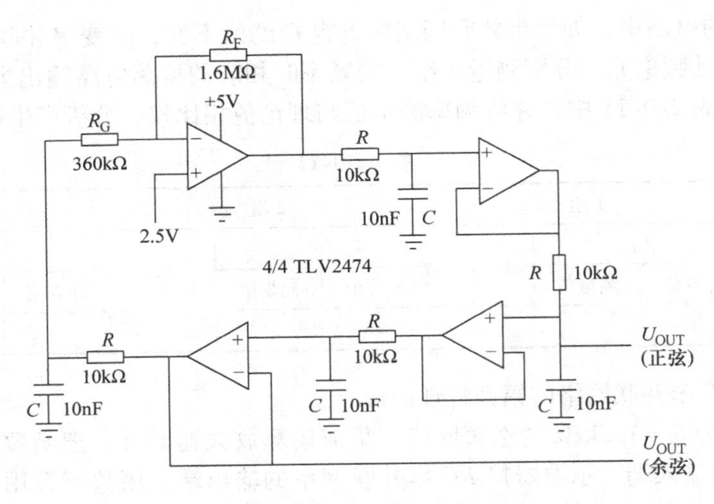


图 2-9-9　移相式 *RC* 振荡器电路

3）*RC* 文氏电桥正弦波振荡器的输出波形和幅度与哪些因素有关？

4）*RC* 文氏电桥正弦波振荡器的最高振荡频率受哪些因素的影响？

## 七、实验报告要求

**方案 1：**

1）整理数据。

2）由给定电路参数计算振荡频率并与实测值进行比较，分析误差产生的原因。

3）完成实验报告。

**方案 2：**

1）分析由集成运放构成的 *RC* 文氏电桥正弦波振荡器产生振荡的相位条件和幅值条件。

2）说明负反馈对振荡波形的影响，试分析电路正常振荡、失真和停振的条件。

3）说明双向稳压二极管 2DW 的自动稳幅原理。

4）完成实验报告。

❖ **方案 3：** 按照实验小论文格式完成实验报告。

# 实验 2.10　直流稳压电源

## 一、实验目的

**方案 1　验证性实验：**

1）掌握串联型线性直流稳压电源的电路组成及工作原理。

2）掌握可调串联稳压电路的工作原理。

3）掌握集成稳压电路的性能参数及其测试方法。

4）理解变压器参数的选择方法，以及输入和输出电压之间的数量关系。

5）学会设计线性直流稳压电源。

**方案2　设计性实验：**

1）利用集成稳压电源设计正负极性电源。

2）学会整流滤波电路元器件及集成稳压集成电路的选择。

❖ **方案3　探究性实验：**

1）理解 boost 是如何实现升压的，并从电路结构及功能上与 buck 电路进行比较。

2）了解电压控制电路的结构及工作原理。例如，在闭环情况下，当输入电压增加或负载电流减小时，输出电压增加，电路是如何稳定输出电压的。

3）探究并联稳压电路对电路中元器件的特殊要求及选用。

## 二、实验设备与元器件

方案1：示波器，数字万用表，模拟电路实验箱，三端集成稳压模块，整流二极管，稳压二极管，电容，电位器和电阻。

方案2：示波器，万用表，集成稳压器 CW7812、CW7912 各一个，整流桥堆二个，电源变压器一个，电阻和电容（电容值可选 0.33μF、0.13μF、2.2μF 和 1μF 等）。

❖ 方案3：稳压电源，示波器，万用表，芯片 LM311、μA741、IRF150、IN914，电感，电容，电阻若干。

## 三、实验原理

稳压电路的种类很多，通常可分为串联稳压电路、并联稳压电路和开关型稳压电路。电路的稳压调整既可采用分立器件，也可采用集成器件。

串联稳压电路主要由基准电压产生电路、取样网络、误差比较放大电路和工作在功率放大状态下的调整管组成。在实际电路中，为了保证调整管的安全，一般还有保护电路。

若采用集成器件，则对输入电压和负载的变化，或者是二者同时变化，都具有良好的稳压性能。三端集成稳压器是最常用的集成器件之一，其输出有正、负之分，以及固定式电压输出和可调式电压输出之分。在本实验中，直流稳压电源的设计电路包括四部分：变压、整流、滤波及稳压电路。其中，变压部分较为简单，主要通过线圈匝数比来实现降压。其余部分电路介绍如下。

1. 整流滤波电路

当负载为纯电阻时，在理想情况下全波整流输出的直流电压 $U'_o$ 是变压器二次电压有效值 $U_2$ 的 0.9 倍。当加入滤波电容后，由于电容的储能作用，不仅使整流输出的脉动电压趋于平滑，而且还提高了输出直流电压的平均值，其值视滤波电容和负载电阻的大小而定。输出直流电压 $U''_o$ 的范围可由下式确定，即

$$U''_o = (0.9 \sim 1.4)U_2 \tag{2-10-1}$$

在实际工程中，一般取

$$U''_o = (1.1 \sim 1.2)U_2 \tag{2-10-2}$$

2. 稳压电路

（1）三端固定式集成稳压电源

最常用的三端固定式集成稳压电源国产型号为 CW78XX 系列和 CW79XX 系列，图 2-10-1 为它们的外形及引脚排列图。两种系列均在 5～24V 范围内有 7 档不同的输出电压，7800 系

列输出为正电压，7900 系列输出为负电压，最大输出电流均可达 1.5A。型号中最末两位数字表示它们输出稳定电压的数值，例如，CW7805 型表示输出电压为 +5V，CW7912 型表示输出电压为 −12V。进口型号为 LM78XX 系列和 LM79XX 系列，引脚定义与国产相同。图 2-10-2 为国产两种稳压电源的典型应用电路。其中输入端电容 $C_i$ 用于旁路高频干扰及改善纹波，输出端电容 $C_o$ 具有改善瞬态响应特性、减小高频输出阻抗的作用，$C_i$、$C_o$ 最好采用漏电流小的钽电容，如果采用电解电容，则电容值应比图中数值增加 10 倍。

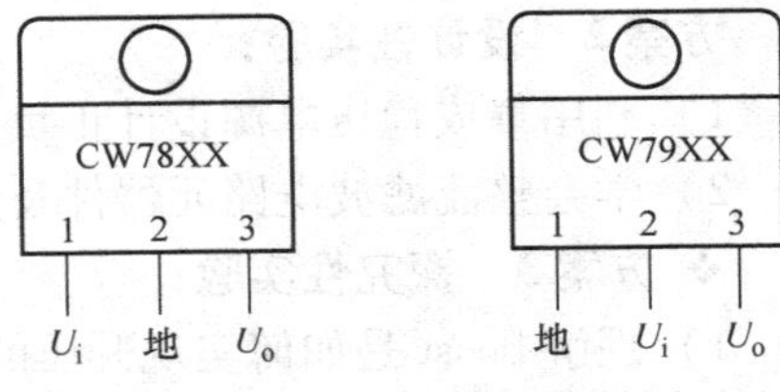


图 2-10-1　外形及引脚排列

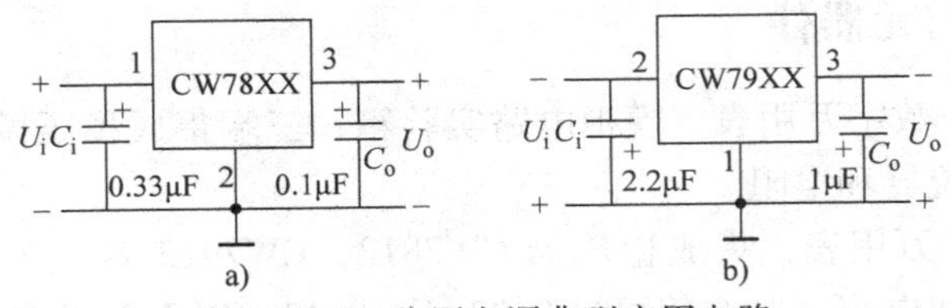


图 2-10-2　稳压电源典型应用电路

图 2-10-3 所示是由 CW78XX 集成稳压块构成的实用电路。设计任务的主要内容是根据稳压电源性能指标的要求正确选定集成稳压块、变压器、整流二极管及滤波电容。

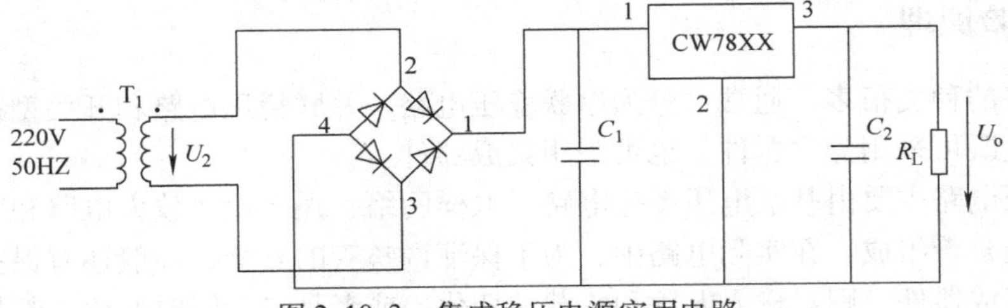


图 2-10-3　集成稳压电源实用电路

（2）可调式三端集成稳压电源

最常用的可调式三端集成稳压电源产品有正压可调（LM117、LM217、LM317 等芯片）和负压可调（LM137、LM237、LM337 等芯片）。它的稳压输出值可以通过可调端的外接电阻进行调整，由于输出电压在输出范围内连续可调，因此在可变稳压电源中得到了广泛应用。由 LM317 组成的集成稳压电路如图 2-10-4 所示，该电路可以通过调节电位器 RP 来实现输出电压的连续调节。

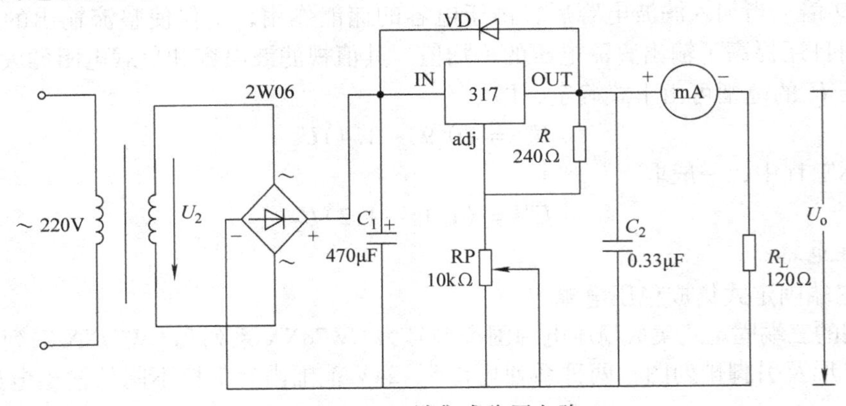


图 2-10-4　三端集成稳压电路

3. 稳压电源的主要性能指标

稳压电源的主要性能指标有：电压调节范围、纹波系数、电压调整率和内阻等。

1）电压调节范围主要指可调式稳压电源满足指标要求的输出电压范围。

2）纹波系数 $r$ 反映输出电压中所含交流分量的程度，交流分量越小越好。纹波系数 $r$ 用输出电压中交流分量的基波电压峰 - 峰值（一般为了测量方便，用交流分量$\widetilde{U}_o$）与直流分量$\overline{U}_o$之比来表示，即

$$r = \frac{\widetilde{U}_o}{\overline{U}_o} \tag{2-10-3}$$

3）电压调整率 $S_u$反映负载电阻 $R_L$及温度 $T$ 不变、交流电网电压变化 ±10% 时，输出电压的变化程度，通常用输出电压相对变化的百分数来表示，即

$$S_u = \frac{\Delta U_o / U_o}{\Delta U''_o} \times 100\% \Bigg|_{\substack{\Delta I_o = 0 \\ \Delta T_o = 0}} \tag{2-10-4}$$

式中，$\Delta I_o$ 为输出电流变化量；$\Delta T_o$ 温度变化量。

4）电源内阻 $R_o$反映输入电压 $U_2$ 及温度 $T$ 不变、负载变化时，输出电压的变化程度，通常用输出电压的变化与输出电流的变化之比来表示，即

$$R_o = \frac{\Delta U_o}{\Delta I_L} \Bigg|_{\substack{\Delta U''_o = 0 \\ \Delta T = 0}} \tag{2-10-5}$$

## 四、实验预习仿真

1. 预习实验，并选择实验方案

1）方案 1，写好预习报告，并在 Multisim 上实现。对于电压调整率的测试，应在预习报告中设计好测试电路和步骤。

2）方案 2，写好设计步骤、参数计算和测试步骤。

3）方案 3，通过电路搭建，了解 boost 工作原理，比较线性电源和开关电源差异。

2. 电路仿真

整流电路利用二极管的单向导电性，把交流电压变换成脉动很小的直流电压，而稳压电路的作用是使输出的直流电压在电网电压或负载电流发生变化时保持不变。

按图 2-10-4 连接电路，该电路由二极管组成的桥式整流加电容 $C_1$ 构成滤波电路。运行仿真，双击“示波器”，可以观察纯电阻负载时整流桥的输出波形，如图 2-10-5 所示。

接入滤波电容，从示波器观测到整流滤波输出波形如图 2-10-6 所示。

接入稳压模块 LM317 和外围电路，再接入滤波电容 $C_2$，如图 2-10-7 所示。运行仿真，用示波器观察 LM317 稳压前波形，如图 2-10-8 所示。

从示波器观测 LM317 稳压后波形如图 2-10-9 所示，可见经过模块 LM317 后输出电压基本稳定为一条直线。改变输入交流电压幅值，稳压电路输出电压基本不变。

## 五、实验方案及内容

### 方案 1：验证性实验

三端集成稳压器实验电路如图 2-10-4 所示，它由单相变压器提供电源给由 4 只整流二极管组成的桥式整流电路，整流输出经电容滤波、模块 LM317 稳压后向负载供电。为研究方

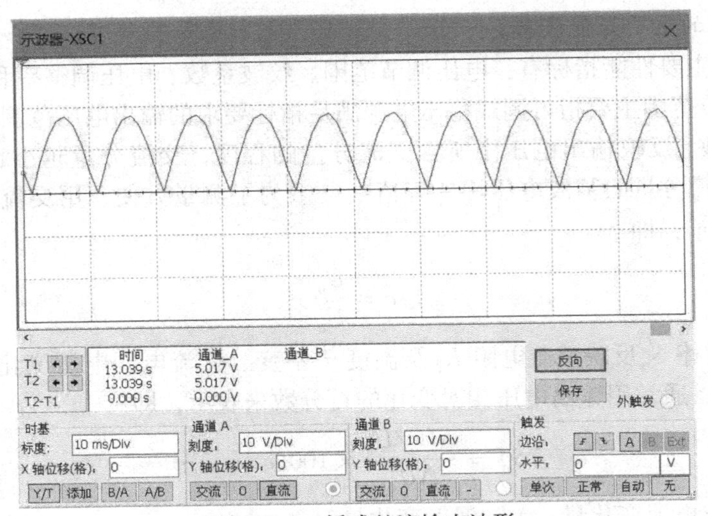


图 2-10-5　桥式整流输出波形

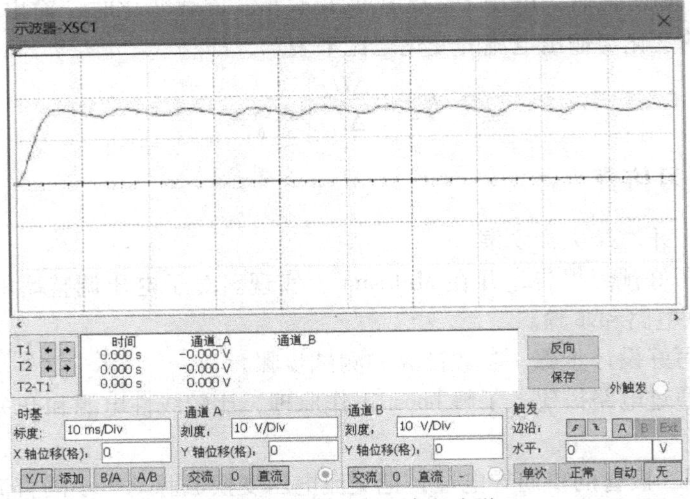


图 2-10-6　滤波后输出波形

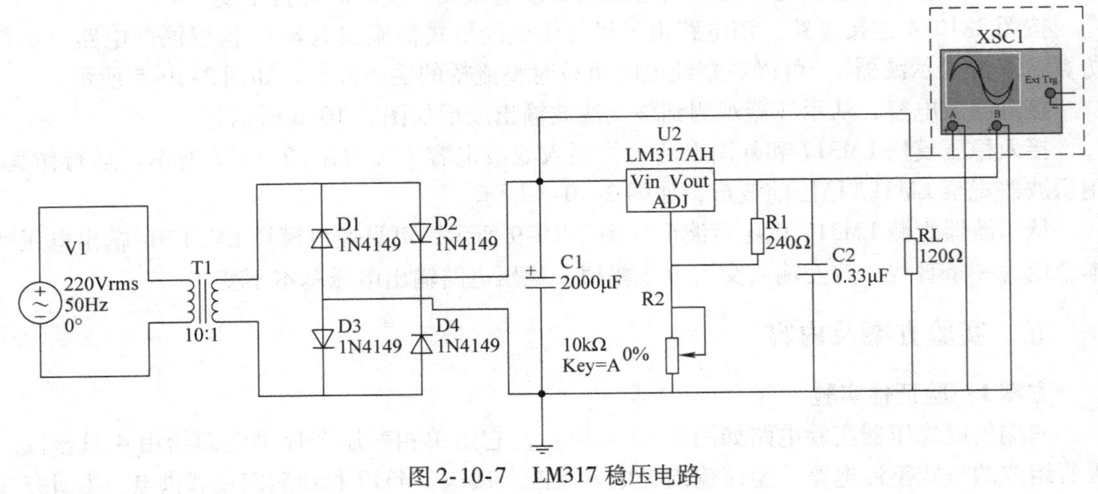


图 2-10-7　LM317 稳压电路

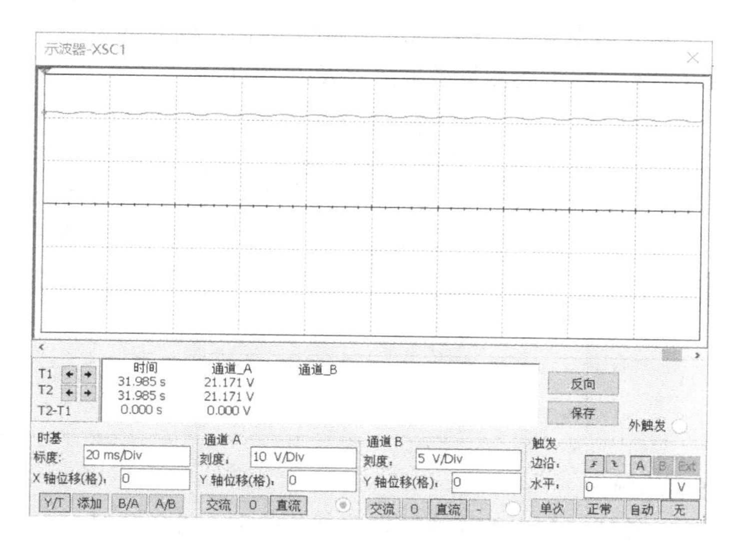


图 2-10-8　LM317 稳压前波形

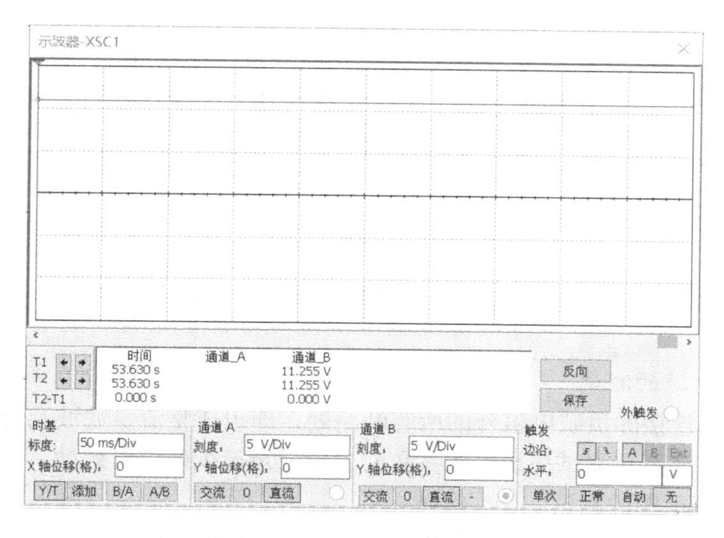


图 2-10-9　LM317 稳压后波形

便，整流、滤波、稳压及负载四部分电路分开设置，可用短接线连接后组成完整的整流滤波稳压电路。电阻 $R_L$（120Ω）为整流滤波稳压电路的负载，二极管 VD 为三端集成稳压器的限流保护电路。当调节电位器 RP（10kΩ）时，可改变稳压器的输出电压 $U_o$。

1. 整流电路的测试

按图 2-10-10 所示接线，用数字万用表交流电压档测量变压器二次电压 $U_2$（14V），用数字万用表直流电压档测量输出电压的直流分量 $\overline{U}_o$，再用数字万用表交流电压档测量输出电压的交流

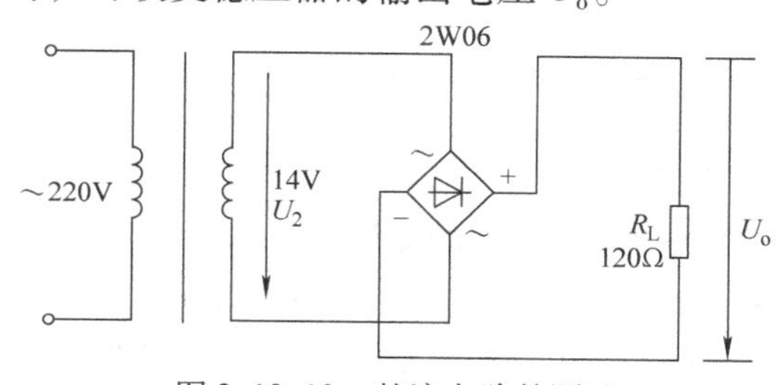


图 2-10-10　整流电路的测试

分量$\widetilde{U}_o$，最后用示波器分别观察输入电压 $U_2$ 和输出电压$\widetilde{U}_o$ 的脉动波形。注意：$U_2$ 和$\widetilde{U}_o$ 无公共地点，不能同时观察。将上述测量结果填入表 2-10-1 中。

**表　2-10-1**　　　　（$U_2$ = ________）

<table>
<tr><td rowspan="2">参数</td><td rowspan="2" colspan="2">输出电压直流分量$\overline{U}_o$</td><td colspan="2">输出电压交流分量$\widetilde{U}_o$</td><td rowspan="2">输入电压 $U_2$、整流及整流滤波输出电压波形对比</td></tr>
<tr><td>不带负载</td><td>带负载</td></tr>
<tr><td>整流电路输出电压</td><td></td><td></td><td></td><td></td><td rowspan="2"></td></tr>
<tr><td>整流滤波电路输出电压</td><td></td><td></td><td></td><td></td></tr>
</table>

2. 整流滤波电路的测试

按图 2-10-11 所示接线，测出整流滤波电路带负载和不带负载时，输出电压的直流分量与交流分量，并填入表 2-10-1 中。

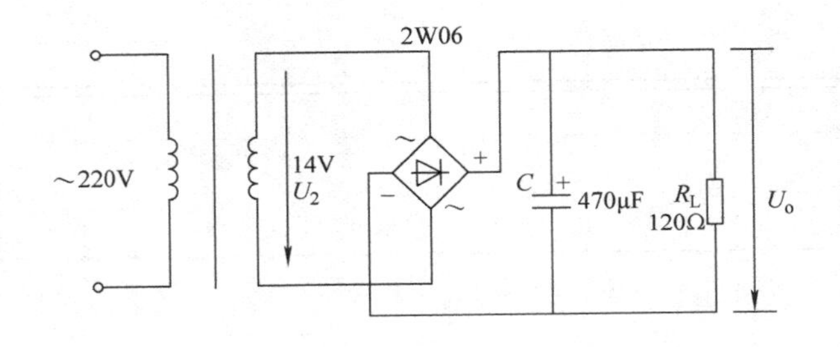


图 2-10-11　整流滤波电路的测试

3. 集成稳压电源的测试

按图 2-10-12 连接除负载电阻外的所有断路处，即组成整流、滤波及稳压电路，再按下述要求分项测试。注意在测试稳压电源参数时，应记录至少两位有效数。

（1）电压调节范围的测试

将 RP 逆时针旋到底后，用数字万用表直流电压档测量最小输出电压 $U_{omin}$，再将 RP 顺时针旋转到底，测量最大输出电压 $U_{omax}$，则稳压电源的输出范围是 $U_{omin} \sim U_{omax}$，填入表 2-10-2中。

**表　2-10-2**

| $U_{omin}$ | $U_{omax}$ | $U_{omin} \sim U_{omax}$ |
| --- | --- | --- |
| | | |

（2）电源内阻 $R_o$ 的测试

保持$U_2$不变，在不接入负载（$I_L = 0$）时，调节 RP，使$U_o = 12\text{V}$。然后再将负载接入，测出此时的 $U_o$及负载电流 $I_L$，计算 $R_o$ 的值并填入表 2-10-3中。

表 2-10-3

| $U_2$ | 调节 | $I_L$ | $U_o$ | 输出电压波形 | $R_o$ |
|---|---|---|---|---|---|
| 实验值 | 调节 RP | 0 | 12V | | |
| | RP 值不变、$R_L=120\Omega$ | | | | |

（3）纹波系数 $r$ 的测试

保持$\overline{U}_o=12V$ 和 $I_L=100mA$ 不变，用数字万用表交流电压档测出输出电压 $U_o$的交流分量 $\widetilde{U}_o$，计算 $r$ 的值并填入表 2-10-4 中。

表 2-10-4

| $I_L$ | $\overline{U}_o$ | $\widetilde{U}_o$ | $r$ |
|---|---|---|---|
| | | | |

（4）设计实验电路

电压调整率 $S_u$的测试。在变压器二次电压 $U_2$为 14V 的条件下，调节 RP，使 $U_o=12V$，$I_L=100mA$。然后利用实验箱上提供的 1kΩ 电位器设计实验电路，使 $U_2$可以在 ±10% 范围内上升或下降，将设计方案交指导老师认可后连接电路，调节 1kΩ 电位器使 $U_2$上升或下降，测出对应的 $U_o$值，计算 $S_u$并填入表 2-10-5 中。

表 2-10-5

| $U_2$ | $I_L$ | $U_o$ | $\Delta U_2$ | $\Delta U_o$ | $S_u$ |
|---|---|---|---|---|---|
| 额定值 14V | 100mA | 12V | — | — | — |
| 上升 10% | 100mA | | | | |
| 下降 10% | 100mA | | | | |

**方案 2：设计性实验**

1. 设计原则

固定式稳压电源电路如图 2-10-12 所示。

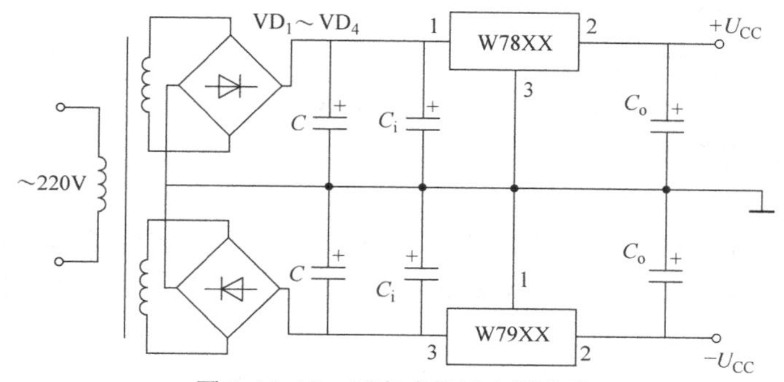


图 2-10-12　固定式稳压电源电路

（1）集成稳压器的选择

选择集成稳压器时，其输出电压 $U_o$ 应与设计稳压电源要求的输出电压的大小相同（若可调稳压电源，其电压范围应包含设计要求的范围），稳压器的最大工作电流 $I_{OM}$ 大于电源所要求输出电流的最大值。确定稳压器型号后，稳压器的输入电压 $U_i$ 的范围为

$$U_{omax} + (U_i - U_o)_{min} \leqslant U_i \leqslant U_{omin} + (U_i - U_o)_{max} \tag{2-10-6}$$

式中，$U_{omax}$ 为最大输出电压；$U_{omin}$ 为最小输出电压；$(U_i - U_o)_{min}$ 为稳压器的最小输入输出电压差；$(U_i - U_o)_{max}$ 为稳压器的最大输入输出电压差。若为固定输出电压，则 $U_{max} = U_{omin} = U_o$。

（2）电源变压器的选择

通常根据变压器二次侧输出的功率 $P_o$ 来选购或自绕变压器。对于容性负载，变压器二次电压 $U_2$ 与稳压器输入电压 $U_i$ 的关系为 $U_{imin}/(1.1 \sim 1.2) \leqslant U_2 \leqslant U_{imax}/(1.1 \sim 1.2)$，在此范围内，$U_2$ 越大，稳压器的电压差越大，功耗也就越大，一般取二次电压

$$U_2 \geqslant U_{imin}/1.1 \tag{2-10-7}$$

二次电流有效值

$$I_2 > I_{omax} \tag{2-10-8}$$

（3）整流二极管及滤波电容的选择

整流二极管 $VD_1 \sim VD_4$ 的反向击穿电压 $U_{RM}$ 应满足

$$U_{RM} > \sqrt{2}U_2 \tag{2-10-9}$$

其额定工作电流应满足

$$I_F > I_{omax} \tag{2-10-10}$$

滤波电容 $C$ 的容量可由下式估算

$$C = \frac{I_C t}{\Delta U_{ip-p}} \tag{2-10-11}$$

式中，$\Delta U_{ip-p}$ 是稳压器输入端纹波电压的峰－峰值；$t$ 是电容 $C$ 的放电时间，$t = T/2 = 0.01s$；$I_C$ 是电容 $C$ 的放电电流，可取 $I_C = I_{omax}$，$C$ 的耐压值应大于 $\sqrt{2}U_2$。

2. 设计任务

设计一组同时输出 ±12V 的直流稳压电源。已知条件：集成稳压器 CW7812、CW7912 各一个，整流桥堆二个，电源变压器一个，电阻和电容（电容值如 0.33μF、0.13μF、2.2μF 和 1μF 等）。设计要求：

1）输出电压：±12V。

2）最大输出电流：大于 500mA。

3）纹波指标：在 $I_o = 500mA$ 时，$\Delta U_{op-p} \leqslant 5mV$。

❖ **方案 3：探究性实验**

**理论探究：**

Boost 12V 升压到 15V 的稳压电路如图 2-10-13 所示，场效应晶体管输入矩形波，其幅值大于 $S_1$ 的开启电压，开关频率为 65kHz；基准电压为 2.5V，取样电阻 $R_{s1}$、$R_{s2}$ 为 20kΩ 和 5.6kΩ。

1）根据图 2-10-13 画出比较放大器 LM111 的输出电压、场效应晶体管 $S_1$ 的栅极电压和漏源电压、二极管 $VD_1$ 两端电压、电感 $L_m$ 两端电压、流过电感的电流以及输出电压（$R_o$ 两端电压）的波形图。

2）计算开关管和续流二极管的功耗。开关管工作在什么状态？

3）若忽略控制电路的损耗，计算该电源效率。

4）通过软件验证上述理论探究的正确性。

**实验探究：**

1）在面包板上搭建电路，用示波器观察理论探究中的波形。

2）在闭环情况下，当输入电压增加或负载电流减小时，输出电压增加，电路将如何稳定输出电压？

3）测试开关管和续流二极管的功耗，确认开关管的工作状态。

4）测试开关稳压电路的效率。

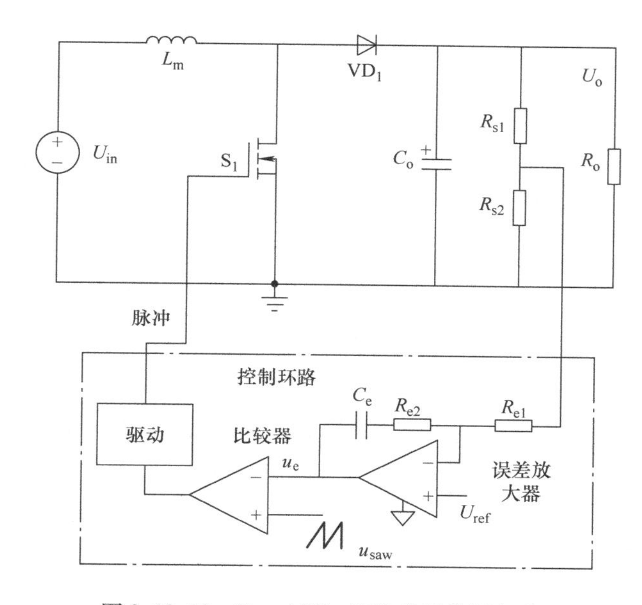


图 2-10-13　Boost12V～15V 升压稳压电路

## 六、思考题

1）在整流电路后面为什么要加滤波电路？

2）在整流滤波电路之后为什么还要加稳压电路？

3）整流输出直流电压 $U''_o < 0.9U_2$ 的原因是什么？

## 七、实验报告要求

**方案 1、2：**

1）整理测量结果，并把相应计算值填入表中，写出计算过程。

2）试阐述保护电路的限流保护原理。

3）分析讨论放大器在调试、测试过程中出现的问题。

4）完成实验报告。

❖ **方案 3：**按照实验小论文格式完成实验报告。

# 第三篇
## 综合设计实验

# 实验 3.1　音频信号脉宽调制电路的设计与测试

## 一、实验目的

1）了解波形产生电路的工作原理及应用。
2）了解波形产生电路的设计方法与测试方法。
3）提升多级电路系统的综合调试能力。

## 二、设计任务与要求

1. 设计任务

LM324 系列芯片由 4 个独立的、高增益的内部频率补偿运算放大器组成。放大器的工作电压为 3.0 ~ 32V，直流电压增益约 100dB，单位增益频带宽约 1MHz。LM324 引脚图如图 3-1-1 所示。图中“$U+$”和“$U-$”为正电源端和负电源端。每一组运算放大器有 3 个引脚，其中“$U_{i+}$”“$U_{i-}$”为信号输入端，“$U_o$”为输出端。本实验要求使用通用四运放芯片 LM324 组成波形产生电路。

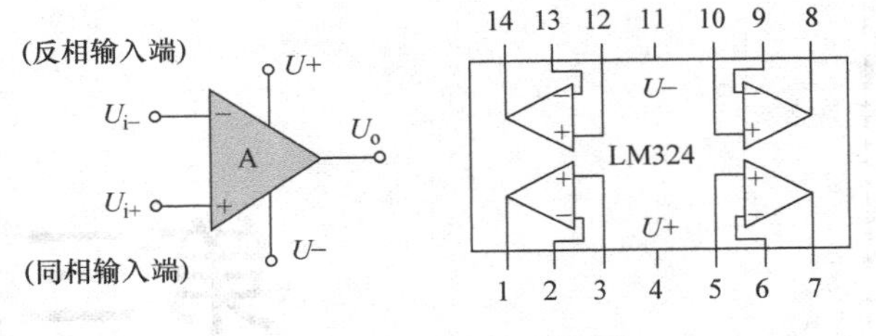


图 3-1-1　LM324 引脚图

2. 基本要求

如图 3-1-2a 所示，使用低频信号源产生 $u_{i1}(t)=0.1\sin 2\pi f_0 t$、$f_0=500\text{Hz}$ 的正弦波信号，加至加法器输入端，加法器的另一个输入端加入由自制振荡器产生的三角波信号 $u_{o1}(t)$，三角波周期 $T_1=0.5\text{ms}$，允许 $T_1$ 有 ±5% 的误差，$u_{o1}(t)$ 的波形如图 3-1-2b 所示。

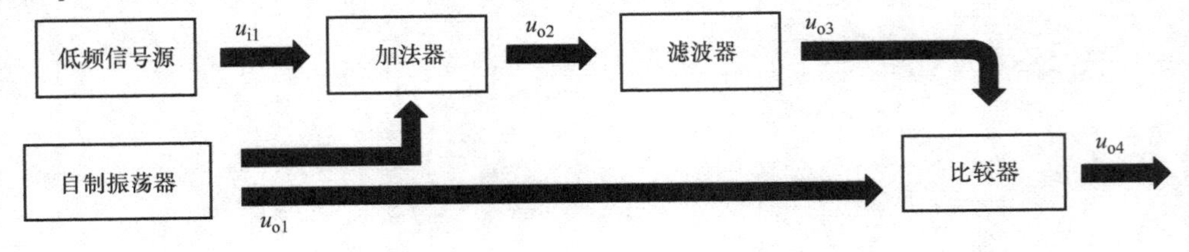


a) 电路框图

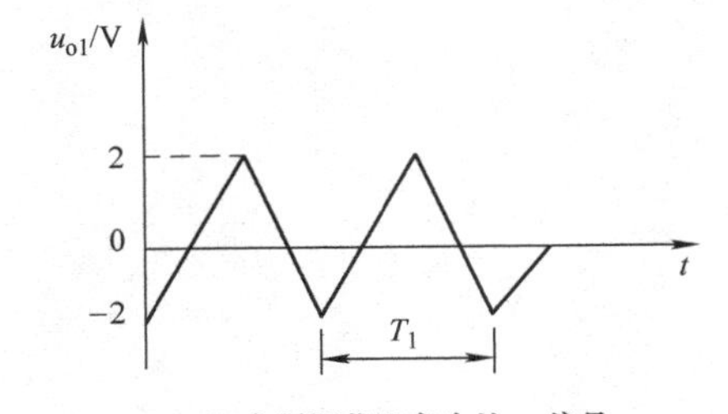


b) 自制振荡器产生的 $u_{o1}$ 信号

图 3-1-2　系统电路框图及信号波形

加法器的输出电压 $u_{o2}(t)=10u_{i1}(t)+u_{o1}(t)$。$u_{o2}$经选频滤波器滤除 $u_{o1}$频率分量，选出信号频率为$f_0$、峰－峰值为9V 的正弦信号 $u_{o3}$，用示波器观察其波形无明显失真。该正弦信号再经比较器在 1kΩ 负载上得到峰－峰值为 2V 的输出电压 $u_{o4}$。

由稳压电源供给 ±12V 和 ±5V 电源。不得使用额外电源和其他型号运算放大器。要求预留 $u_{o1}$、$u_{o2}$、$u_{o3}$和$u_{o4}$的测试端子，以方便测试。

## 三、预习与思考

1）熟悉方波－三角波发生器电路原理。

2）比较各类滤波器特点，根据题目要求选择相应滤波器。

3）理解比较器的工作原理，并合理选择元件参数。

## 四、实验原理

三角波发生器电路是该实验的重要组成部分。在介绍三角波发生器电路之前，我们先来回顾一下方波发生器。方波发生器常在脉冲和数字系统中作为信号源，可实现的方法很多。如图 3-1-3 所示，方波发生器电路由迟滞比较器、电容 $C$、限幅电路稳压管 $VS_1$ 和 $VS_2$ 组成，$R$ 为限流电阻。假定两只稳压管的稳压电压均为 $U_Z$，正向压降为 $U_D$，则电路输出的高、低电压为

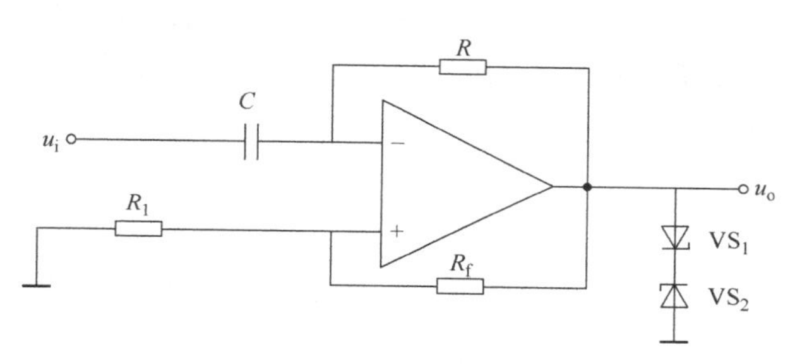


图 3-1-3　方波发生器电路

$$U_{oH}=-U_{oL}=U_Z+U_D \tag{3-1-1}$$

该电路的工作原理是：当 $u_o=U_{oH}$时，同相端电压 $u_+=U_{RH}=\frac{R_1}{R_1+R_f}U_{oH}$，低于输出电压，因此通过电阻 $R$ 对电容充电，使得反相端电压 $u_-$上升，当 $u_-=u_+$时，$u_o$ 跳变成低电平 $U_{oL}$。同相端电位 $u_+=U_{RL}=\frac{R_1}{R_1+R_f}U_{oL}$，此时，输出比反相端电压高，电容通过电阻放电，反相端电压减小。当减小到 $u_+=u_-=\frac{R_1}{R_1+R_f}U_{oL}$时，输出再次发生跳变，跳变为高电平。如此周而复始，便得到方波信号。

该方法的频率取决于电路中的电容 $C$ 和电阻 $R$ 的乘积，设电路中电容充电至输出翻转所需时间为 $T_1$，电容放电至输出翻转所需时间为 $T_2$，三角波电路 $T_1=T_2$，因此方波输出的周期 $T=2T_1$。根据电路分析，电容电压响应为

$$u_C(t)=u_C(\infty)+[u_C(0)-u_C(\infty)]^{-\frac{t}{\tau}} \tag{3-1-2}$$

此电路中，电容充电时的电压初始值为 $U_{RL}$、稳态值为 $U_{oH}$、时间常数 $\tau=RC$，代入上式可得

$$u_C(t)=U_{oH}+(U_{RL}-U_{oH})e^{-\frac{T_1}{RC}} \tag{3-1-3}$$

而经过时间 $T_1$ 充电后，可充至 $U_{RH}$，因此

$$U_{RH} = U_{oH} + (U_{RL} - U_{oH})e^{-\frac{T_1}{RC}} \tag{3-1-4}$$

由此可得

$$T_1 = RC\ln\left(1 + \frac{2R_1}{R_f}\right) \tag{3-1-5}$$

方波信号输出的频率

$$f_0 = \frac{1}{2RC\ln\left(1 + \frac{2R_1}{R_f}\right)} \tag{3-1-6}$$

因此，若改变电路中外围参数，就可以改变电路的输出频率，输出的幅值取决于稳压管的稳压电压 $U_Z$。在实际应用中，方波前后沿的陡峭程度取决于运算放大器的转换速率 $SR$，$SR$ 越大，前后沿越陡峭，方波波形越好。

如图 3-1-4 所示，三角波发生器电路由同相滞回比较器 $A_1$ 和反相积分器 $A_2$ 构成。$A_1$ 输出的方波经 $A_2$ 积分可得到三角波，经电阻为比较器提供输入信号，形成正反馈，即构成三角波。

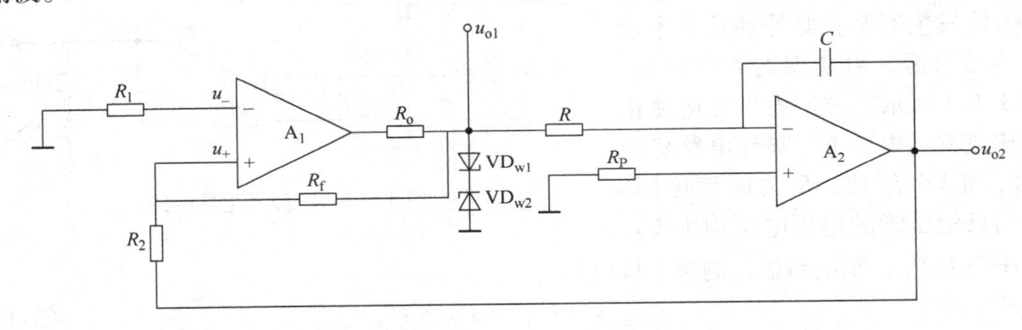


图 3-1-4　三角波发生器电路

该电路的工作原理为：若 $u_{o1}$ 为高电平，则电容充电，$u_{o2}$ 按线性规律逐渐下降，当 $u_{o2}$ 下降到负的某一值时，使得第一级运放的 $u_+$ 比 $u_-$ 略低，即略低于 0V 时，$u_{o1}$ 发生跳变，跳变为低电平；之后电容开始放电，$u_{o2}$ 按线性规律上升，上升至一定值时，使得第一级的 $u_+$ 略高于 $u_-$，即略高于 0V 时，$u_{o1}$ 跳变为高电平，如此周而复始，产生振荡。由于电容的充、放电电路相同，积分电路中输出电压上升和下降的时间相等，因此，上升和下降的斜率绝对值相等，即输出为三角波。

第一级运放发生变化的条件是 $u_+ = u_- = 0V$，此时流过 $R_f$ 和 $R_1$ 的电流相等，即

$$I_1 = I_f = \frac{u_{o1}}{R_f} \tag{3-1-7}$$

因此

$$u_{o2m} = R_1 I_1 = \frac{R_1}{R_2} u_{o1H} \tag{3-1-8}$$

根据积分电路的输入输出关系可得

$$\frac{1}{C}\int_0^{\frac{2}{T}} \frac{u_{o1m}}{R}dt = 2u_{o2m} \tag{3-1-9}$$

可求出

$$T = 4RC\frac{u_{o2m}}{u_{o1m}} \tag{3-1-10}$$

将 $u_{o2m} = R_1 I_1 = \frac{R_1}{R_2}u_{o1H}$代入上式中，可得

$$T = 4RC\frac{R_1}{R_f} \tag{3-1-11}$$

因此，该电路的振荡频率为

$$f = \frac{1}{T} = \frac{R_f}{4RCR_1} \tag{3-1-12}$$

以上分析表明，输出电压的峰值只与电阻 $R_1$、$R_f$及稳压管有关，而振荡频率和 $R_1$、$R_f$、$R$、$C$ 均有关。

## 五、测试内容

预留 $u_{i1}$、$u_{i2}$、$u_{o1}$、$u_{o2}$的测试端子，记录实验中 $u_{i1}$、$u_{i2}$、$u_{o1}$、$u_{o2}$波形于表 3-1-1中。

**表　3-1-1**

| 测试端子 | 波形记录<br>（可手绘描出大致形状或者截图粘贴） | 参数记录 |
| --- | --- | --- |
| $u_{i1}$ | | 频率 $f_1$ =（　　）Hz<br>峰－峰值 =（　　）V |
| $u_{i2}$ | | 频率 $f_2$ =（　　）Hz<br>峰－峰值 =（　　）V |
| $u_{o1}$ | | 频率 $f_3$ =（　　）Hz<br>峰－峰值 =（　　）V |
| $u_{o2}$ | | 频率 $f_4$ =（　　）Hz<br>峰－峰值 =（　　）V |

## 六、实验报告要求

1）叙述设计过程，标出元件取值范围及计算过程。

2）给出仿真的完整电路图。

3）总结电路优缺点以及调试过程中的收获等。

## 七、思考题

1）芯片 LM324 可以由单电源或者双电源供电，本实验为什么选择双电源供电？由单电源变为双电源，可以有哪些方法？

2）滤波电路选择低通滤波和带阻滤波各有什么效果？在本实验中哪种方案效果更好？

3）请阐述三角波发生器的设计理由。

4）试用1个芯片LM324完成本项目的电路设计。

# 实验3.2　波形发生器的设计与测试

## 一、实验目的

1）阅读相关科技文献。

2）学习电子制图软件的使用。

3）学会整理和总结设计文档报告。

4）学习查找器件手册及相关参数。

## 二、设计任务与要求

1. 设计任务

使用555多谐振荡器产生方波作为信号源，由数字电路74LS74对信号进行四分频处理，由四运放芯片LM324对信号分别进行独立的积分运算、低通滤波运算和带通滤波运算，从而得到所需波形。通过理论计算分析，实现规定的电路要求，并做成实物，进行数据测试。

2. 基本要求

1）使用555时基电路产生频率20～50kHz连续可调、输出电压幅度为1V的方波Ⅰ。

2）使用数字电路74LS74，产生频率5～10kHz连续可调、输出电压幅度为1V的方波Ⅱ。

3）使用数字电路74LS74，产生频率5～10kHz连续可调、输出电压幅度峰－峰值为3V的三角波。

4）产生输出频率为20～30kHz连续可调、输出电压幅度峰－峰值为3V的正弦波Ⅰ。

5）产生输出频率为250kHz、输出电压幅度峰－峰值为8V的正弦波Ⅱ。

方波、三角波和正弦波的波形应无明显失真（使用示波器测量时）。频率误差不超过±5%；通带内输出电压幅度峰－峰值误差不超过±5%。

## 三、预习与思考

1）熟悉参考资料，理解方波、三角波和正弦波的设计原理。

2）使用Multisim仿真软件搭建实验仿真模型，设计实验电路参数。

3）了解方波、三角波和正弦波发生器的检测与控制方法。

4）思考参数选择对波形发生器性能的影响。

## 四、基本原理

波形发生器设计原理框图如图3-2-1所示。555多谐振荡器（见图3-2-2）：电源接通时，555定时器的引脚3输出高电平，同时电源通过电阻$R_1$、$R_2$向电容$C$充电，当$C$上的电压达到555集成电路引脚6的阀值电压$U_{th}$（2/3电源电压）时，555的引脚7接地，电容放电，引脚3由高电平变成低电平；当电容的电压降到$U_{tl}$（1/3电源电压）时；引脚3又变为高电平，同时电源再次经$R_1$、$R_2$向电容充电。这样周而复始，形成振荡。运算放大器

LM324 为四通道运算放大器，与一定数目的电阻电容连接可以构成积分电路、低通滤波器、带通滤波器，从而实现信号的运算处理。

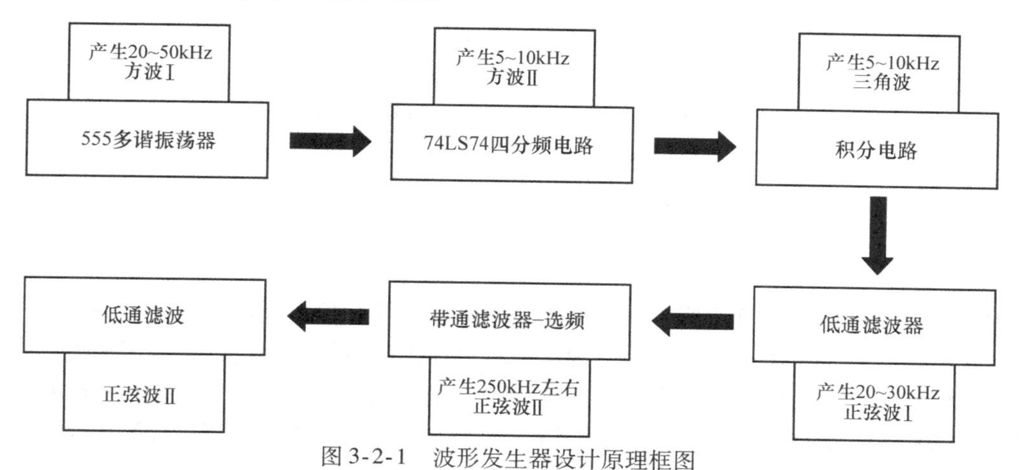


图 3-2-1　波形发生器设计原理框图

1. 555 多谐振荡器

如图 3-2-2 所示，由 555 定时器和外接元件 $R_1$、$R_2$ 和 $C$ 构成多谐振荡器。引脚 2 与引脚 6 直接相连，电路没有稳态，只有两个暂稳态，电路也不需要外加触发信号，利用电源通过 $R_1$、$R_2$ 向 $C$ 充电，使电路产生振荡，电容 $C$ 在 $\frac{1}{3}U_{CC}$ 和 $\frac{2}{3}U_{CC}$ 之间充、放电。

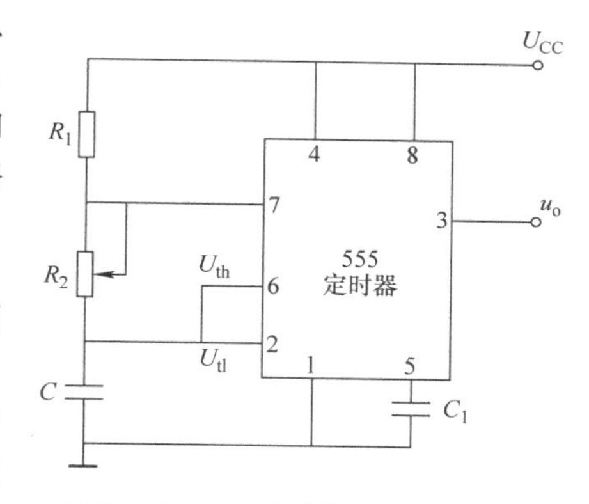


图 3-2-2　555 多谐振荡器电路原理

调节电阻 $R_2$ 的阻值就可以调整所产生方波的频率。外部元件的稳定性决定了多谐振荡器的稳定性，该电路用少量的元件就可以获得高精度振荡频率和较强的功率输出，输出的方波经过电阻 $R_1$、$R_2$ 分压就得到了稳定的 20～50kHz 连续可调的方波Ⅰ。

该电路要求 $R_1$、$R_2$ 均应 $\geqslant 1k\Omega$，但 $R_1+R_2$ 应 $<3.3M\Omega$。其输出信号的时间参数为

$$T=t_{w1}+t_{w2} \tag{3-2-1}$$

$$t_{w1}=0.7(R_1+R_2)C \tag{3-2-2}$$

$$t_{w2}=0.7R_2C \tag{3-2-3}$$

$$f=1/T \tag{3-2-4}$$

所以调节 $R_2$ 的阻值，就可以调节所产生方波的频率。

2. 74LS74 四分频电路

如图 3-2-3 所示，一个集成芯片 74LS74 有两个 D 触发器，一个 D 触发器可以组成一个二分频电路，把其中的一个 D 触发器的 $\overline{Q}$ 输出端接到该触发器的 D 输入端，时钟信号输入端 CLK 接时钟输入信号，这样每来一次时钟脉冲，D 触发器的状态就会翻转一次，每两次时钟脉冲就会使 D 触发器输出一个完整的方波，这就实现了信号二分频。

把两个 D 触发器串联起来，就是四分频电路。于是基本方波信号被分频为 5～10kHz 的

方波，然后经过分频电路，就得到频率为5~10kHz、幅值为1V的方波Ⅱ。

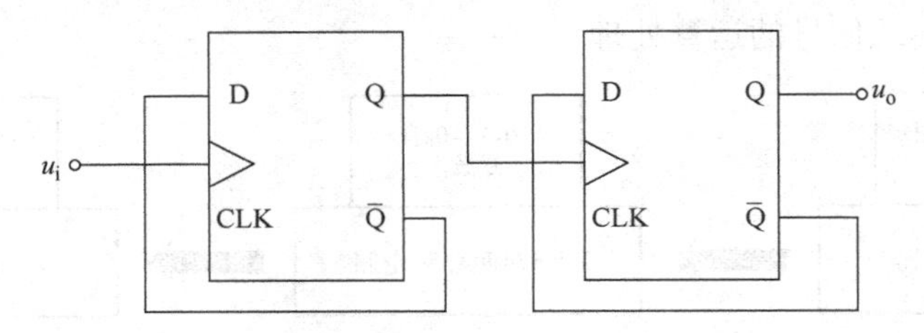


图3-2-3　四分频电路

3. 积分电路

积分电路可以用来进行波形变换，由于交流信号需要和偏置电压复合，以偏置电压为参考点，交流信号分别位于正、负半周，为了使积分输出的波形更稳定，也为了使电路输出的振幅符合题意要求，需要设置参考电压。这里设置的参考电压为2.5V，由于只有10V单电源供电，选用5V稳压管，将电压稳定在5V，然后进行分压，从而得到2.5V参考电压$U_S$，如图3-2-4a所示。

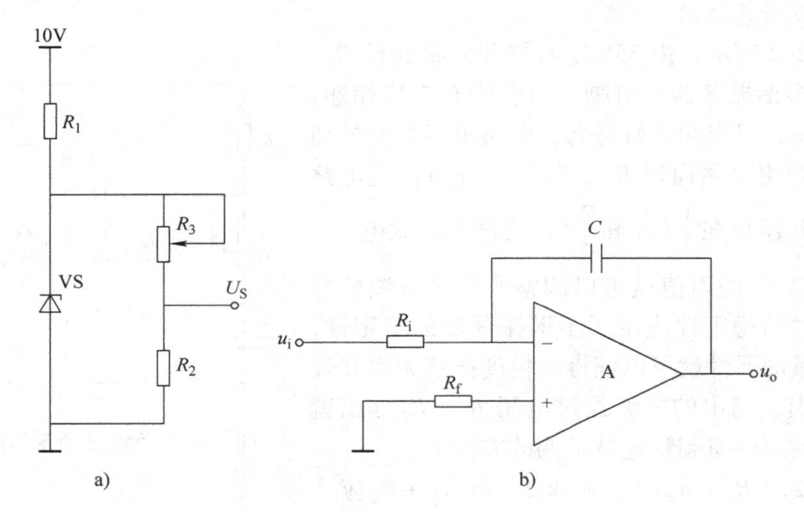


图3-2-4　积分电路

积分电路是使输出信号与输入信号的时间积分值成比例的电路，积分电路可将矩形脉冲波转换为三角波，其原理如图3-2-4b所示。电路将5~10kHz连续可调的方波进行积分，可得到5~10kHz、峰-峰值为3V的三角波。

在参数计算过程中，首先确定时间常数$\tau$（$\tau=RC$），$\tau$的大小决定了积分速度的快慢；其次选择电路元件。当时间常数$\tau$确定后，就可以选择$R$和$C$的值，积分电路的输入电阻$R_i=R$，通常$R$的取值较大；最后确定$R_i$、$R_f$的值。$R_f$为静态平衡电阻，用来补偿偏置电流所产生的失调，在积分电容的两端并联一个电阻$R_i$，防止积分漂移所造成的饱和或截止现象。于是得到计算公式为

$$f=\frac{1}{2\pi R_i C} \tag{3-2-5}$$

$$u_o = -\frac{u_i}{R_i C}t = -\frac{u_i}{\tau}t \tag{3-2-6}$$

4. 低通滤波器

如图3-2-5所示，低通滤波器由$RC$滤波电路和同相比例放大电路组成，其中同相比例放大电路具有高阻抗输入、低阻抗输出的特点。低通滤波器能使低于截止频率的信号通过，阻止高于截止频率的信号通过。低通滤波器包括有源低通滤波器和无源低通滤波器，无源低通滤波器通常由电阻、电容组成，也有采用电阻、电感和电容组成的；有源低通滤波器一般由电阻、电容及运算放大器构成。这里所用的是有源低通滤波器。

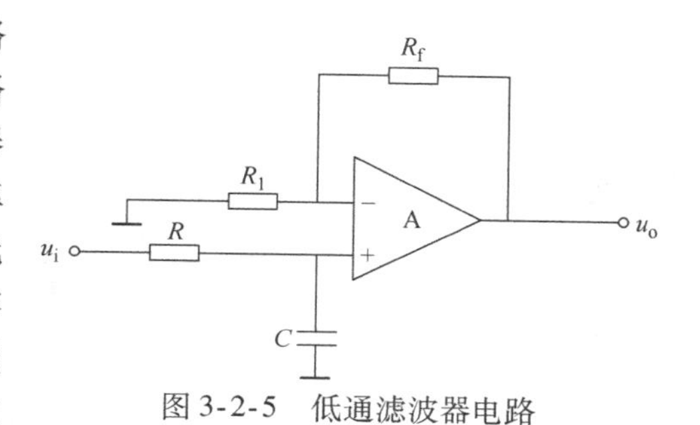


图3-2-5　低通滤波器电路

通过傅里叶分解，可将任何周期信号看作是不同振幅、不同相位正弦波的叠加。此处20～30kHz的方波信号就可以通过低通滤波器将其中的正弦波分离出来，然后得到电压峰－峰值为3V、20～30kHz连续可调的正弦波信号Ⅰ。

由$RC$滤波电路和同相比例放大电路组成的低通滤波器将20～30kHz正弦波分离出来。低通滤波器的通带电压增益为

$$A_o = A_{uf} = 1 + \frac{R_f}{R_1} \tag{3-2-7}$$

$$f = \frac{1}{2\pi RC} \tag{3-2-8}$$

5. 带通滤波器

带通滤波器是一个能通过某一频率范围内的频率分量，将其他范围的频率分量衰减到极低水平的滤波器。任何一个周期信号都可以展开成傅里叶级数，即若干个正弦波之和，根据这一原理，可以用带通滤波器将频带设置在250kHz左右，将通频带设置在20Hz～250kHz之间，得到谐波分量，然后再用低通滤波器将高于250kHz的谐波分量滤除，即得到250kHz的正弦波分量。此处带通滤波器和低通滤波器共同对50kHz的方波进行选择分离，得到固定频率为250kHz、峰－峰值为8V的正弦波Ⅱ。

图3-2-6为压控电压源二阶带通滤波器电路。关于此带通滤波器有几个重要参数：中心频率$f_0$或者中心角频率$\omega_0$、通带带宽$BW$、中心频率的放大倍数$A_{uo}$和品质因数$Q$。根据图3-2-7，并通过查阅相关资料可得到上述参数的计算公式如下。

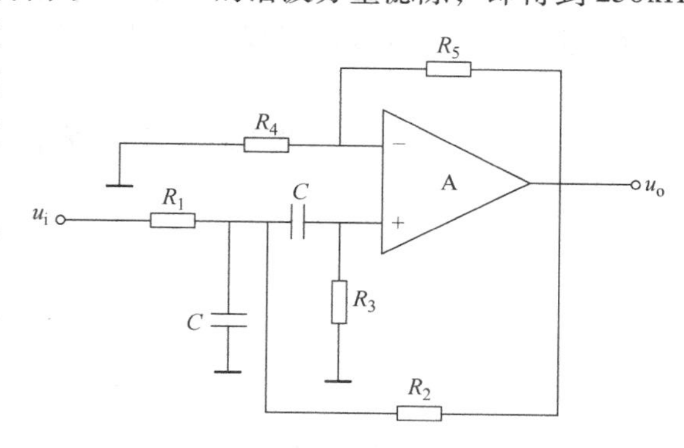


图3-2-6　压控电压源二阶带通滤波器电路

中心角频率：

$$\omega_0 = \sqrt{\frac{1}{R_3 C^2}\left(\frac{1}{R_1} + \frac{1}{R_2}\right)} \tag{3-2-9}$$

中心频率的放大倍数：

$$A_{uo}=\frac{A_f}{R_1\left[\frac{1}{R_1}+\frac{1}{R_2}(1-A_f)+\frac{1}{R_3}\right]} \tag{3-2-10}$$

式中，$A_f=1+\frac{R_5}{R_4}$。

通带带宽：

$$BW=\frac{\omega_0}{Q}=\frac{1}{C}\left[\frac{2}{R_3}+\frac{1}{R_1}+\frac{1}{R_2}(1-A_f)\right] \tag{3-2-11}$$

品质因数：

$$Q=\frac{\omega_0}{BW} \tag{3-2-12}$$

## 五、测试内容

1）测量方波Ⅰ的输出电压幅度、频率调节范围。
2）测量方波Ⅱ的输出电压幅度、频率调节范围。
3）测量三角波的输出电压幅度、频率调节范围。
4）测量正弦波Ⅰ的输出电压幅度、频率调节范围。
5）测量正弦波Ⅱ的输出电压幅度、频率调节范围。
6）用示波器观察方波、三角波和正弦波的波形是否存在明显失真。
7）计算频率误差以及通带内输出电压幅度峰－峰值误差。

## 六、实验报告要求

1）阐述电路工作原理和实验原理。
2）整理仿真数据，通过仿真确定实验参数。
3）根据测试内容要求整理实验电路测试数据。
4）总结分析整个实验过程中的问题与思考。

# 实验 3.3　脉搏测量仪的设计

## 一、实验目的

1）分析和掌握模数混合系统设计方法；
2）提高学生对电子技术的综合认识。

## 二、设计任务和要求

### 1. 设计任务

利用压电传感器 SC0073 设计一款脉搏跳动次数测量仪器。
1）用传感器将脉搏信号转换为电压信号并进行滤波、放大整形，便于设计计数器电路。

2）实现脉搏跳动次数测量，其中，成年人脉搏跳动次数60～80次/分钟，婴儿脉搏跳动次数90～100次/分钟，老人脉搏跳动次数100～150次/分钟。

3）测试误差不大于2次/分钟。

2. 设计要求

根据脉搏测量仪工作原理，合理设计硬件电路，完成设计相关参数计算与器件选型，运用Multisim电路仿真软件画出相关的电路原理图；完成硬件电路搭建与调试；按照要求撰写课程设计报告，说明设计过程、元器件选择过程及计算依据，对电路方案进行分析讨论。

## 三、预习与思考

1）分析前置放大电路的输出电压推导过程。

2）如何提高脉搏测量的测试精度?

## 四、实验原理

脉搏是常见的生理现象，是心脏和血管状态等重要的生理信息的外在反映。脉搏测量不仅为血压测量、血流测量及其他生理检测提供了生理参考信息，而且脉搏波本身也能给出许多有诊断价值的信息。本实验要求学生结合心率测量电路工作原理，合理运用模拟电子技术基础实验电路单元，设计与制作脉搏测量电路，加深学生对模拟电路的掌握。脉搏测量电路设计框图如图3-3-1所示。

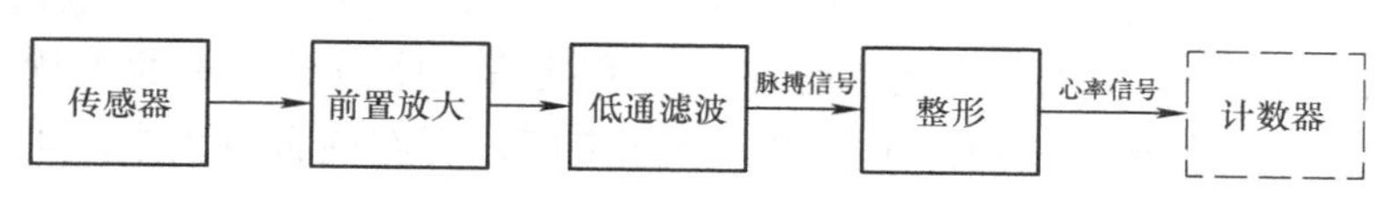


图3-3-1　脉搏测量仪电路设计框图

在该实验中，脉搏测量主要指心率测量，电路主要由信号前置放大电路、低通滤波电路、整形电路、计数器电路组成。脉搏传感器采集的脉搏信号，经过前置放大器进行放大后，送入有源滤波器滤去干扰信号，此时，经过处理后的信号还不是计数器所需的脉冲信号，因此，还需通过整形电路对处理后的信号进行整形，将其转换为脉冲信号用于计数器计数。下面介绍各单元模块设计原理。

1. 脉搏传感器选择

脉搏传感器的作用是将脉搏信号转换为相应的电信号。脉搏传感器是脉象检测系统中重要的组成部分，其性能的好坏直接影响后续电路及测试结果。

根据传感器工作原理，可将其分为物理传感器和化学传感器两大类。物理传感器主要包含电阻式、电位器式、电感式、电容式、磁电式、压电式以及光电式等传感器。其中，压电式传感器是利用压电材料的压电效应，将机械能转化为电能，属于典型的有源传感器。它的敏感元件由压电材料制成。常见的压电材料有石英晶体、人工合成陶瓷以及有机高分子聚合物等。其工作原理是基于某些晶体受力后在其表面产生电荷的压电效应。此电荷经电荷放大器、测量电路放大、变换阻抗后转换为正比于所受外力的电量输出。压电式传感器常用于测量力或能变换为力的非电物理量，如压力、加速度等。它的优点是频带宽、灵敏度高、信噪比高、结构简单、工作可靠和重量轻等。由于压电传感器的动态响应好，在动态测量中广泛使用。

本实验选用压电式 SC0073 脉搏传感器用于脉搏采集。该传感器采用压电复合材料作为换能元件，信号通过特殊的匹配层传递到换能元件上变成电荷量，再经传感器内部放大电路转换成电压信号输出。该传感器是一种高性能低成本的振动传感器，具有灵敏度高、频率响应范围宽、抗过载和冲击能力强、抗干扰性好、操作简便等特点。

2. 前置放大电路

由于人体心电信号的特点，加上背景噪声较强，采集信号时电极与皮肤间的阻抗变化范围也较大，这就要求前置放大电路具有高输入阻抗、高共模抑制比、低噪声、低漂移、非线性度小、合适的频带和动态范围等特点。因此，本实验选用 Analog 公司的仪用放大器 AD620 作为前置放大电路的核心器件，该芯片内部结构如图 3-3-2 所示。

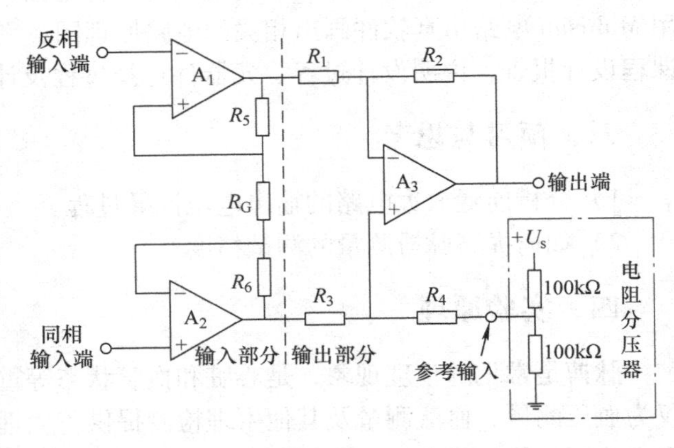

图 3-3-2　AD620 芯片内部结构

该放大器具有较高的共模抑制比、温度稳定性好、放大频带宽、噪声系数小且调节方便等特点，是生物医学信号放大的理想选择。根据小信号放大器的设计原则，前置放大电路的第一级电路增益不能设置太高，以便于后续电路对噪声的处理。此外，为了抵消人体信号源中的干扰（包括工频干扰），在前置放大电路的第一级电路中可引入补偿电路，即在前置放大电路的第一级电路的反馈端与信号源地端建立共模负反馈，将反馈信号放大后接入信号源参考点，提高电路的反馈深度，以最大限度地抵消工频干扰。前置放大电路的第二级电路则根据放大倍数需求，根据同相比例放大电路的设计原理，选择适当器件完成设计。

3. 滤波电路

考虑到传感器采集的信号中含有大量的噪声信号，其来源主要有工频干扰、人为运动肌电干扰、基线漂移等。为了消除这些干扰信号，在脉搏信号放大电路中，应加入有源滤波电路。为了达到更好的滤波效果，可采用高阶有源滤波器。

4. 波形整形电路

经过处理后的信号还不是计数器所需的脉冲信号，还需要比较器对处理后的信号进行整形，将其转换为脉冲信号，用于计数器计数。因此，可通过比较器使大于参考电压的输入信号输出负电压，小于参考电压的输入信号输出正电压，而得到方波信号。考虑到计数器的脉冲信号应是逻辑电平，不能有负值且高电平不能高于计数器的工作电压，因此，进一步运用加法器和比例放大电路，使输出信号低电平在 0V 左右，高电平在 5V 左右，从而获得计数器所需脉冲信号。

## 五、测试内容

搭建脉搏测量电路，通过多次测量，在表 3-3-1 中记录测量数据，验证心率测量结果的有效性。

表 3-3-1 测试结果记录

| 测试 | 测试 1 | 测试 2 | 测试 3 | 测试 4 | 测试 5 |
|---|---|---|---|---|---|
| | 心率 | 心率 | 心率 | 心率 | 心率 |
| 测试结果 | | | | | |

## 六、实验报告要求与思考

1）整理实验数据，画出各级电路的输出波形，绘制数据表格，完成实验数据误差分析。

2）总结实验调试中的故障排除情况及体会。

## 七、参考电路

在实验仿真中，用 5mV、100Hz 正弦信号模拟人体脉搏传感器的输出信号。仿真整体电路如图 3-3-3 所示，电路各单元参数选型如下。

前置放大电路设计：由于传感器输出电阻比较高，故前置放大电路采用同相比例放大器，放大倍数为 1000 倍。设置第一级放大倍数为 $A_{U1}=10$，第二级放大倍数为 $A_{U2}=100$，根据 AD620 的放大倍数计算 $A_{U1}=1+\dfrac{R_1+R_2}{R_3}$，选 $R_1=20\text{k}\Omega$，$R_2=20\text{k}\Omega$，$R_3=4.3\text{k}\Omega$；第二级选用 OP07AH 放大器设计同相比例放大器，故选 $R_5=10\text{k}\Omega$，$R_6=100\Omega$。

低通滤波电路设计：考虑正常成年人脉搏跳动次数 60 ~ 80 次/分钟，婴儿脉搏跳动次数 90 ~ 100 次/分钟，老人脉搏跳动次数 100 ~ 150 次/分钟，而噪声信号来源主要为工频干扰、人为运动肌电干扰、基线漂移等，其中 50Hz 的肌电干扰最为严重。因此，脉搏信号放大后，加入二阶低通滤波器，将上限截止频率 $f_h$ 设置为 5Hz，取电容 $C_3=C_4=10\mu\text{F}$，则 $R_7=R_8=1\text{k}\Omega$，$R_9=10\text{k}\Omega$，$R_{10}=68\text{k}\Omega$。

波形整形电路设计：根据过零比较器工作原理，设置阈值电压 $U_T=0\text{V}$，当脉搏信号小于阈值电压 $U_T$ 时，输出信号为 $+U_{oM}$（5V）；当脉搏信号大于阈值电压 $U_T$ 时，输出信号为 $-U_{oM}$（$-5$V）。然后通过加法器、反相比例放大电路将脉搏信号转换为脉冲信号用于计数器计数。

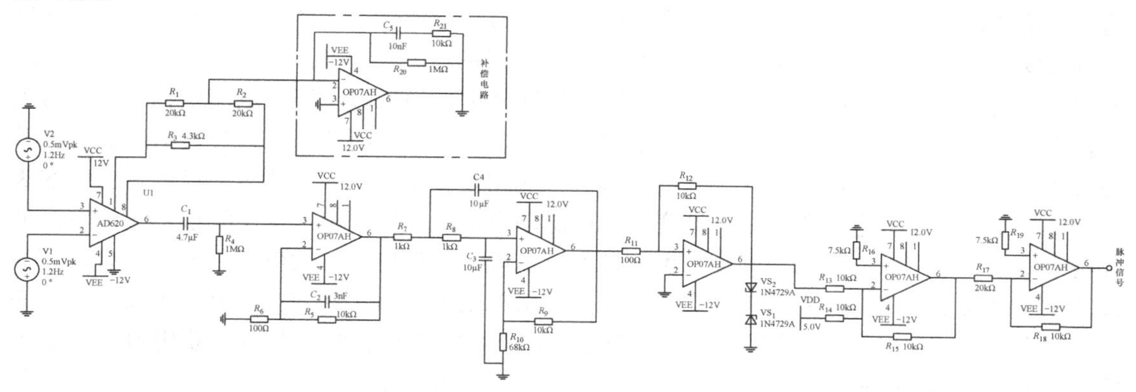


图 3-3-3 脉搏测量仿真整体电路

# 实验3.4 万用表的设计与调试

## 一、实验目的

1）熟悉万用表结构、工作原理。

2）掌握电压、电流、电阻的测量方法。

## 二、实验任务与要求

1. 设计任务

设计由运算放大器（可选用 μA741）、电阻器［均用(1/4)W 的金属膜电阻器］、二极管（IN2007 ×4、IN4148）、稳压管（IN4728）等组成的万用表。在进行电压、电流或欧姆测量时，可应用开关切换量程，实验时可用引接线切换。

2. 设计要求

该万用表应具有直流电压（满量程 +6V）、直流电流（满量程 10mA）、交流电压（满量程6V，50Hz ~ 1kHz）、交流电流（满量程10mA）、欧姆表（满量程1kΩ、10kΩ、100kΩ）等测量功能，表头灵敏度为 1mA，内阻为 100Ω。

## 三、预习与思考

1）在连接电源时，可用哪些措施消除电源产生的干扰？

2）使用万用表进行测量时，产生测量误差的原因有哪些？可采用哪些措施减小测量误差？

3）为提高测量数据的准确性，在调试过程中应进行哪些步骤？

## 四、实验原理

万用表主要由指示器、测量电路和转换装置三部分组成。指示器俗称表头，用来指示被测电量的数值，通常为磁电式（动圈式）结构，其核心部分是在永久磁铁的气隙磁场中放置一个可动线圈。当在线圈中通入电流时，该载流可动线圈便在磁场中受电磁力矩作用而带动指针偏转；当电磁力矩与预设弹簧产生的反作用力矩平衡时，指针停止偏转，此时，指针偏转角度的大小即表示被测量值。由于表头是磁电式的，其测量机构容许通过的电流较小，因此，表内加入分流电阻器组，通过表盘面的转换开关切换来改变表的电流量程。由于磁电式表头的过压能力差，因此测量直流电压时，表内装有倍压电阻器组，通过表盘面的转换开关切换来改变表的直流电压量程。磁电式表头只能测定直流量，如需测量交流电量，应在表内设置整流器。交流电流通过整流器变成单向脉动电流，而脉动电流的平均值与交流电流的有效值成正比。所以，表头的刻度盘可直接按交流电流、电压的有效值设置刻度，量程便通过分流电阻器组和倍压电阻器组来实现。为了测量电阻的量值，表内应装有电阻器组，以表内电池为电源，利用直流电流与被测电阻成反比的关系来测定被测电阻的欧姆数。由此可见，表头是万用表的关键部分，万用表的灵敏度、准确度及指针回零等也大都取决于表头的性能。表头的灵敏度是以满足刻度的测量电流来衡量的，满刻度偏转电流越小，灵敏度越高。一般万用表表头灵敏度在 10 ~ 100μA 左右。

1. 直流电压表

图 3-4-1 为同相端输入、高精度指针式直流电压表电路原理图。为减小表头参数对测量精度的影响，将表头置于运算放大器的反馈回路中，这时，流经表头的电流与表头的参数无关，只需改变电阻 $R_1$，就可以进行量程切换。

表头电流 $I$ 与被测电压 $U_i$ 的关系为

$$I = \frac{U_i}{R_1} \tag{3-4-1}$$

注意：图 3-4-1 适用于测量电路与运算放大器共地的相关电路。当被测电压较高时，应在运算放大器的输入端设置衰减器。

2. 直流电流表

在电流测量中，浮地电流的测量是普遍存在的。例如，若被测电流无接地点，就属于这种情况。为此，需要把运算放大器的电源也对地浮动（如图中点画线框所示），按此种方式构成的电流表可串联在任意电流通路中测量电流。浮地直流电流表的电路原理图如图 3-4-2 所示。

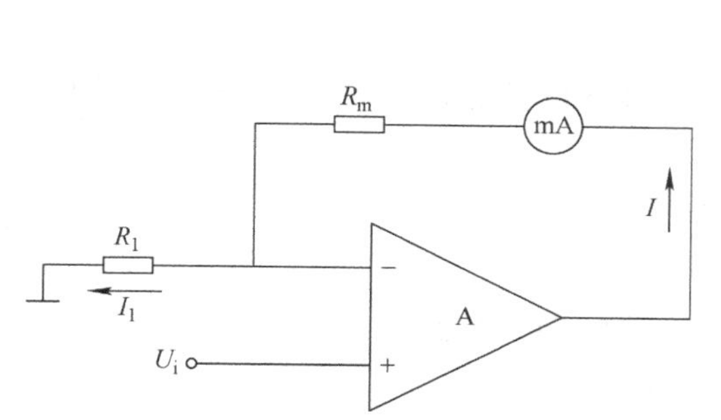


图 3-4-1　直流电压表原理图

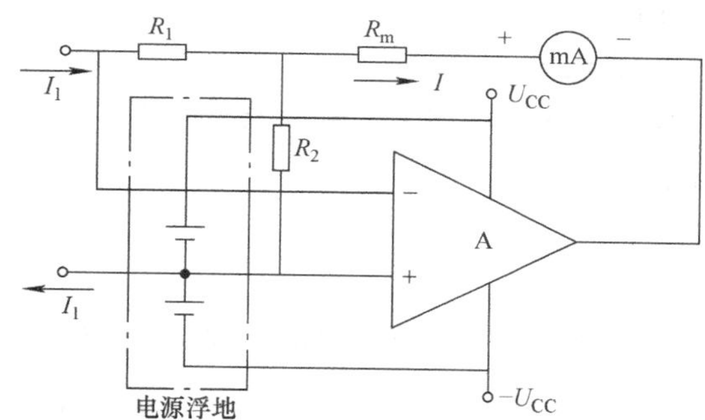


图 3-4-2　浮地直流电流表原理图

表头电流 $I$ 与被测电流 $I_1$ 之间的关系为

$$-I_1R_1 = (I_1 - I)R_2 \tag{3-4-2}$$

$$I = \left(1 + \frac{R_1}{R_2}\right)I_1 \tag{3-4-3}$$

可见，改变电阻比$\frac{R_1}{R_2}$，可调节流过电流表的电流，以提高灵敏度。若被测电流较大时，应给电流表表头并联分流电阻。

3. 交流电压表

由运算放大器、二极管整流桥和直流毫安表组成的交流电压表原理图如图 3-4-3 所示。被测交流电压加到运算放大器的同相端，故有很高的输入阻抗，又因为负反馈能减小回路中的非线性影响，故把二极管桥路和表头置于运算放大器的反馈路中，以减小二极管本身非线性的影响。

表头直流电流 $I$ 与被测交流电压有效值 $U_i$ 的关系为

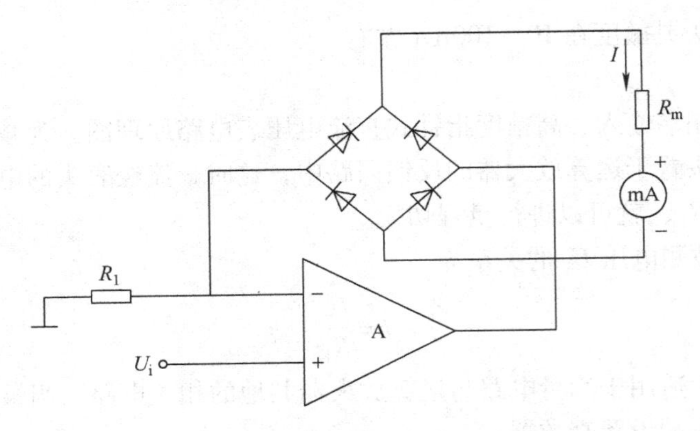


图 3-4-3　交流电压表原理图

$$I = \frac{U_i}{R_1} \tag{3-4-4}$$

电流 $I$ 全部流过整流桥路，其值仅与$\frac{U_i}{R_1}$有关，与桥路和表头参数无关。表头中电流与 $U_{R_m}$的平均值成正比。

4. 交流电流表

图 3-4-4 为浮地交流电流表原理图，表头读数由被测交流电流 $I$ 的全波整流平均值 $I_{IAV}$ 决定，即

$$I = \left(1 + \frac{R_1}{R_2}\right) I_{IAV} \tag{3-4-5}$$

若被测电流 $i_1$ 为正弦电流，即 $i_1 = \sqrt{2} I_1 \sin\omega t$，则上式可写为

$$I = 0.9\left(1 + \frac{R_1}{R_2}\right) I_1$$

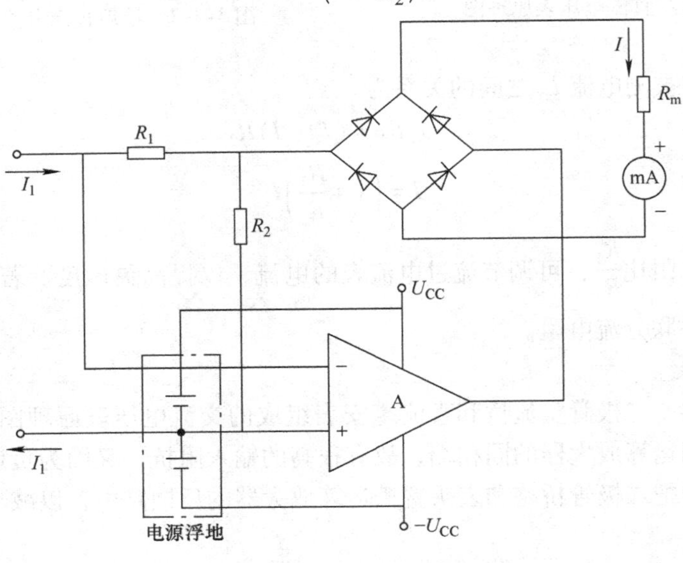


图 3-4-4　浮地交流电流表原理图

5. 欧姆表

图3-4-5为多量程欧姆表电路原理图。

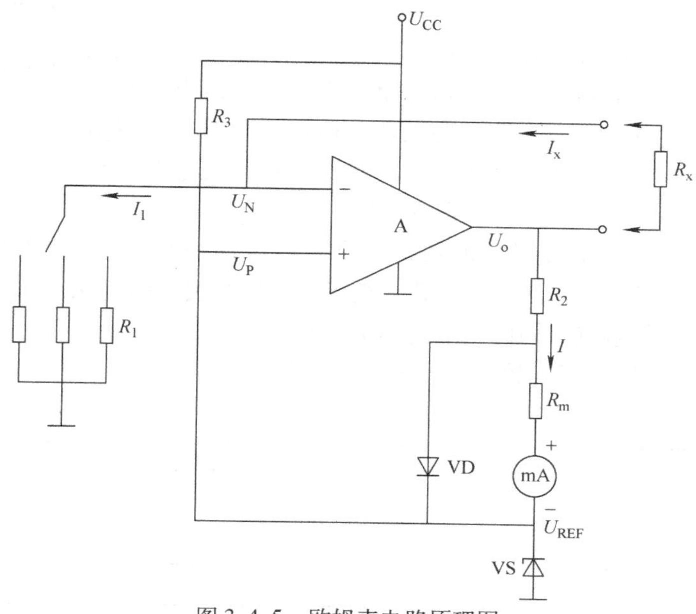


图3-4-5 欧姆表电路原理图

在此电路中，运算放大器由单电源供电，被测电阻 $R_x$ 跨接在运算放大器的反馈回路中，同相端加基准电压 $U_{REF}$。

因为 $U_P=U_N=U_{REF}$，$I_1=I_x$，$\frac{U_{REF}}{R_1}=\frac{U_o-U_{REF}}{R_x}$，即

$$R_x=\frac{R_1(U_o-U_{REF})}{U_{REF}} \tag{3-4-6}$$

流经表头的电流为

$$I=\frac{U_o-U_{REF}}{R_2+R_m} \tag{3-4-7}$$

由上两式消去 $U_o-U_{REF}$，得

$$I=\frac{U_{REF}R_x}{R_1(R_2+R_m)} \tag{3-4-8}$$

可见电流 $I$ 与被测电阻成正比，而且表头具有线性刻度，改变 $R_1$ 值，可改变欧姆表的量程。这种欧姆表能自动调零，当 $R_x=0$ 时，电路变成电压跟随器，当 $U_o=U_{REF}$时，表头电流为零，从而实现了自动调零。

二极管VD起保护电表的作用，若没有VD，当 $R_x$ 超量程，特别是当 $R_x\to\infty$ 时，运算放大器的输出电压 $U_o$将接近电源电压，使表头过载。有了VD就可以使输出钳位，防止表头过载。调整 $R_2$，可实现满量程调节。

6. 电路调零

该项目采用集成运放μA741来实现各项测量功能，运放的失调电流、失调电压等造成的零点漂移可以通过引脚1和引脚5接电位器进行校零。因此在实现上述功能电路时，注意

当输入为零时，通过电位器进行调零。调零电路如图 3-4-6 所示。

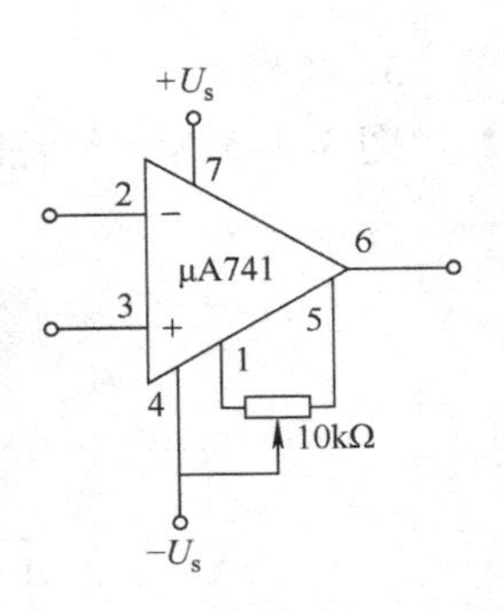

图 3-4-6 调零电路

## 五、测试内容

测量电路的作用是把被测的电量转化为适合于表头的微小直流电流，它通常包括分流电路、分压电路和整流电路。分流电路将被测大电流通过分流电阻变成表头所需要的微小电流；分压电路将被测得高电压通过分压电阻变换成表头所需的低电压；整流电路将被测的交流信号通过整流转变成所需的直流信号。

万用表的各种测量种类及量程的选择是靠转换装置来实现的，转换装置通常由转换开关、接线柱、插孔等组成。转换开关有固定触点和活动触点，它位于不同位置，接通相应的触点，构成相应的测量电路。

1）直流电压表参数测试，数据填入表 3-4-1 中。

表 3-4-1

| 序号 | 实际电压值/V | 电压测量值/V | 相对误差 |
|---|---|---|---|
| 1 | | | |
| 2 | | | |
| 3 | | | |

2）直流电流表参数测试，数据填入表 3-4-2 中。

表 3-4-2

| 序号 | 实际电流值/A | 电流测量值/A | 相对误差 | 灵敏度 |
|---|---|---|---|---|
| 1 | | | | |
| 2 | | | | |
| 3 | | | | |

3）交流电压表参数测试，数据填入表 3-4-3 中。

表 3-4-3

| 序号 | 实际电压值/mV | 电压测量值/mV | 相对误差 |
|---|---|---|---|
| 1 | | | |
| 2 | | | |
| 3 | | | |

4）交流电流表参数测试，数据填入表 3-4-4 中。

表 3-4-4

| 序号 | 实际电流值/mA | 电流测量值/mA | 相对误差 |
|---|---|---|---|
| 1 | | | |
| 2 | | | |
| 3 | | | |

5）欧姆表参数测试，数据填入表 3-4-5 中。

表 3-4-5

| 序号 | 实际电阻值/Ω | 电阻测量值/Ω | 相对误差 |
| --- | --- | --- | --- |
| 1 | | | |
| 2 | | | |
| 3 | | | |

## 六、实验报告要求与思考

1）画出详细的万用表设计电路图。

2）该设计使用集成 μA741。

3）将万用表与标准表做测试比较，计算出万用表各功能挡的相对误差，分析误差原因。

4）电路调试中的故障分析及改进措施。

## 七、参考电路

参考电路如图 3-4-7 ~ 图 3-4-11 所示。

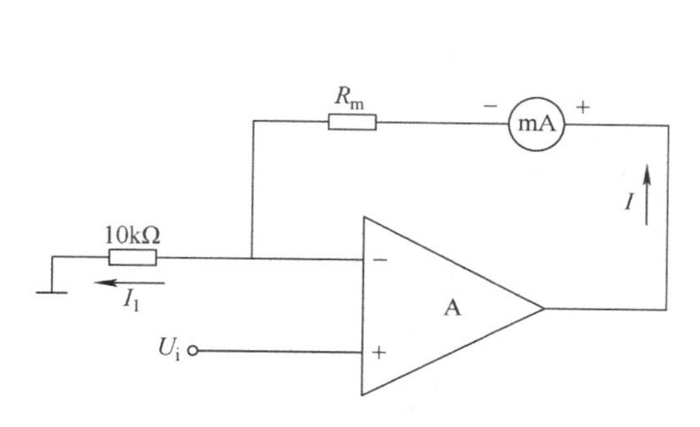


图 3-4-7　直流电压表

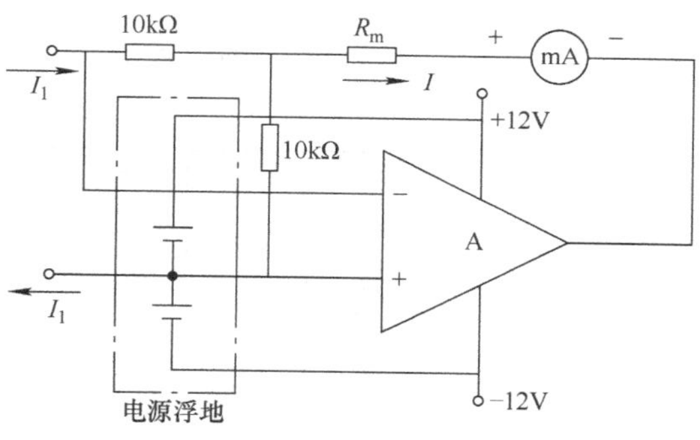


图 3-4-8　直流电流表

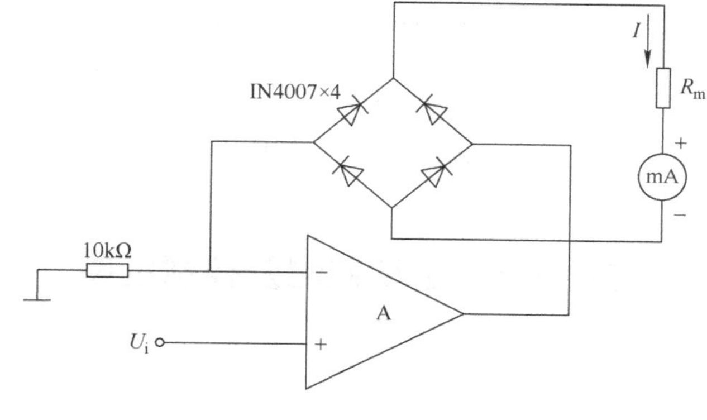


图 3-4-9　交流电压表

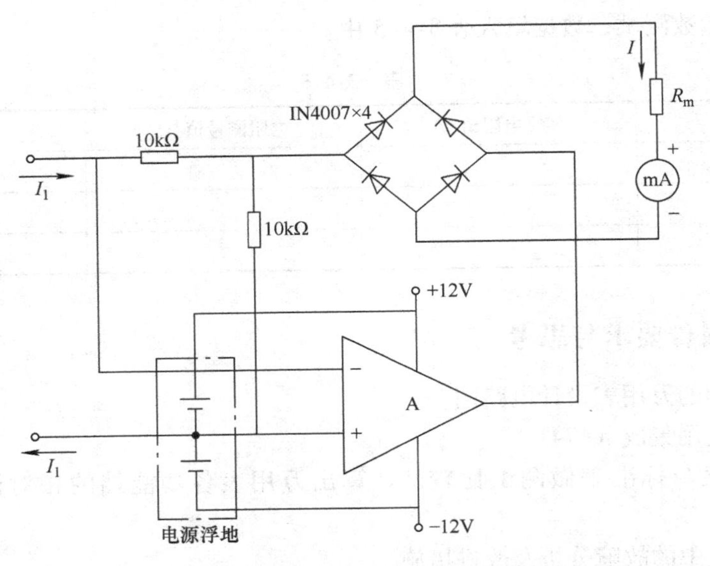


图 3-4-10　交流电流表

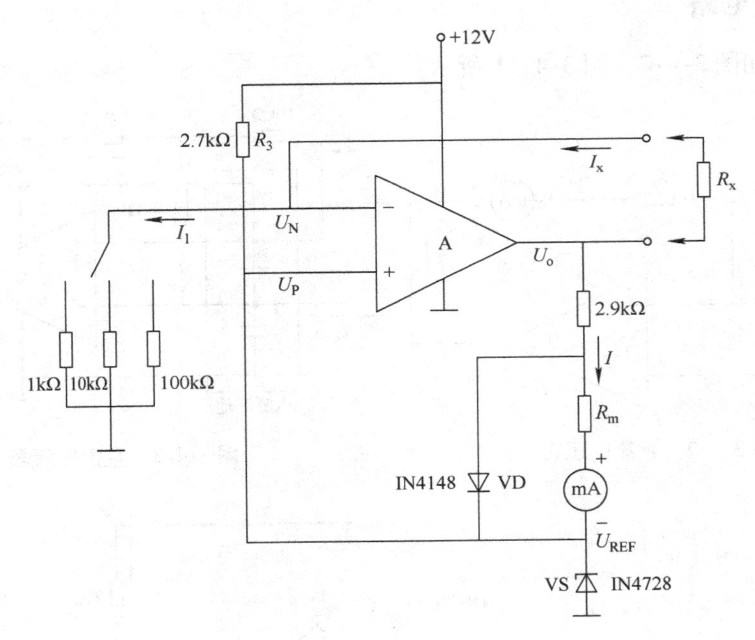


图 3-4-11　欧姆表

# 实验 3.5　温度监测及控制电路

## 一、实验目的

1）学习电桥和差动放大器组成的温度监测电路原理。

2）掌握滞回比较器的性能和调试方法。

3）学会温度检测及控制系统调试和测量。

## 二、实验任务与要求

1. 设计任务

设计一个以有负温度系数热敏电阻为桥臂的测温电桥，其输出经测量差分放大器放大后由滞回比较器输出“加热”与“停止”信号，使液体温度保持恒定温度，温度可以设置为大于室温且小于等于50℃，而控温精度小于等于0.5℃。

2. 实验设备与元器件

±12V直流电源、双踪示波器、热敏电阻、运算放大器（根据现有存货确定）、晶体管9013、稳压管、发光二极管（LED）、继电器、电阻、电容器、温度计及加热棒（可以是220V供电，也可以低压直流供电）等。

## 三、预习与思考

1）测温单元通过温度传感器将温度转换为电信号的电路原理。

2）该系统用单端输入放大器还是差分放大器？为什么？

3）在温度控制环节中，如何实现保温控制？

4）如何建立温度与电压信号的映射关系，影响温度测量精度的因素有哪些？如何减小其影响？

## 四、电路原理

温度监测及控制电路主要由两大部分组成：测温单元和温度检测与控制单元。测温单元通过温度传感器将温度转换为电信号，将电信号进行处理后，标定温度与电压关系和曲线，并在终端显示器上显示温度值。温度检测与控制单元主要通过比较器实现测量值与参考值（代表设定温度）比较，如果测量值大于设定值，则断开加热棒，反之则接通加热棒对液体进行加热，反馈控制保证温度的稳定性。原理图如图3-5-1所示。

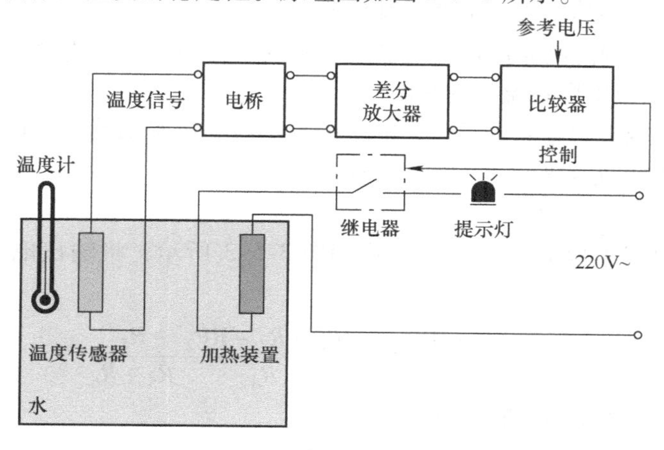


图3-5-1　温度监测及控制实验原理图

1. 测温电桥

由 $R_1$、$R_2$、$R_3$、$RP_1$ 及 $R_S$ 组成的测温电桥如图 3-5-2 所示，其中 $R_S$ 是温度传感器。其呈现出的阻值与温度成线性变化关系且具有负温度系数，而温度系数又与流过它的工作电流有关。为了稳定 $R_t$ 的工作电流，达到稳定器稳定系数的目的，设置了稳压管 VS。调节 $RP_1$ 可使测温电桥的平衡，此时 a′、b′压差为 0V，当温敏电阻受温度变化影响，其压差将发生变化。将 a′、b′压差接入差分放大器，其第一个作用是增加温度测量精度，第二个作用是将双端信号变成单端到地的信号，抑制共模干扰。

将差动放大电路（见图 3-5-3）的 a、b 端与测温电桥的 a′、b′端相连，可构成一个桥式测温放大电路。差动放大器根据供电电源确定动态范围，尽量使放大器输出电压在其线性工作范围内。由于所使用温度传感器不同，因此需要根据测温电路输出和放大器动态范围确定其增益。确定增益后根据差动放大器增益表达式确定电阻。桥式测温放大电路的调试操作具体如下：

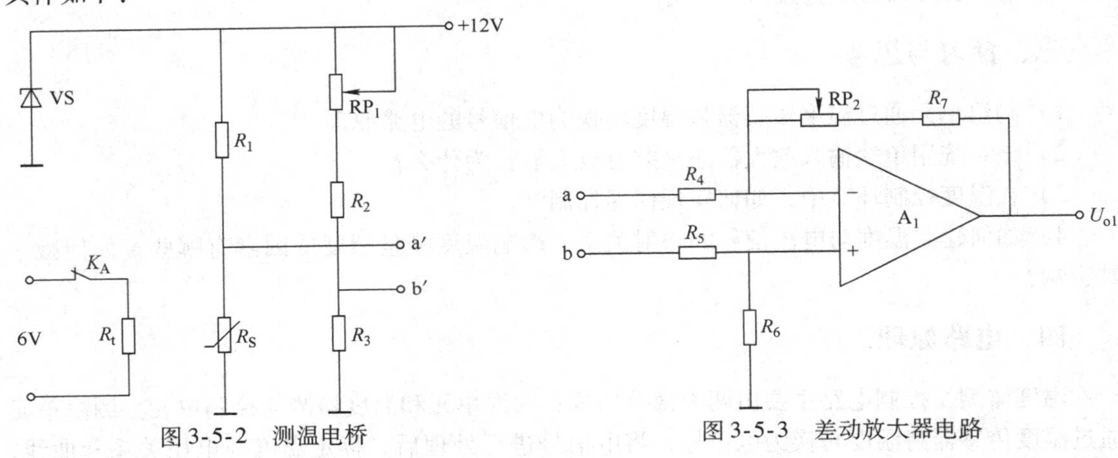

图 3-5-2　测温电桥　　　图 3-5-3　差动放大器电路

1）实测温度系数。将温敏电阻放入容器中，将水加热到不同温度，用高精度万用表欧姆档测量温敏电阻阻值，找到阻值变化量与温度变化量之间的关系，即温度系数。

2）根据温敏电阻阻值，设计电桥的其他臂的阻值。

3）调节 $RP_1$，使测温放大器在当前水温下输出 $U_S$，即调节 $RP_1$ 使 $U_{o1}=U_S$（此值可以自行设计，代表初始温度即室温下的水温）。

4）画出桥式测温放大电路的温度－电压关系曲线。将水加热到不同温度，测量电桥的输出电压 $U_{o1}$，从而得到温度与电压的关系曲线。

2. 差动放大电路

由 $A_1$ 及外围电路组成的差动放大电路如图 3-5-3 所示，将输出电压 $U_{o1}$ 按比例放大，其输出电压为

$$U_{o1}=-\frac{R_7+RP_2}{R_4}U_a+\frac{R_4+R_7+RP_2}{R_4}\frac{R_5}{R_5+R_6}U_b \tag{3-5-1}$$

当 $R_4=R_5$，$R_7+RP_2=R_6$ 时，有

$$U_{o1}=-\frac{R_7+RP_2}{R_4}(U_a-U_b) \tag{3-5-2}$$

这里，$RP_2$ 用于差动放大器调零。可见差动放大电路的输出电压 $U_{o1}$ 仅取决于两个输入电压之差和外部电阻的比值。

如图 3-5-3 所示差动放大器，其单元调试步骤应注意：

1）调零。将 a、b 两端对地短路，调节 $RP_2$ 使 $U_i=0$。

2）去掉 a、b 端对地短路线。从 a、b 端分别加入不同的两个直流电平。

当电路中 $R_7+RP_2=R_6$、$R_4=R_5$ 时，其输出电压为

$$U_{o1}=\frac{R_7+RP_2}{R_4}(U_b-U_a) \tag{3-5-3}$$

注意：在测试时，加入的输入电压不能太高，以免放大器输出进入饱和区。

3）将 b 点对地短路，a 点加入 $f=100\text{Hz}$、$U_i=10\text{mV}$（有效值）的正弦信号。

3. 滞回比较器

将差动放大器的输出电压 $U_{o2}$ 作为由 $A_2$ 组成的滞回比较器的输入信号。滞回比较器的单元电路如图 3-5-4 所示，比较器输出高电平为 $U_{oH}$，输出低电平为 $U_{oL}$，参考电压 $U_{ref}$ 加在反相输入端。

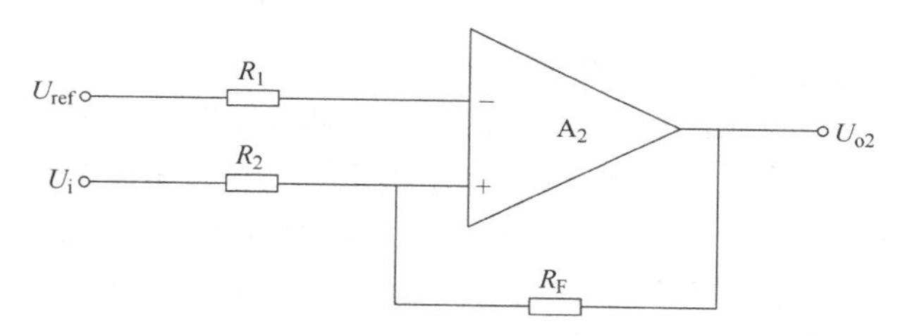


图 3-5-4　滞回比较器的单元电路

当输出为高电平 $U_{oH}$ 时，运放同相输入端电位为

$$U_+=\frac{R_F}{R_2+R_F}U_{o2}+\frac{R_2}{R_2+R_F}U_{oH} \tag{3-5-4}$$

为使 $U_+=U_{ref}$，则 $U_i=U_{TL}=\frac{R_2+R_F}{R_F}U_{ref}-\frac{R_2}{R_F}U_{oH}$。此后，$U_i$ 稍有减小，输出就从高电平跳变为低电平。

当输出为低电平 $U_{oL}$ 时，运放同相输入端电位为

$$U_+=\frac{R_F}{R_2+R_F}U_{o2}+\frac{R_2}{R_2+R_F}U_{oL} \tag{3-5-5}$$

为使 $U_+=U_{ref}$，则 $U_i=U_{TH}=\frac{R_2+R_F}{R_F}U_{ref}-\frac{R_2}{R_F}U_{oL}$。此后，$U_i$ 稍有增加，输出又从低电平跳变为高电平。

$U_{TH}$ 和 $U_{TL}$ 为输出电平跳变时对应的输入电平，$U_{TH}$ 为上门限电平，$U_{TL}$ 为下门限电平，两者的差值 $\Delta U_T=U_{TH}-U_{TL}$ 称为门限宽度，它们的大小可通过调节 $R_2/R_F$ 的比值来调整。图 3-5-5 所示为滞回比较器的电压传输特性。

由上述分析可，见差动放大器输出电压 $U_{o1}$ 经分压后和 $A_2$ 组成滞回比较器，与反相输入端的参考电压 $U_{ref}$ 相比较。当同相输入端的电压信号大于反相输入端的电压时，$A_2$ 输出

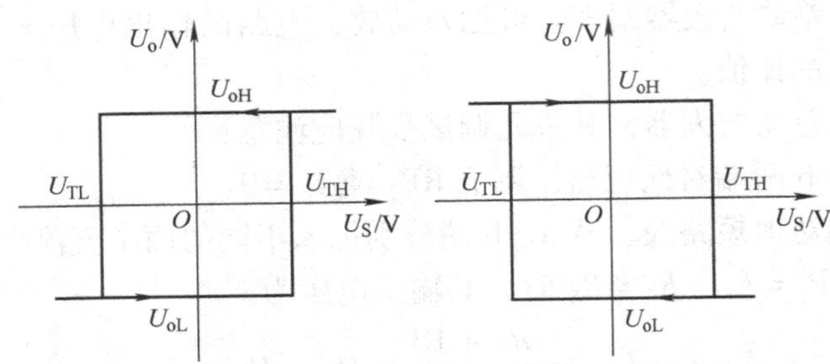


a) 同相滞回比较器电压传输特性　b) 反相滞回比较器电压传输特性

图 3-5-5　滞回比较器的电压传输特性

正饱和电压，晶体管饱和导通，二极管（LED）发光，负载处于“加热”工作状态（见图 3-5-7）。反之，当同相输入信号小于反相输入电压时，$A_2$ 输出负饱和电压，晶体管截止，LED 熄灭，负载为“停止”工作状态。调节 $RP_1$ 可改变参考电压，也同时调节了上下门限电平。$\Delta U_T = U_{TH} - U_{TL}$ 的设计需要兼顾电路的抗干扰能力和温度稳定的精度。

在进行滞回比较器单元调试时，有两种方法可以选用。

（1）直流法测试比较器的上下限电平

如图 3-5-4 所示，首先确定参考电压 $U_{ref}$ 的值，调节 $RP_3$，使 $U_{ref} = 2V$。然后将可调的直流电压 $U_i$ 加入比较器的输入端。比较器的输出电压 $U_{o2}$ 送入示波器输入端 CH2（将示波器的“输入耦合方式开关”置于“DC”，$x$ 轴“扫描触发方式开关”置于“自动”）。改变直流输入电压的大小，从示波器屏幕上观察到，当 $U_{o2}$ 跳变时对应的 $U_{i2}$ 值即为上下门限电平。

（2）交流法测试电压传输特性曲线

将 $f = 100Hz$、$U_{p-p} = 6V$ 的正弦信号加入比较器输入端 $U_i$，同时送入示波器输入端 CH1，将比较器的输出信号 $U_{o2}$ 送入示波器 CH2。微调正弦信号的大小，可从示波器显示屏上得到完整的电压传输特性曲线。

## 五、参数测量

根据电路原理推算出各级电路参数后，形成各级电路单元。各级电路分别按下列步骤调试温度检测控制电路的整机工作状况：

1）连接各级电路。注意：可调元件不能随意变动，如需变动，必须重新执行前面的步骤。

2）温度系数与放大倍数的测量。

① 根据温度计的示值与测温电路输出电压，画出测温放大器的温度 - 电压关系曲线，并标注相关的温度和电压的值，如图 3-5-6 所示。计算测温放大器的温度 - 电压系数 $K$，并通过 $K$ 求得在其他温度下，放大器实际应输出的电压值。

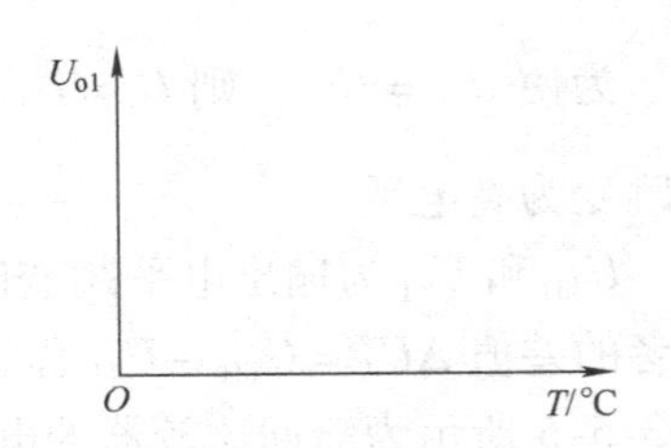


图 3-5-6　温度 - 电压关系曲线

② 用示波器观察输出波形。在输出波形不失真的情况下，用交流毫伏表测出放大电路输入电压 $U_i$ 和输出电压 $U_{o1}$，计算差动放大器的电压放大倍数 $A_u$，并将数值记录到表 3-5-1 中。

表　3-5-1

| $U_i$ | $U_{o1}$ | $A_u$ |
|---|---|---|
| | | |

3）调节系统参数，设置参考电压 $U_{ref} = U_{o1}$。

4）设定不同初始温度（$U_{o1}$）及目标温度（$U_{ref}$）用加热器升温，观察升温情况，直至报警电路动作，记录动作时相应的动作温度 $t_1$ 和动作电压 $U_{o2}$ 并填入表 3-5-2 中。

5）用自然降温法使热敏电阻降温，记录电路解除时所对应的动作温度 $t_2$ 和动作电压 $U'_{o2}$ 并填入表 3-5-2 中。

6）改变控制温度 $T$，重新执行上述步骤。记录测试结果并填入表 3-5-2 中。

注意：实验中的加热装置可用一个 100Ω/2W 的电阻模拟，将此电阻靠近即可。

表　3-5-2

| 设定温度 $T$/℃ | | | | | | | | | |
|---|---|---|---|---|---|---|---|---|---|
| 设定电压 | $U_{o1}$ | | | | | | | | |
| | $U_{ref}$ | | | | | | | | |
| 动作温度 | $t_1$ | | | | | | | | |
| | $t_2$ | | | | | | | | |
| 动作电压 | $U_{o2}$ | | | | | | | | |
| | $U'_{o2}$ | | | | | | | | |

## 六、实验报告要求与思考

1）整理实验数据，画出相关曲线、数据表格及实验电路图。

2）请思考如果放大器不进行调零，将会引起什么结果？如何设定温度检测控制点？

3）汇总实验调试中的故障排除情况及体会。

## 七、参考电路

参考电路如图 3-5-7 所示。

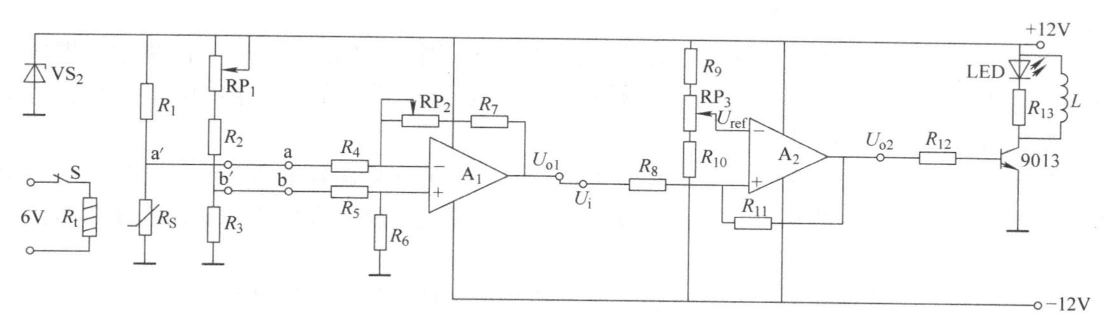


图 3-5-7　参考电路

# 实验3.6　霍尔电流检测

## 一、实验目的

1）理解霍尔（HALL）电流检测电路的工作原理和设计方法。

2）学习并熟悉HALL器件的选择和应用。

3）掌握HALL电流检测各项参数指标的测试方法。

## 二、设计任务和要求

1. 设计任务

1）HALL电流检测精度：采用±15V电源输入，2倍额定电流范围检测精度能够保证误差在3%以内。

2）响应时间：为了保证过电流保护的快速性，响应时间需少于3μs。

3）使用频率范围：HALL器件一般用于检测输出电流，所以HALL器件的带宽也是需要关注的特性。带宽越宽，检测精度越高。

4）输出负载电阻：输出负载电阻要大于1kΩ，一般取10kΩ左右。

2. 设计要求

1）完成设计相关参数计算与选型，并运用Multisim仿真。

2）搭建硬件电路并测试相关数据。

## 三、实验预习思考

1）直测式HALL电流检测电路的特点是什么？

2）不同额定电流的HALL器件各自的特点是什么？在电路设计中应如何选择？

## 四、实验原理

霍尔（HALL）电流检测器具有一、二次侧隔离、检测精度高、抗干扰能力强、使用简单的特点。HALL电流检测器分为直测式（开环HALL）和磁平衡式（闭环HALL）。目前，大量使用的是直测式HALL器件。

直测式HALL电流检测利用集磁环将一次侧导线周围产生的磁场通过气隙集中，提供给磁敏元件H（GaAs），再由磁敏元件H转换为弱电信号，经差分放大输出电压信号进行检测。其内部原理如图3-6-1所示。

磁平衡式电流传感器也称补偿式传感器，即一次电流在聚磁环处所产生的磁场通过一个二次线圈电流所产生的磁场进行补偿，其补偿电流精确地反映一次电流，从而使霍尔器件处于检测零磁通的工作状态。

当主回路有电流通过时，在导线上产生的磁场被磁环聚集并感应到霍尔器件上，所产生的信号输出用于驱动功率管并使其导通，从而获得补偿电流。该电流再通过多匝绕组产生磁场，该磁场与被测电流产生的磁场正好相反，因而补偿了原来的磁场，使霍尔器件的输出逐渐减小。当与一次电流和匝数相乘所产生的磁场相等时，补偿电流不再增加，这时的霍尔器

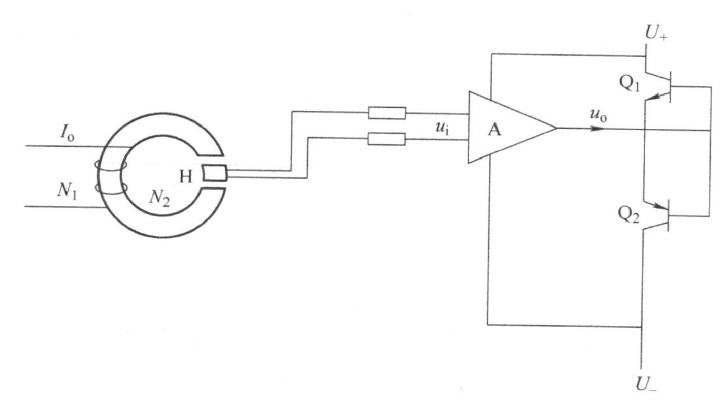


图 3-6-1　直测式 HALL 电流检测原理图

件起到指示零磁通的作用，此时可以通过补偿电流来测试一次电流。当一次电流变化时，平衡受到破坏，霍尔器件有信号输出，即重复上述过程重新达到平衡。被测电流的任何变化都会破坏这一平衡，一旦磁场失去平衡，霍尔器件就有信号输出，经功率放大后，立即就有相应的电流流过二次绕组以对失衡的磁场进行补偿。从磁场失衡到再次平衡，所需的时间理论上不到 1μs，这是一个动态平衡的过程。因此，从宏观上看，二次侧的补偿电流安匝数在任何时间都与一次侧被测电流的安匝数相等。

不同额定电流的 HALL 器件，可分为焊板式和穿孔式。小电流的 HALL 器件比较常见的是焊板式；大电流的 HALL 器件主要是穿孔式。另外，HALL 器件还分为单电源和双电源输入，输出分为 0 ~4V 或 0 ~ ±4V。目前，通用的是双电源输入和 0 ~ ±4V 输出。

直测式 HALL 传感器使用简单，为电压型输出，可以直接取其输出电压，按照电流定标进行电阻分压。为了增加抗干扰性，进行一级跟随隔离，在电压提升后送给 DSP 进行采样检测。

## 五、测试内容

1）用 Multisim 搭建电路，设置并调节电路参数以满足性能指标要求，根据电路步骤，逐级测试。

2）按照 Multisim 仿真电路搭建实物电路，完成如下内容的测试。

① 将没有一级跟随电路的输出电压和纹波与有一级跟随电路的进行比较；测试各级电路的静态工作点，完成表 3-6-1。

表　3-6-1

| | 输出电压 $U_o$ | 纹波 |
|---|---|---|
| 无一级跟随电路 | | |
| 有一级跟随电路 | | |

② 选择不同带宽的 HALL 器件进行电流检测，记录于表 3-6-2 中，并进行比较。

表 3-6-2

| 不同带宽设置 | | | |
|---|---|---|---|
| HALL 电流检测输出 | | | |

## 六、实验报告要求

1）根据 Multisim 仿真数据，撰写仿真报告。

2）在实际电路上完成数据测试，实验报告中应包括电路参数推算过程、实物电路调试中遇到的问题及解决方案、参数测试结果及实物电路图。

## 七、参考电路

图 3-6-2 为直测式 HALL 检测电路，采用 TAMURA 的 50A 直测式 HALL 器件，50A 对应 4V 输出。电流定标为 2 倍额定电流峰值，对应 3V 输出。电源电压为 ±15V，为了保证过电流保护的快速性，响应时间需少于 3μs。

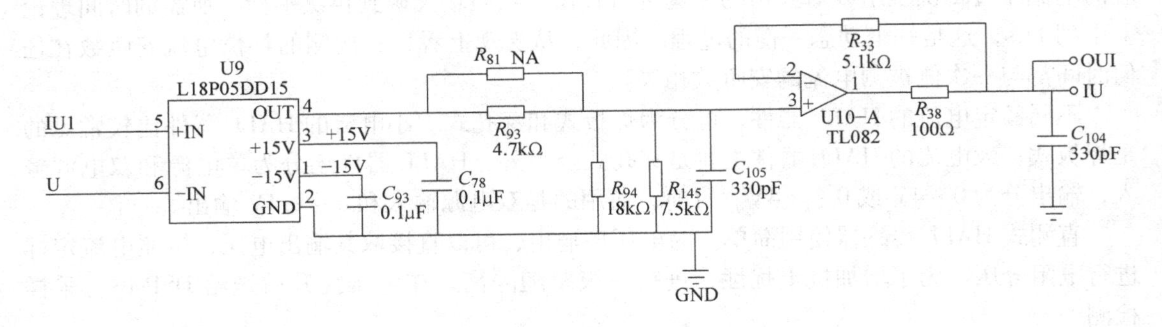


图 3-6-2 直测式 HALL 检测电路

图中，$C_{93}$和 $C_{78}$为 HALL 器件的电源滤波电容；$R_{81}$、$R_{93}$、$R_{94}$和 $R_{145}$根据电流定标进行分压调整；运放 U10 - A 构成跟随电路；$C_{105}$和 $C_{104}$为 HALL 器件输出的滤波电容。

2 倍额定电流峰值为 $25\times2\times1.414\text{A}=70.7\text{A}$。当流过 2 倍额定电流峰值时，HALL 器件输出为 $70.7\times\frac{4}{50}\text{V}=5.656\text{V}$。

要对应 3V 输出，可选择分压电阻 $R_{93}=4.7\text{k}\Omega$，$R_{94}=18\text{k}\Omega$，$R_{145}=7.5\text{k}\Omega$，此时，输出为 $5.656\times(18//7.5)/(4.7+18//7.5)\text{V}=2.996\text{V}\approx3\text{V}$，满足要求。

# 实验 3.7 模拟输入转换电路设计

## 一、实验目的

1）理解电流转换为电压和电压转换电路的工作原理。

2）掌握模拟电流转换为电压的电路和电压跟随电路的设计、调试和测试方法。

## 二、设计任务和要求

1. 设计任务

模拟电压输入为0～10V或者电流输入为0～20mA，要求完成电路设计，实现电压输出0～3.3V，可作为MUC端口直接检测的电压输入。

2. 设计要求

完成输入电压或电流到输出电压的转换，在输入端，能对外部输入信号进行适当的抗干扰处理，如防浪涌电流；通过开关切换电压与电流输入；对电压高于15V的输入信号限幅。在输出端，能对过大的电压输出信号进行限幅。本实验要求完成以运放芯片TL082电压跟随电路为核心的电路参数设计，完善转换电路。

## 三、实验预习思考

1）了解浪涌产生的原因及防浪涌的方法。

2）熟悉TL082芯片的基本功能及引脚说明，掌握电压跟随电路的原理及参数设计。

3）熟悉一阶*RC*低通滤波器的原理。

4）完成电路设计及元件的参数计算，用Multisim仿真实验平台搭建所设计电路，仿真验证调整电路中元件的设计参数，以满足设计要求。

## 四、实验原理

1. 防浪涌原理

浪涌是超出正常工作电压的瞬间过电压，包括浪涌电压和浪涌电流。浪涌很可能使电路在一瞬间烧坏，浪涌保护就是利用元器件针对浪涌敏感性设计的保护电路，简单而常用的保护方法包括并联电容和串联电感。

2. 二极管钳位作用

二极管钳位保护电路是由两个二极管反向串联组成的，当电压超出规定的范围就会有一个二极管导通，从而起到保护电路的作用。

3. TL082芯片

TL082芯片有8个引脚，如图3-7-1所示。内含两个放大器，工作电源电压范围为7～36V。TL082电压跟随电路具有输入阻抗高、输出阻抗低的特点，在电路中可以起到阻抗匹配的作用，能够使后一级放大电路更好地工作。电压跟随器起到缓冲、隔离、提高带载能力的作用。

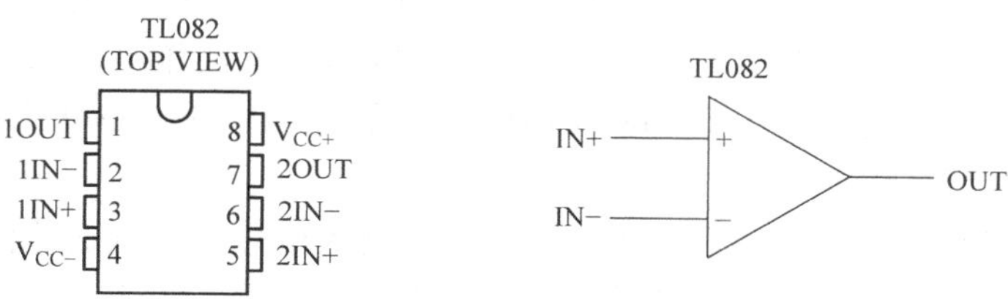


图3-7-1　TL082引脚图和运放示意图

## 五、测试内容

1）选择不同的输入电压和电流，测试电路输出电压幅度变化；设计输入电压和电流和对应的输出电压表格，填入实验数据。

2）适当选择超出 -1 ~ +16V 范围的电压作为输入，验证电压限幅功能。

## 六、实验报告要求与思考

1）完成实验报告，内容包括电路和元器件的参数计算过程、Multisim 仿真结果和实际电路，以及电路测试结果。

2）思考如何仅在输入端加入二极管就可以实现对输出电压的钳位。

## 七、参考电路

设计参考电路如图 3-7-2 所示，该电路主要由防浪涌、*RC* 滤波、电压跟随和分压四部分构成。

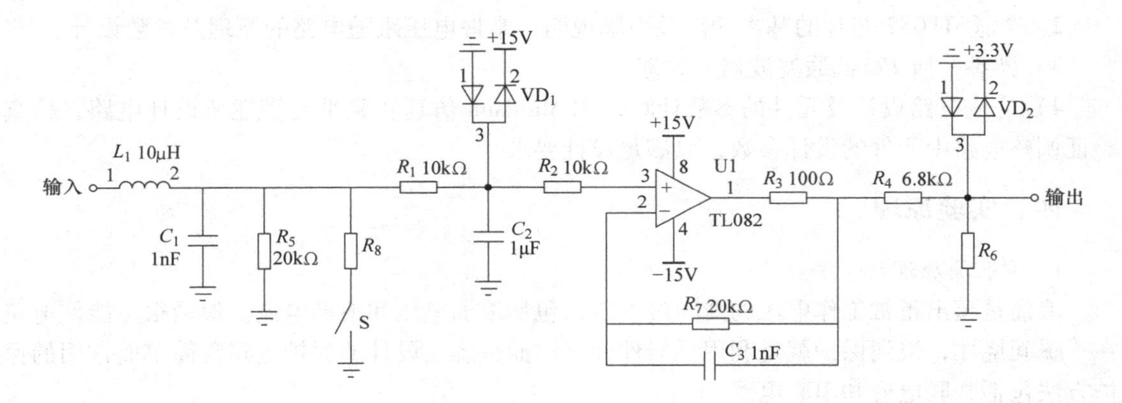


图 3-7-2　模拟输入转换为电压输入电路

如图 3-7-2 所示，外部模拟量信号经过输入电路，首先流经电感 $L_1$ 和电容 $C_1$。$L_1$ 防止浪涌电流，电容 $C_1$ 防止浪涌电压，保护后端电路，提高抗干扰能力。在防静电时，理论上能有几百伏耐电压，$L_1$ 选为 10μH。另外，电阻 $R_1$、$R_2$、$R_3$、$R_4$、$R_6$ 也有降压限流的作用。输入为电压信号时，断开开关 S，在电阻 $R_1$ 端得到 0 ~ 10V 的电压信号，经 *RC* 滤波后输入到芯片 TL082。输入为电流信号时，开关 S 闭合。电流流过并联电阻 $R_8$，如果要在电阻 $R_1$ 前端得到0 ~ 10V 的电压信号，根据输入电流 0 ~ 20mA，可计算得到 $R_8$ 的阻值。对于该电路前端，如果外部电压过高或者过低，二极管 $VD_1$ 可以起到钳位作用，保证输入电压控制在 -0.7 ~ +15.7V 之间。同理，在输出端的 $VD_2$ 可以保证输出电压在 -0.7 ~ +4V之间。二极管型号可选择 MMBD7000LT1。

电阻 $R_1$ 及电容 $C_2$ 组成一阶 *RC* 低通滤波器，对输入信号进行低通滤波，可以抑制高频干扰，电容 $C_2$ 选用 1μF。输入信号接到运放 TL082 的同相端，图 3-7-2 中电压跟随器的反馈电阻为 $R_7$，输出连接到 $R_3$，电压幅值保持不变。

运放 TL082 输出端输出电压为 0 ~ 10V，用电阻 $R_4$ 和 $R_6$ 对输出端电压进行分压，转换为 0 ~ 3.3V，$R_4$ 选为 6.8kΩ，$R_6$ 可根据输出电压要求计算得出，$R_3$ 是限流电阻，阻值大小影响运放的输出能力，故选为 100Ω，该电路要求具有较高的输入电阻。取反馈电阻 $R_7$ 为 20kΩ，反馈电容 $C_3$ 为 1nF。

# 实验 3.8　脉宽调制波生成及转换为电压输出电路

## 一、实验目的

1）理解脉宽调制波生成及转换为电压输出电路的工作原理。

2）掌握脉宽调制波生成及转换为电压输出电路的设计、调试和测试方法。

## 二、设计任务和要求

1. 设计任务

用 555 定时器设计幅值为 5V、频率约为 10kHz 的脉宽调制（PWM）信号输出电路，要求 PWM 占空比可调。该信号也可以假设为单片机输出的 PWM 信号。在电路输出频率基本不变的情况下，设计一个二阶有源低通滤波器，将 PWM 信号转换为直流电压信号。通过调节 PWM 方波宽度，达到输出不同电压的目的。要求完成电路设计，使转换电路输出为 0 ~ 10V 直流电压。

2. 设计要求

设计电路实现对输入 PWM 信号进行二阶有源低通滤波处理，完成基于运放 TL082 电压跟随电路设计及元件参数设计。

## 三、实验预习思考

1）熟悉运放芯片 TL082 的基本功能及引脚说明，掌握同相放大部分电路及参数设计原理。

2）熟悉二阶有源低通滤波器电路和滤波原理。

3）完成电路设计及元件参数计算，用 Multisim 搭建设计电路仿真，验证计算获得的参数是否满足设计要求，完善设计电路。

## 四、实验原理

1. PWM 生成电路

用 555 定时器可以构建一个 PWM 生成电路，通过调节可变电阻 RP 来调整 PWM 占空比。

2. 二阶有源滤波

二阶有源低通滤波器具有输入阻抗高、输出阻抗低的特点，可以对 PWM 信号进行滤波，实现直流电压输出。

## 五、测试内容

1）用 Multisim 搭建设计电路，调整元件参数，以满足设计要求，搭建实际电路并进行调试。

2）设置输入频率为 10kHz、幅值为 5V 的 PWM 信号，调整 PWM 信号脉宽宽度，测试对应的滤波输出电压。设置不同频率的 PWM 信号，测试对应的输出电压。设计表格并填入测得的实验数据。

3）调整运算部分接地电阻阻值，验证不同运放电阻值比例对输出电压的影响。

4）调整二阶有源低通滤波器中电阻阻值，从而调整滤波参数，验证不同滤波参数对输出电压的影响。

## 六、实验报告要求与思考

1）完成实验报告，内容包括设计电路的 Multisim 仿真结果，实际电路和实际测试结果等。

2）如果输入宽度可调的 5V PWM 信号，则通过滤波和同相放大器后转换为0 ~ 10V 输出。考虑到输入的 PWM 信号有可能会略低于5V，可通过调整电路中哪些元件值使同相放大后的输出电压保持为 0 ~ 10V？

## 七、参考电路

参考电路如图 3-8-1 所示。

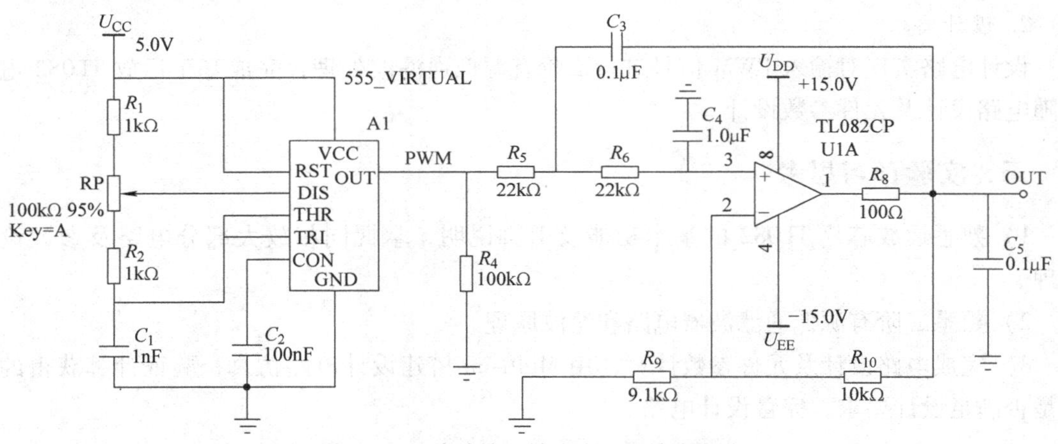


图 3-8-1　脉冲输入转换为电压输出电路

如果输入幅值为 5V 的 PWM 信号，经过元件 $R_5$、$C_3$、$R_6$、$C_4$ 和 TL082 组成的二阶有源低通滤波器后转换成 0 ~ 10V 的电压信号。二阶低通滤波电路的截止频率必须远低于输入信号的 PWM 频率。$R_5$ 和 $R_6$ 选用 22kΩ，电容 $C_3$ 选用 0.1μF，电容 $C_4$ 选用 1μF，进一步计算可得滤波器截止频率 $\omega_c=\frac{1}{\sqrt{R_5R_6C_3C_4}}\approx$500Hz，远低于 10kHz 左右的 PWM 信号频率。另外，电容 $C_5$ 对输出电压滤波，可减少输出电压的纹波，这里 $C_5$ 选用 0.1μF 电容。以运放芯片 TL082 为核心构成一个二阶有源低通滤波器，其中放大部分可实现输出信号幅度调整。

# 实验3.9　同步式Buck开关变换器设计与制作

## 一、实验目的

1）了解Buck开关变换器的工作原理与应用。
2）了解线性稳压电源的工作原理与应用。
3）了解开关电源的设计方法和测试方法。
4）提升电路系统的综合调试能力。

## 二、设计任务与要求

1. 设计任务

Buck开关变换器具有拓扑与控制简单、转换效率高等特性，是一种常见的DC－DC降压变换器拓扑。本实验基于Buck变换器拓扑设计并制作一台电源转换装置，实现恒压输出特性。类似装置广泛应用于DC－DC恒压供电等应用场合。

2. 设计要求

1）实现如图3-9-1所示的DC－DC电压转换，并实现恒压输出控制。当额定输入直流电压$U_i=24V$时，额定输出直流电压$U_o=12V$，额定输出电流最大值$I_{omax}=2A$。额定输入电压下，输出电压偏差$|\Delta U_o|=|12V-U_o|\leqslant 150mV$。

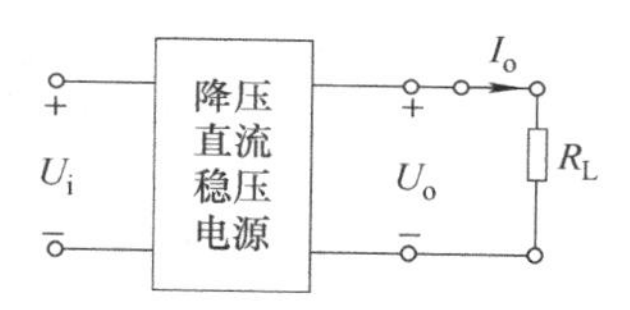

图3-9-1　电源测试连接图

2）额定输入电压下，最大输出电流$I_o\geqslant 2A$。
3）输出噪声纹波电压峰－峰值$U_{op-p}\leqslant 200mV$（$U_i=24V$，$I_o=I_{omax}$）。
4）$I_o$从满载$I_{omax}$变到轻载$0.2I_{omax}$时，负载调整率为

$$S_i=\left|\frac{U_{o轻载}}{U_{o满载}}-1\right|\times 100\%\leqslant 5\%\quad (U_i=24V)$$

5）$U_i$变化到26.4V和21.6V，电压调整率为

$$S_V=\frac{\max(|U_{o26.4}-U_{o24V}|,|U_{o24V}-U_{o21.6V}|)}{U_{o12V}}\times 100\%\leqslant 0.5\%\quad \left(R_L=\frac{U_{o24V}}{I_{omax}}\right)$$

6）效率$\eta\geqslant 90\%$（$U_i=24V$，$I_o=I_{omax}$）。
7）根据以上设计要求，测试变换器装置并撰写实验报告。

## 三、预习与思考

1）熟悉参考资料，理解线性稳压电源及开关电源的工作原理。
2）使用电力电子仿真软件搭建实验仿真模型，设计实验参数。
3）熟悉控制芯片LM5117，了解芯片的基本功能及引脚说明。
4）思考电感电流不同工作模式的优缺点。
5）思考同步整流技术的原理与特点。
6）思考线性稳压电源与开关稳压电源的差异，思考本实验给出的技术指标可否用线性稳压电源LM317来实现，并阐述理由。

## 四、实验原理

1. Buck DC－DC 变换器

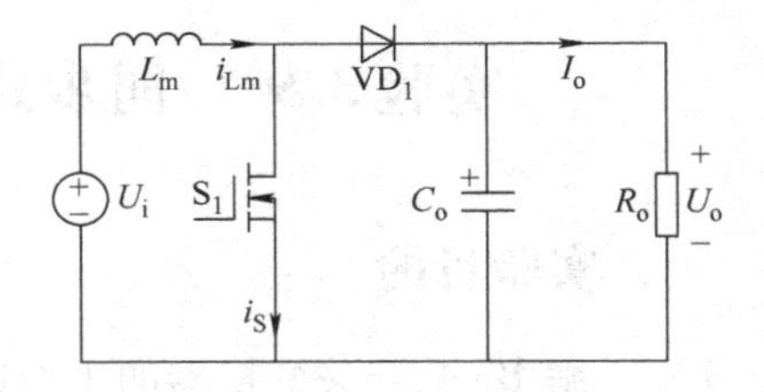

图 3-9-2　传统 Buck DC－DC 变换器电路

Buck 变换器又称降压变换器。该变换器的输出电压低于输入电压，具有低电压应力、高效率和降压转换等优点。如图 3-9-2 所示，Buck DC－DC 变换器由输入电源 $U_{\mathrm{i}}$、开关管 $S_1$、励磁电感 $L_{\mathrm{m}}$、续流二极管 $VD_1$、输出电容 $C_{\mathrm{o}}$和输出负载 $R_{\mathrm{o}}$组成。

为了简化分析变换器稳态特性，假设所有元器件均认为是理想元器件；输出滤波电容 $C_{\mathrm{o}}$足够大，在一个开关周期内电容两端的电压 $U_{\mathrm{o}}$可以认为恒定不变。

根据电感电流在一个开关周期结束时的工作状态，可将电感电流的工作模式分为断续导电模式（Discontinuous Conduction Mode，DCM）、连续导电模式（Continuous Conduction Mode，CCM）与临界连续导电模式（Boundary Conduction Mode，BCM），每种工作模式都有其各自的优缺点。下面分析电感电流工作在 CCM 下该变换器在一个开关周期内的工作情况。

在一个开关周期内，CCM Buck DC－DC 变换器有两个工作模态，图 3-9-3 为两个模态的等效电路，图 3-9-4 为稳态时的主要波形。

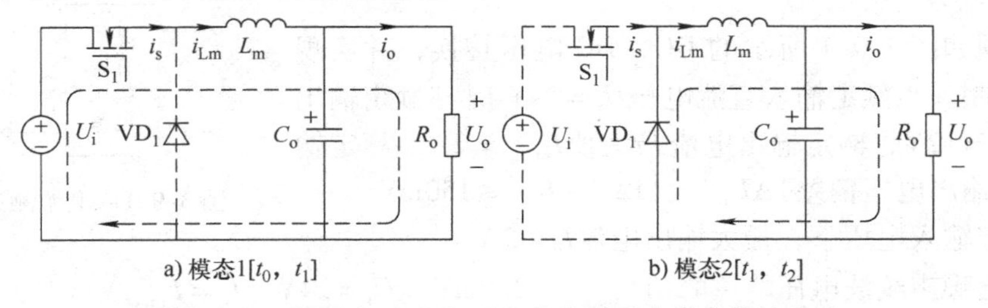

a) 模态1[$t_0$，$t_1$]　　b) 模态2[$t_1$，$t_2$]

图 3-9-3　CCM Buck DC－DC 变换器两个模态等效电路

模态 1[$t_0$, $t_1$]：如图 3-9-3a 所示，在时刻 $t_0$，开关管 $S_1$导通，二极管 $VD_1$因承受反向电压而关断。电源向输出传递能量，由于输出滤波电容电压近似保持不变，因此加在电感 $L_{\mathrm{m}}$上的电压为$U_{\mathrm{i}}-U_{\mathrm{o}}$。电感电流 $i_{\mathrm{Lm}}(t)$线性增加

$$i_{\mathrm{Lm}}(t)=\frac{U_{\mathrm{i}}-U_{\mathrm{o}}}{L_{\mathrm{m}}}(t-t_0)+i_{\mathrm{Lm-min}} \tag{3-9-1}$$

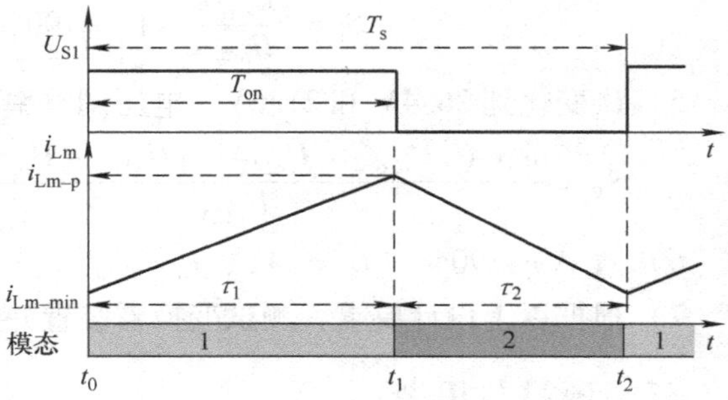

图 3-9-4　CCM Buck DC－DC 变换器的稳态波形

式中，$i_{\mathrm{Lm-min}}$为电感电流初值。在模态 1 结束时，电感电流达到最大值 $I_{\mathrm{Lm-p}}$。在开关管 $S_1$导通期间，电感电流的增加量 $\Delta i_{\mathrm{Lm}(+)}$为

$$\Delta i_{\mathrm{Lm}(+)}=\frac{U_{\mathrm{i}}-U_{\mathrm{o}}}{L_{\mathrm{m}}}t_{\mathrm{on}}=\frac{U_{\mathrm{i}}-U_{\mathrm{o}}}{L_{\mathrm{m}}}DT_{\mathrm{s}} \tag{3-9-2}$$

式中，$t_{\mathrm{on}}$是开关管导通时间；$D$ 是开关管的导通占空比；$T_{\mathrm{s}}$ 是开关管的单周期导通时间。模态 1 的持续时间 $\tau_1$ 等于 $t_{\mathrm{on}}$。

模态 2[$t_1$, $t_2$]：如图 3-9-3b 所示，在 $t_1$时刻，开关管 $S_1$关断，电路进入模态 2。此时，

电感电流 $i_{Lm}(t)$ 通过二极管 $VD_1$ 给输出支路续流，加在电感 $L_m$ 上的电压为 $-U_o$，电感电流 $i_{Lm}(t)$ 线性下降。

$$L_m \frac{di_{Lm}}{dt} = -U_o \tag{3-9-3}$$

当 $t=t_2$ 时，$i_{Lm}(t)$ 减小到最小值 $I_{Lm-min}$。在开关管 $S_1$ 关断期间，$VD_1$ 反向截止，模态 2 结束，开始下一个开关周期。此过程中电感电流的减小量 $\Delta i_{Lm(-)}$ 为

$$\Delta i_{Lm(-)} = \frac{U_o}{L_m}(T-t_{on}) = \frac{U_o}{L_m}(1-D)T_s \tag{3-9-4}$$

由式（3-9-2）和式（3-9-4）可得模态 2 的工作时间为

$$\tau_2 = t_2 - t_1 = \frac{U_i - U_o}{U_o} t_{on} \tag{3-9-5}$$

因此，一个开关周期的工作时间 $T_s$ 为

$$T_s = \frac{U_i}{U_o} t_{on} \tag{3-9-6}$$

由此可以得到该变换器的电压增益为

$$M = \frac{U_o}{U_i} = D \tag{3-9-7}$$

根据式（3-9-7）可以看出，通过改变开关管的导通占空比可以改变变换器的电压增益。若 $0<D<1$，则 Buck 变换器的电压增益 $M$ 恒小于 1，即可实现降压变换。

开关管的开关频率和电感电流峰值都是影响变换器效率的重要参数。利用电路仿真分析，在输入和输出规格以及开关频率固定时，通过调整电感值，可以得到理想的电感电流峰值。根据最严苛条件下的最大电感电流峰值可以选择成品功率电感的最大饱和电流参数。在没有合适的成品电感选择情况下，也可以根据仿真或计算参数自行绕制。在确定了电感最大峰值电流和电感值后，可以根据传输功率等参数选定主电感的磁心和骨架类型，然后通过式（3-9-8）计算主电感的线圈匝数

$$N = \frac{i_{Lm-p} L_m}{B_{max} A_e} \tag{3-9-8}$$

式中，$B_{max}$ 为磁心的饱和磁通密度；$A_e$ 为有效磁心中柱面积。

2. 峰值电流控制的 Buck DC－DC 变换器仿真分析

峰值电流控制 Buck DC－DC 变换器的控制电路如图 3-9-5 所示，其工作原理为：在每一个开关周期开始时，时钟信号使 RS 触发器置位，此时 $u_p$ 为高电平，$S_1$ 导通，$i_{Lm}$ 由初始值线性增加，检测电阻 $R_s$ 上的电压 $u_{rs}$ 也随之线性增加，当 $u_{rs}$ 增大到误差电压 $u_e$ 时，比较器发生翻转，使触发器复位，此时 $u_p$ 为低电平，$S_1$ 关断，直到下一个时钟脉冲到来开始一个新的开关周期。其中，$u_e$ 由检测的输出电压与 $u_{ref}$ 的差值经误差放大器后生成。峰值

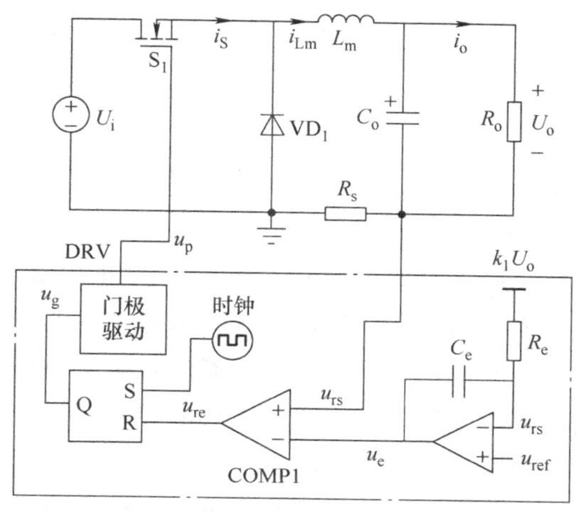


图 3-9-5　峰值电流控制 Buck DC-DC 变换器控制电路

电流控制除了可以采用电感电流$i_{Lm}$作为内环控制外，还可以采用开关电流$i_S$来控制。

PSIM 是专门为电力电子和电动机控制设计的一款仿真软件。相对于其他电子系统仿真软件，PSIM 可以快速地仿真并为用户提供友好的操作界面，为电力电子系统研究提供了强大的仿真环境，软件具体使用方法参见 PSIM 用户手册。

使用 PSIM 仿真软件对变换器进行仿真分析，可以更好地理解变换器的工作原理，并且有助于设计实验参数。根据图 3-9-5 搭建图 3-9-6 所示峰值电流控制 Buck DC－DC 变换器的 PSIM 仿真电路。图 3-9-7 是该变换器仿真的主要波形，iLm 是电感电流波形，urs 是通过 R1 采集的开关管电流的电压信号，ue 是误差放大器的输出电压，通过调节 R1 上的增益可以调节 urs 的大小，从而调节开关管的导通时间，然后调节输出。从图 3-9-7 可以看出，在输入为直流 24V、负载为 6Ω 的情况下，该变换器的输出电压稳定在 12V，励磁电感 Lm 工作在连续导通模式（CCM）下。

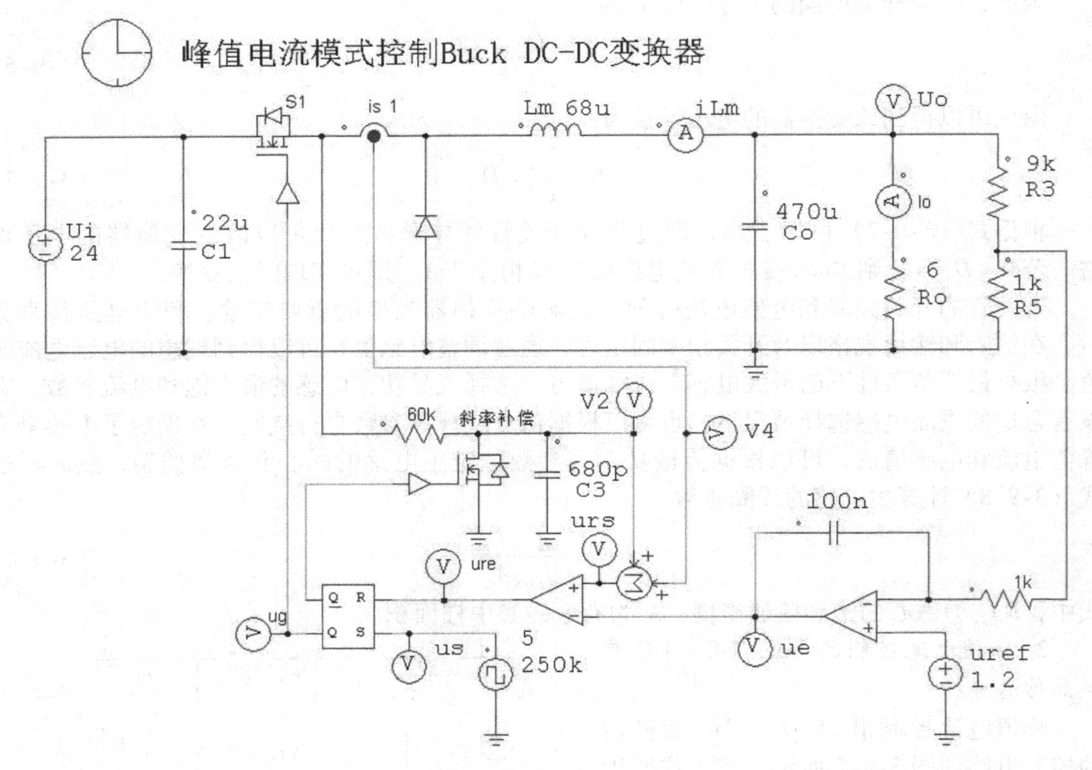


图 3-9-6　峰值电流控制 Buck DC－DC 变换器的 PSIM 仿真电路

3. 同步整流技术

同步整流技术是指用通态电阻极低的 MOSFET 来取代整流二极管以降低整流损耗的一项新技术。图 3-9-8 所示为将同步整流技术应用在 Buck 电路中的电路图。

为了降低损耗，提高变换器的效率，Buck 电路拓扑经历了多年的演变。最开始在续流回路中使用二极管，由于二极管的导通压降较大，导致变换器工作中产生较大的能量损耗。尤其是当输出电压较低时，二极管的正向导通压降产生的损耗严重影响变换器的工作效率。后来，人们用具有较低正向导通压降（约 0.4V）的肖特基二极管代替了标准二极管（约

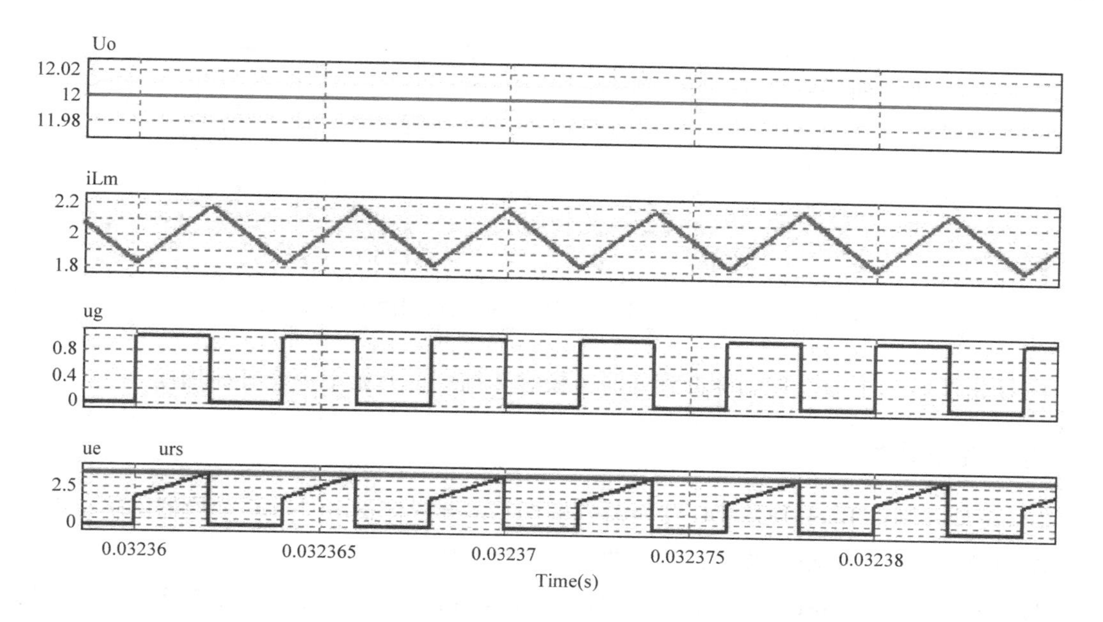


图 3-9-7　主要仿真波形

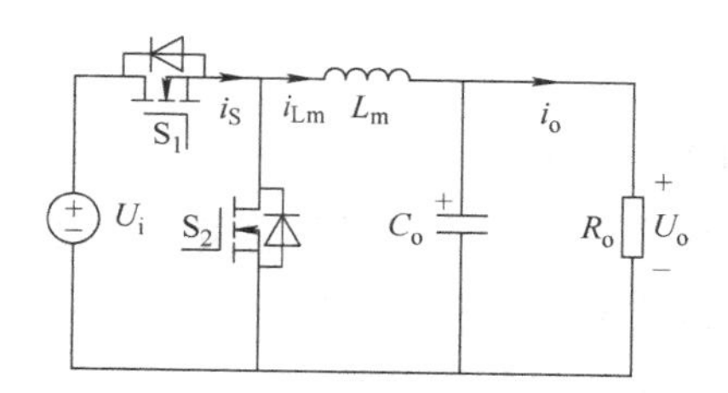


图 3-9-8　同步整流 Buck DC－DC 变换器电路

0.7V)，但其反向耐压一般在200V以下，普遍在100V左右，且反向漏电流较大，故也有其局限性。随着技术的发展，同步整流技术出现，即用场效应晶体管（FET）代替二极管（图3-9-8中同步开关 $S_2$）。其特点是导通阻抗低，损耗很小，适用于低电压大电流的应用场合。

同步整流 Buck DC－DC 变换器的工作原理和前面分析的传统 Buck DC－DC 变换器工作原理基本一致，下面分析电感电流工作在 CCM 下该变换器在一个开关周期内的工作模态以及相应的等效电路。各电气参数的计算方式及稳态波形与传统 Buck DC－DC 变换器一致，这里不再赘述。需要注意的是，该变换器中的两个 MOSFET 由两路互补的驱动信号分别驱动。

模态 1$[t_0, t_1]$：如图 3-9-9a 所示，在 $t_0$ 时刻，开关管 $S_1$ 导通，开关管 $S_2$ 关闭。电源给电感 $L_m$ 以及输出支路充电，由于输出滤波电容电压近似保持不变，电感电流 $i_{Lm}(t)$ 线性增加。在模态 1 结束时，电感电流达到最大值 $I_{Lm-p}$。

模态 2$[t_1, t_2]$：如图 3-9-9b 所示，在 $t_1$ 时刻，开关管 $S_1$ 关断，而开关管 $S_2$ 导通。此时，电感电流 $i_{Lm}(t)$ 通过开关管 $S_2$ 给输出支路续流，电感电流 $i_{Lm}(t)$ 线性下降。当 $t = t_2$ 时，$i_{Lm}(t)$ 减小到最小值 $I_{Lm-min}$。

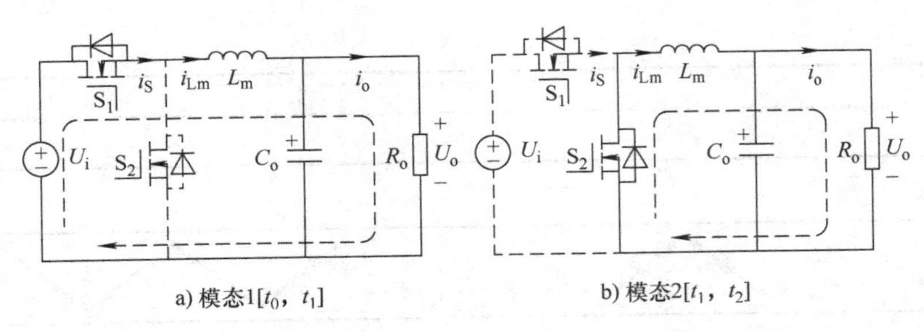


图 3-9-9　同步整流 CCM Buck DC－DC 变换器两个模态等效电路

在开关管 $S_1$ 的下一个控制脉冲到来时，模态 2 结束，开始下一个开关周期。

## 五、测试内容

1）设计并制作 Buck DC－DC 变换器，根据基本要求测试 DC－DC 变换器的输出电压精度、输出纹波电压、电压调整率、负载调整率以及变换器效率。

2）用示波器测量并记录在几个开关周期内的电感电流波形、MOSFET 反向电压波形以及输出电压波形，并与仿真数据做对比。

## 六、实验报告

1）阐述电路工作原理和实验原理。

2）整理仿真数据，通过仿真确定主功率回路的实验参数。

3）根据测试内容要求整理实验样机测试数据。

4）总结分析整个实验过程中的问题与思考。

## 七、参考方案

图 3-9-10 所示为一种 Buck DC－DC 变换器的参考实验电路原理图。本方案的控制策略为：控制芯片采用 TI 公司的 LM5116/LM5117 芯片，由变换器的输入电源为其供电。LM5116/LM5117 是一款同步整流 Buck DC－DC 控制器，适用于降压型开关稳压电源应用，其控制方法基于峰值电流模式控制。芯片具体功能参见 LM5116/LM5117 说明书。在提供的电路方案中，要实现对输出电压进行控制。输出电压信号通过采样电阻分压后，反馈到芯片 LM5116/LM5117 的引脚 FB，引脚 FB 的电压信号与内部参考电压进行比较，产生误差电压。误差电压再与该锯齿波信号进行比较产生复位信号，该信号为高电平时会使芯片内部的 RS 触发器置位，从而关断开关管。RS 触发器复位端子的输入信号来自芯片内部的时钟信号，该信号由控制器的引脚 RT 设置。控制芯片通过调节引脚 COMP 的误差电压来实现对有源开关导通时间的控制，进而实现对占空比的控制，从而实现对输出电压的控制。芯片具体功能及引脚请查阅 LM5116/LM5117 数据手册。在本实验中，需思考并设计图 3-9-10 中未给出的电路参数，这些参数对变换器的性能将起到关键的作用。

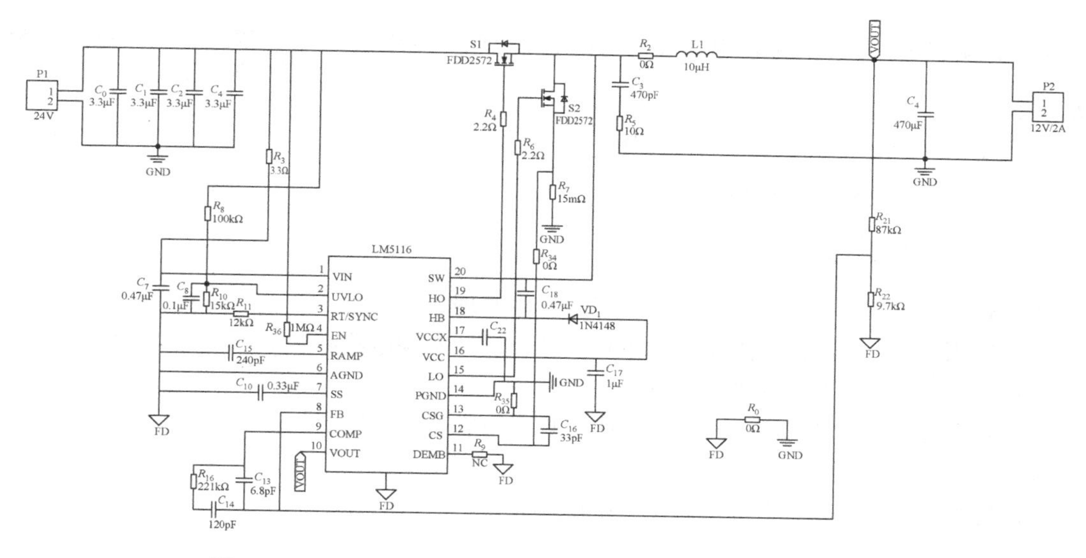


图 3-9-10　同步整流 Buck DC－DC 变换器参考实验电路原理图

# 实验 3.10　同步式 Boost 开关变换器设计与制作

## 一、实验目的

1）了解 Boost 开关变换器的工作原理及应用。

2）了解开关电源的设计方法与测试方法。

3）熟悉电感制作与测试仪器的使用。

4）锻炼电路系统的综合调试能力。

## 二、设计任务与要求

1. 设计任务

Boost 变换器具有高效率、控制简单的特性，为工程上常用的一种升压变换器拓扑。基于 Boost 拓扑设计并制作电源转换装置，实现恒压输出特性。类似装置广泛应用于 DC－DC 升压转换电源系统中。

2. 设计要求

1）基于 Boost 拓扑实现如图 3-10-1 所示的 DC－DC 电压转换，并实现恒压输出控制。在额定输入电压为 24V、负载电阻为 36Ω、输出电流 1A 情况下，输出电压偏差 $|\Delta U_o| = |36V - U_o| \leqslant 200mV$。

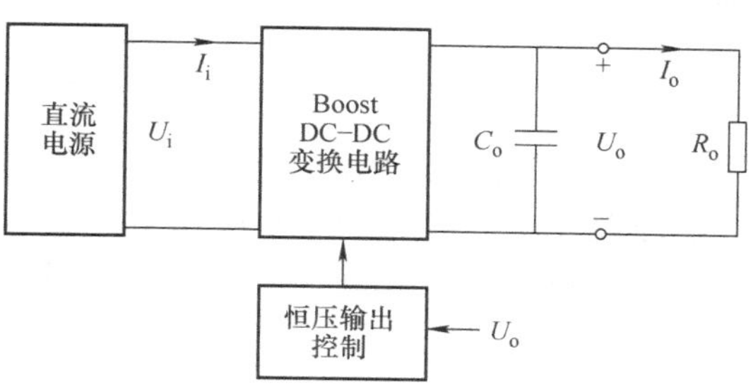


图 3-10-1　Boost DC－DC 变换器测试连接框图

2）额定输入电压 24V 下，最大输出电流 $I_o \geqslant 1A$。

3）输出噪声纹波电压峰－峰值：$U_{op-p} \leqslant 150mV$（$U_i = 24V$，$I_o = I_{omax}$）。

4）$I_o$从满载$I_{omax}$变到轻载$0.2I_{omax}$时，负载调整率$S_i=\left|\frac{U_{o轻载}}{U_{o满载}}-1\right|\times 100\%\leqslant 5\%$（$U_i=24V$）。

5）效率$\eta \geqslant 92\%$（$U_i=24V$，$I_o=1A$）。

6）完成以上测试并撰写报告。

## 三、预习与思考

1）熟悉参考资料，理解Boost变换器的工作原理。

2）使用PSIM仿真软件搭建实验仿真模型，设计实验电路参数。

3）了解峰值电流模式的控制方法。

4）熟悉控制芯片LM5122，了解芯片的基本功能及引脚说明。

5）了解同步整流技术。

6）思考开关频率对变换器工作性能的影响。

## 四、实验原理

1. Boost DC－DC变换器

Boost变换器又称为升压变换器。该变换器的输出电压高于输入电压，且其具有高效率及控制简单的特性，因而被广泛应用于生活中的各个领域，如通信、仪器仪表、航空航天等。如图3-10-2所示，Boost DC－DC变换器由输入电源$U_i$、开关管$S_1$、励磁电感$L_m$、续流二极管$VD_1$、输出电容$C_o$和输出负载$R_o$组成。

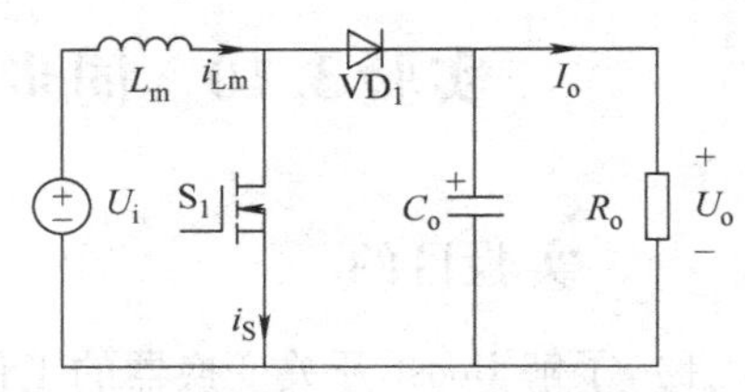


图3-10-2 Boost DC－DC变换器电路

在一个开关周期内，CCM Boost DC－DC变换器有两个工作模态，图3-10-3为两个模态的等效电路，图3-10-4为稳态时的主要波形。

模态1[$t_0$,$t_1$]：如图3-10-3a所示，在时刻$t_0$，开关管$S_1$导通，二极管$VD_1$因承受反向电压而关断。电源给电感$L_m$充电，输出支路由电容$C_o$供电，电感电流$i_{Lm}(t)$线性增加

$$i_{Lm}(t)=\frac{U_i}{L_m}(t-t_0)+i_{Lm-min} \tag{3-10-1}$$

式中，$i_{Lm-min}$为一个开关周期内电感电流的初始值。在模态1结束时，励磁电感电流达到最大值

$$i_{Lm-p}=\frac{U_i}{L_m}t_{on}+i_{Lm-min} \tag{3-10-2}$$

式中，$t_{on}$是开关管导通时间。模态1的持续时间$\tau_1$等于$t_{on}$。

模态2[$t_1$,$t_2$]：如图3-10-3b所示，在$t_1$时刻，开关管$S_1$关断，电路进入模态2。此时，输入电压$U_i$以及电感$L_m$通过二极管$VD_1$给输出支路供电，电感电流$i_{Lm}(t)$线性下降

$$i_{Lm}(t)=\frac{U_i-U_o}{L_m}(t-t_1)+i_{Lm-p} \tag{3-10-3}$$

当$i_{Lm}(t)$减小到$i_{Lm}(t_2)$时，模态2结束，此时，开始下一个开关周期，由式（3-10-2）和式（3-10-3）可得模式2的持续时间

$$\tau_2 = t_2 - t_1 = \frac{U_i}{U_o - U_i} t_{on} \tag{3-10-4}$$

因此，一个开关周期的工作时间 $T_S$ 为

$$T_S = \frac{U_o}{U_o - U_i} t_{on} \tag{3-10-5}$$

由式（3-10-5）可以得到该变换器的电压增益为

$$M = \frac{U_o}{U_i} = \frac{1}{1 - D} \tag{3-10-6}$$

式中，$D$ 为开关管的导通占空比。根据式（3-10-6）可以看出，通过控制电路改变开关管的导通占空比即可改变变换器的电压增益，由于 $0 < D < 1$，电压增益 $M > 1$，故变换器为升压变换。

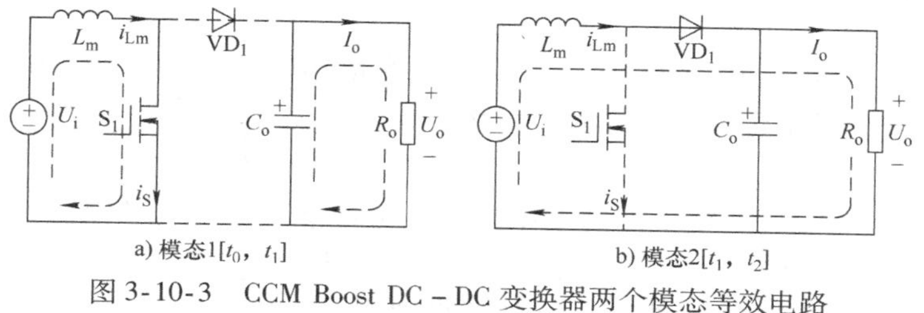


图 3-10-3　CCM Boost DC－DC 变换器两个模态等效电路

开关管的开关频率和电感电流峰值都是影响变换器效率和工作稳定性的重要参数。利用电路仿真分析，在输入和输出规格固定时，通过调整电感参数可得到理想的开关频率和最大电感电流峰值。在确定了主功率回路的电路参数后，根据传输功率等参数选定主电感的磁心和骨架类型，然后可以通过下式计算主电感的绕线匝数

$$N = \frac{i_{Lm-p} L_m}{B_{max} A_e} \tag{3-10-7}$$

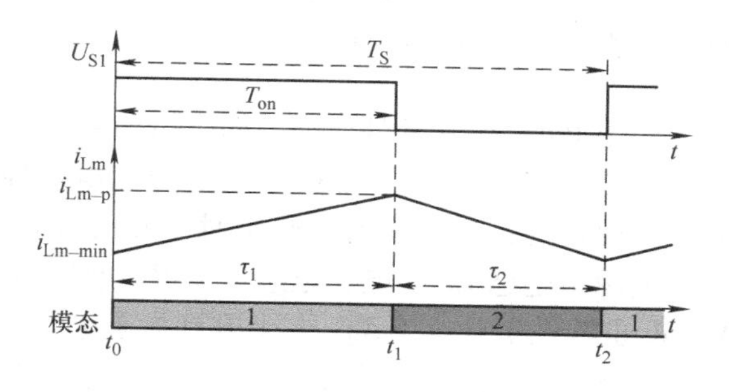


图 3-10-4　CCM Boost DC－DC 变换器的稳态波形

式中，$B_{max}$ 为磁心的饱和磁通密度；$A_e$ 为有效磁心中柱面积。此处为了留有一定的裕度，$B_{max}$ 取 0.3T 左右。

2. 峰值电流控制

1978 年由 C. W. Deisch 提出的电流型控制是峰值电流控制，该技术采用了电感电流（或开关电流）波形代替电压型控制的锯齿波作为比较器的一个输入信号。峰值电流控制同时引入输出电压（电容电压）和电感电流两个状态变量作为反馈控制变量，提高了开关变换器的性能。

峰值电流控制 Boost 变换器的原理如图 3-10-5 所示，其工作原理为：在每一个开关周期开始时，时钟信号使触发器置位，$U_p$ 为高电平，$S_1$ 导通，$i_L$ 由初始值线性增大，采样得到的电流信号 $k_1 i_L$ 也线性增大，当该信号增大到控制电压 $u_e$ 时，比较器翻转，使触发器复位，$U_p$ 为低电平，$S_1$ 关断，直到下一个时钟脉冲到来，开始一个新的开关周期。$u_e$ 由检测的输出电压与 $U_{ref}$ 的差值经误差放大器后生成。峰值电流控制除了可以采用 $i_L$ 作为内环控制外，还可以采用开关电流 $i_S$。

峰值电流控制技术控制了 PWM 波形的后缘，它本质上是基于后缘调制的峰值电流控制。与传统的电压型控制相比，峰值电流控制提高了变换器对输入电压变化的响应速度、输出电压的稳压精度，但是对负载突变的响应速度没有显著的提高。由于其自身具有限流的功能，峰值电流控制易于实现变换器的过电流保护，在多个电源并联时，更便于实现均流。

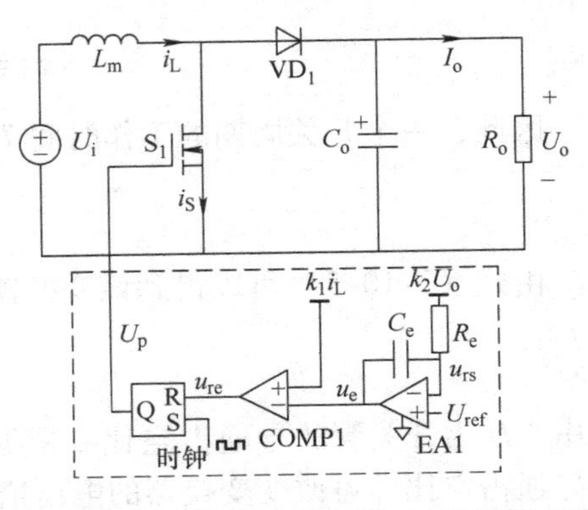


图 3-10-5　峰值电流控制 Boost 变换器电路

3. 同步整流技术

同步整流技术是指用通态电阻极低的 MOSFET 来取代整流二极管以降低整流损耗的一项新技术。将同步整流技术应用在 Boost 电路中的电路如图 3-10-6所示。

为了降低损耗，提高变换器的效率，Boost 电路拓扑经历了多年的演变。其演变过程与 Buck 电路拓扑一致，不再赘述。

同步整流 Boost DC – DC 变换器的工作原理和前面分析到的传统 Boost DC – DC 变换器工作原理基本一致，这里不再赘述。需要注意的是，该变换器中的两个 MOSFET 由两路互补的驱动信号分别驱动。

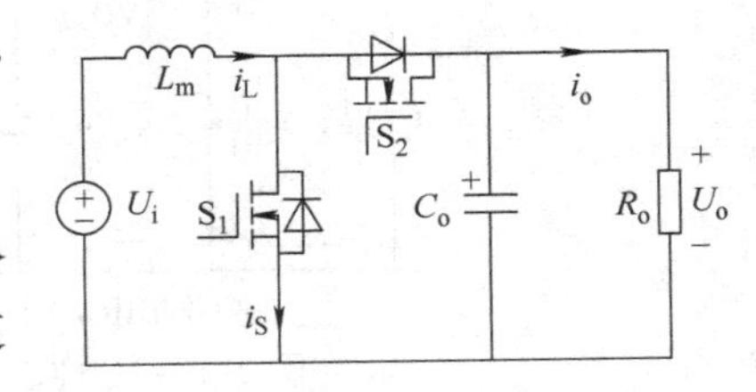


图 3-10-6　同步整流 Boost DC – DC 变换器电路

4. 仿真分析

使用 PSIM 仿真软件对变换器进行仿真分析，可以更好地理解变换器的工作原理，并且有助于设计实验参数。图 3-10-7 是峰值电流控制 Boost DC – DC 变换器的 PSIM 仿真电路，其工作原理为：在开关周期开始时，开关管 S1 导通，开关管 S2 关断，其体二极管反向截止，电源给电感 L1 充电，电感电流 IL 线性增加，则通过 R1 采集的开关管电流的电压信号 Vpeak 也线性上升，当 Vpeak 上升到大于电压误差放大器的输出电压 Ve 时，比较器给 RS 触发器的 R 端发出复位信号，开关管 S1 关断，电感续流给负载 Ro 供电，开关管 S2 导通，直到方波发生器给 RS 触发器的 S 端发出置位信号，开关管 S1 导通，下一个周期开始。

图 3-10-8 为该仿真电路的主要波形。通过调节 R1 上的增益可以调节 Vpeak 的大小，从而调节开关管的导通时间，进而调节输出。

## 五、测试内容

设计并制作 Boost DC – DC 变换器，根据基本要求测试 DC – DC 变换器的输出电压精度、输出纹波电压、电压调整率、负载调整率以及变换器效率；用示波器测量、记录在几个开关周期内的电感电流波形、MOSFET 反向电压波形以及输出电压波形，并与仿真数据做对比。

## 六、实验报告要求

1）阐述电路工作原理和实验原理。

2）整理仿真数据，通过仿真确定主功率回路的实验参数。

3）根据测试内容要求整理实验样机测试数据。

4）总结分析整个实验过程中的问题与思考。

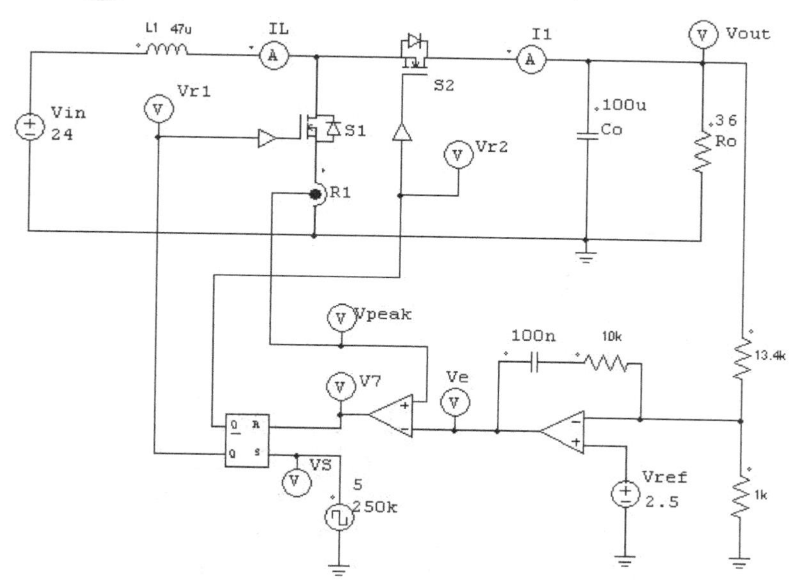


图 3-10-7　峰值电流控制 Boost DC－DC 变换器仿真电路

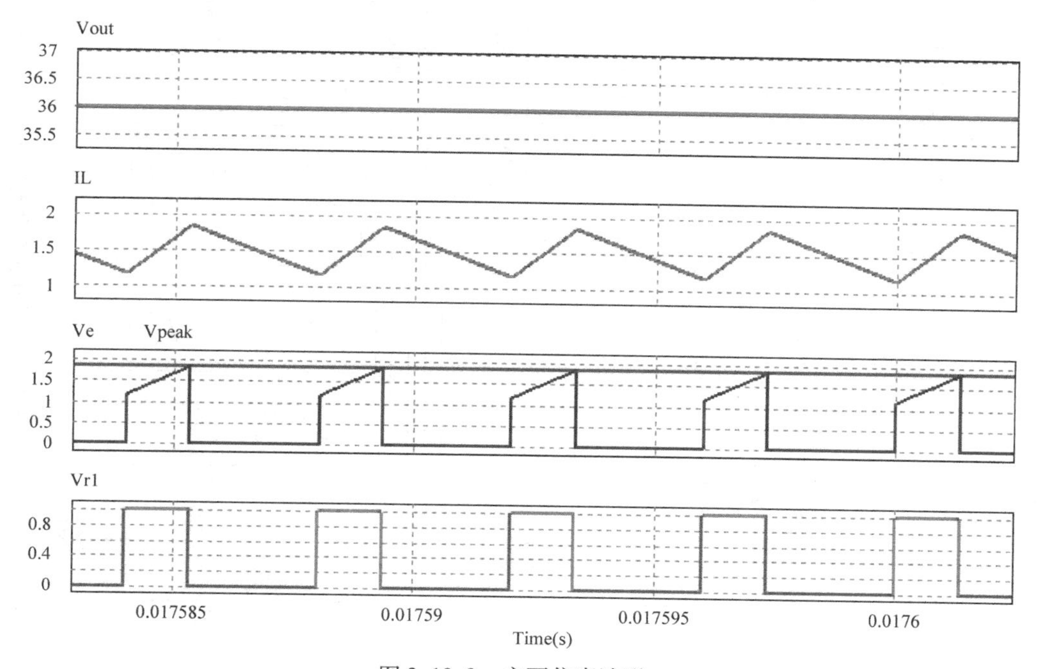


图 3-10-8　主要仿真波形

IL—电感电流　Vout—输出电压　Vpeak—通过 R1 采集的开关管电流的电压
Ve—电压误差放大器输出电压　Vr1—RS 触发器 Q 端输出电压

## 七、参考方案

图 3-10-9 所示为一种峰值电流模式控制 Boost DC－DC 变换器的参考实验原理图。驱动

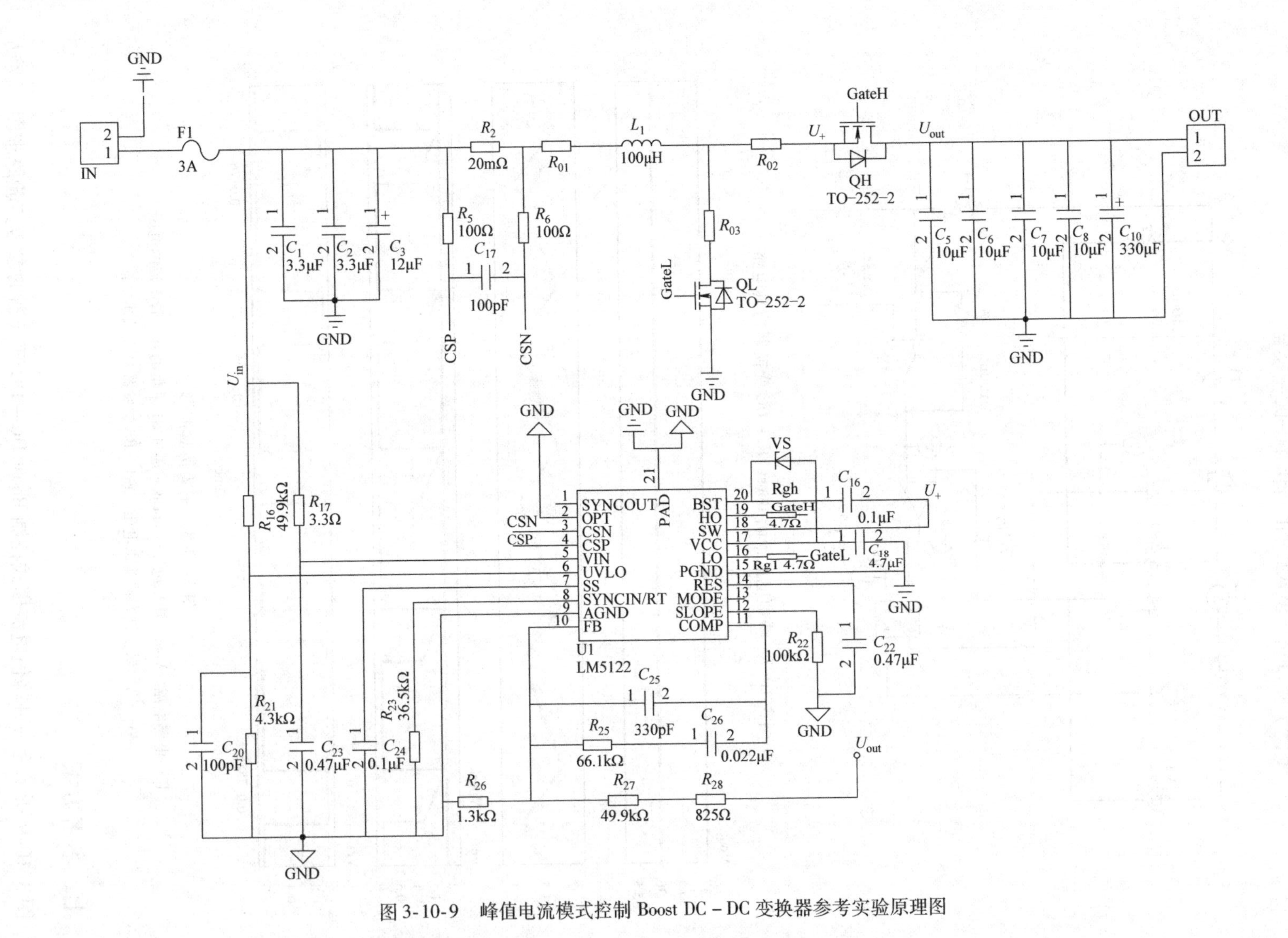


图 3-10-9　峰值电流模式控制 Boost DC－DC 变换器参考实验原理图

芯片采用LM5122，其为一款多功能的同步升压控制器，采用峰值电流模式控制，适用于高效同步升压变换器，此处用于实现DC-DC电压转换控制，芯片具体功能参见LM5122数据手册及其应用笔记。该方案实现对输出电压的恒定控制。输出电压信号通过电阻分压后，反馈到芯片LM5122的引脚FB，引脚FB的电压信号与内部参考电压进行比较产生误差电压，即引脚COMP上的电压。同时采样得到的电感电流信号也会与误差电压进行比较产生复位信号。该信号为高电平时会使芯片内部的RS触发器复位，从而关断开关管；当下一个时钟脉冲到来时，使RS触发器置位，从而驱动开关管导通。控制芯片通过调节引脚COMP的误差电压和电感电流的峰值实现对有源开关导通时间的控制，实现对占空比的控制，从而实现对输出电压的控制。

# 实验3.11 Flyback开关变换器设计与制作

## 一、实验目的

1）了解Flyback变换器的工作原理与应用。

2）了解开关电源的设计方法和测试方法。

3）熟悉变压器的设计与制作以及测试仪器的使用。

4）提升电路系统的综合调试能力。

## 二、设计任务与要求

1. 设计任务

基于Flyback拓扑设计并制作电源转换装置，实现如图3-11-1所示的恒流/恒压（CC/CV）输出特性。为了确保输出供电安全，一些变换器装置需要进行输入与输出的隔离，而Flyback变换器为一种最简单的隔离型拓扑结构。类似装置广泛应用于蓄电池充电、照明驱动及恒压隔离供电等应用场合。具体应用介绍如下。

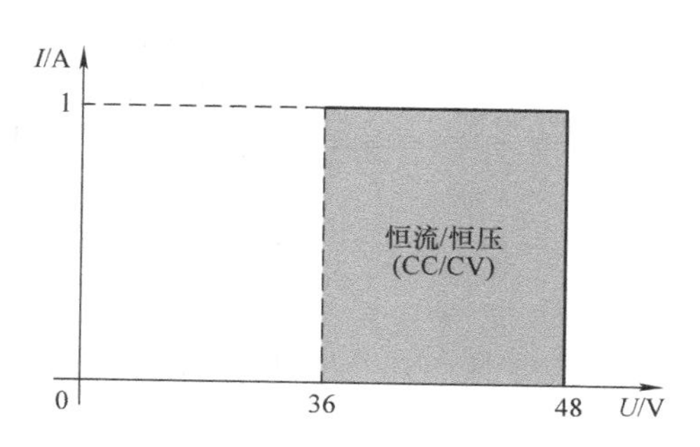


图3-11-1 Flyback开关变换器恒流/恒压输出特性曲线

1）在蓄电池充电应用中，需要对蓄电池进行CC/CV方式充电，当蓄电池电压低于满电电压（48V）时，需要变换器装置对其进行恒流（1A）充电；当蓄电池电压达到满电电压时，变换器通过控制自动切换到恒压方式，变换器输出电流自动降低到零，完成充电。

2）在大功率LED照明应用中，由于LED的伏安特性，需要对LED串（如正向电压48V、正向电流1A的LED串）进行恒流驱动。类似装置应用于LED驱动，可确保LED串开路时变换器（驱动器）自动切换为恒压控制，实现变换器保护。

注：理想恒流源开路，其两端电压为无限高，因此需要对恒流输出变换器进行开路保护。

3）在恒压供电应用场合，类似装置可确保过载时对输出电流进行控制，实现变换器的自身保护。

2. 基本要求

1）基于 Flyback 拓扑，实现如图 3-11-2所示的 DC－DC 转换，并实现恒流/恒压（CC/CV）输出控制。在额定输入电压 42V 下，实现图 3-11-1 所示负载特性曲线。

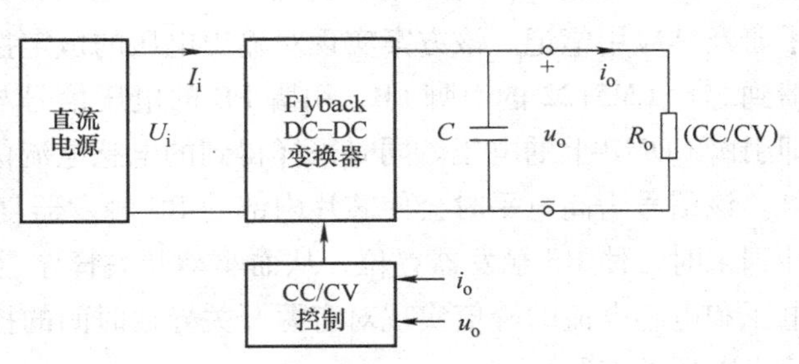


图 3-11-2　Flyback DC－DC 变换器测试连接框图

2）在额定输入电压 42V、输出电压 48V 情况下，输出电流偏差 $|\Delta I_o| = |1\text{A} - I_o| \leqslant 50\text{mA}$。

3）在额定输入电压 42V、输出电流 0.8A（负载电阻 60Ω）情况下，输出电压偏差 $|\Delta U_o| = |48\text{V} - U_o| \leqslant 240\text{mV}$；输出噪声纹波电压峰－峰值 $U_{op-p} \leqslant 200\text{mV}$（$U_i = 42\text{V}$，$I_o = 0.8\text{A}$）。

4）效率 $\eta \geqslant 88\%$（$U_i = 42\text{V}$，$U_o = 48\text{V}$，$I_o = 1\text{A}$）。

5）完成以上测试并撰写实验报告。

3. 进阶要求

1）基于 Flyback 拓扑，实现如图 3-11-3 所示的 AC－DC 转换，并实现恒流/恒压（CC/CV）输出控制。在额定输入电压 36V 下，实现如图 3-11-1所示的负载特性曲线。

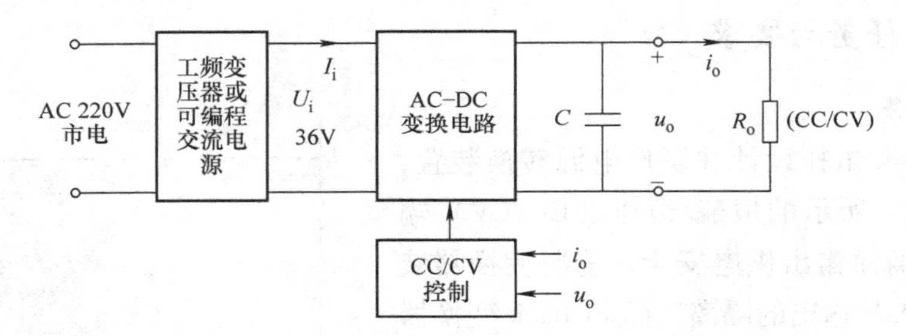


图 3-11-3　Flyback AC－DC 变换器测试连接电路

2）在额定输入电压 36V、输出电压 48V 情况下，输出电流偏差 $|\Delta I_o| = |1\text{A} - I_o| \leqslant 100\text{mA}$。

3）在额定输入电压36V、输出电流0.8A（负载电阻60Ω）情况下，输出电压偏差 $|\Delta U_o| = |48\text{V} - U_o| \leqslant 300\text{mV}$；输出噪声纹波电压峰－峰值 $U_{op-p} \leqslant 2.4\text{V}$（$U_i = 36\text{V}$，$I_o = 0.8\text{A}$）。

4）效率 $\eta \geqslant 82\%$（$U_i = 36\text{V}$，$U_o = 48\text{V}$，$I_o = 1\text{A}$）。

5）输入电流功率因数≥0.98。

6）完成以上测试并撰写实验报告。

## 三、预习与思考

1）熟悉参考资料，理解 Flyback 变换器的工作原理。

2）使用 PSIM 仿真软件搭建实验仿真模型，设计实验电路参数。

3）了解变压器电流临界连续模式控制的检测与控制方法。

4）思考 Flyback 变换器 MOSFET 反压过高的原因，及电阻、电容、二极管吸收电路的作用与工作原理。

5）从工作原理和设计思路等方面，对比 Flyback DC－DC 变换器与 Flyback PFC 变换器的主要差异。

## 四、实验原理

1. Flyback DC－DC 变换器

Flyback 变换器可以实现升降压变换，灵活地改变输出电压的高低，因而被广泛应用于各个领域，如通信、仪器仪表、航空航天等。在 Flyback 变换器中，变压器既有储能和调节占空比的作用，又有输入与输出隔离的作用。如图 3-11-4 所示，Flyback DC－DC 变换器由输入电源 $U_i$、开关管 $S_1$、变压器 $T_1$、续流二极管 $VD_1$、输出电容 $C_o$和输出负载 $R_o$组成。

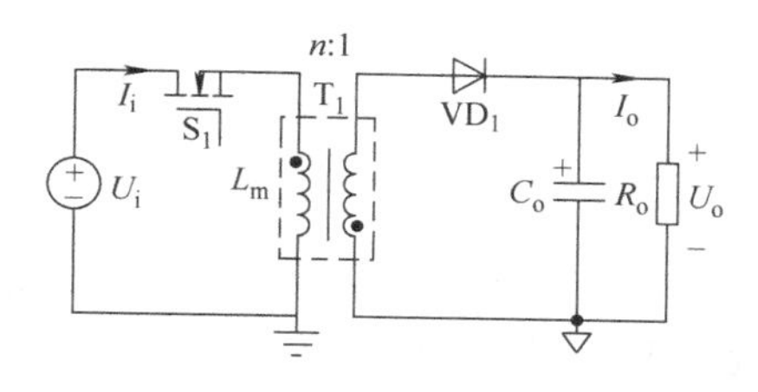

图 3-11-4　Flyback DC－DC 变换器电路

为了简化分析变换器稳态特性，假设：所有元件均被认为是理想器件；开关频率$f_S$远高于工频$f_L$；输出滤波电容 $C_o$足够大；在一个开关周期内电容两端的电压 $U_o$恒定不变。

根据电感电流在一个开关周期结束时的工作状态，可将电感电流的工作模式分为断续导电模式（DCM）、连续导电模式（CCM）与临界连续导电模式（BCM），每种工作模式都有其各自的优缺点。与 Boost 变换器及 Buck 变换器不同的是电感电流连续与断续的含义，Flyback 变压器是一种耦合电感，对于一次绕组来讲，它的电流不可能在一个周期内连续，因为开关管$S_1$断开后其电流必然为零，但这时励磁电感必通过二次绕组进行续流。故对 Flyback 变换器来说，电感电流连续是指变压器二次电流在开关管 $S_1$关断期间不为零，而电感电流断续是指二次电流在开关管$S_1$关断期间有一段时间为零。在一个开关周期内，BCM Flyback DC－DC 变换器有两个工作模态，图 3-11-5 为两个模态的等效电路，图 3-11-6 为稳态时的主要波形。

模态 1$[t_0, t_1]$：如图 3-11-5a 所示，在时刻$t_0$，开关管 $S_1$导通，二极管 $VD_1$因承受反向电压而关断。电源给变压器一次电感 $L_m$充电，一次电感电流 $i_{L1}(t)$线性增加

$$i_{L1}(t)=\frac{U_i}{L_m}(t-t_0) \tag{3-11-1}$$

在模态 1 结束时，电感电流达到最大值

$$i_{L1-p}=\frac{U_i}{L_m}t_{on} \tag{3-11-2}$$

式中，$t_{on}$是开关管导通时间。模态 1 的持续时间 $\tau_1$等于 $t_{on}$。

模态 2$[t_1, t_2]$：如图 3-11-5b 所示，在 $t_1$时刻，开关管 $S_1$关断，一次电感电流 $i_{L1}(t)$降为零，二次电感的感应电动势反向，续流二极管 $VD_1$导通，感生电流将出现在二次侧。此时，二次侧电感电流 $i_{L2}(t)$线性下降

$$i_{L2}(t)=ni_{L1-p}-\frac{n^2U_o}{L_m}(t-t_1) \tag{3-11-3}$$

式中，$n$ 为变压器一、二次绕组的匝比。当 $i_{L2}(t)$ 减小到零，$VD_1$ 反向截止，模态 2 结束，开始下一个开关周期。由式（3-11-2）和式（3-11-3）可得模态 2 的持续时间

$$\tau_2=t_2-t_1=\frac{U_it_{on}}{nU_o} \tag{3-11-4}$$

因此，一个开关周期的工作时间 $T_S$ 为

$$T_S=(1+\frac{U_i}{nU_o})t_{on} \tag{3-11-5}$$

由式（3-11-5）可得该变换器的电压增益为

$$M=\frac{U_o}{U_i}=\frac{D}{n(1-D)} \tag{3-11-6}$$

式中，$D$ 为开关管的导通占空比。根据式（3-11-6）可看出，通过改变开关管的导通占空比和变压器匝比即可改变变压器的电压增益。

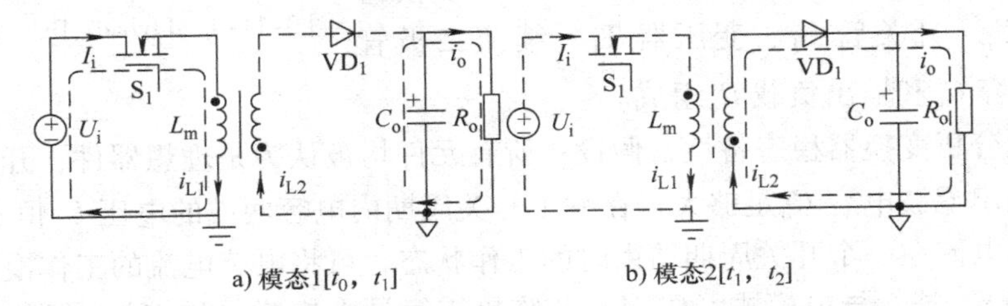


图 3-11-5　BCM Flyback DC－DC 变换器两个模态的等效电路

开关频率和电感电流峰值都是影响变换器效率和工作稳定性的重要参数。利用电路仿真分析或参考文献［3］中的理论计算，在输入和输出规格固定时，通过调整电感参数，可得到理想的开关频率和最大电感电流峰值。在确定了主功率回路的电路参数后，根据输入输出规格选定主电感的磁心和骨架类型，然后通过下式计算主电感的绕线匝数

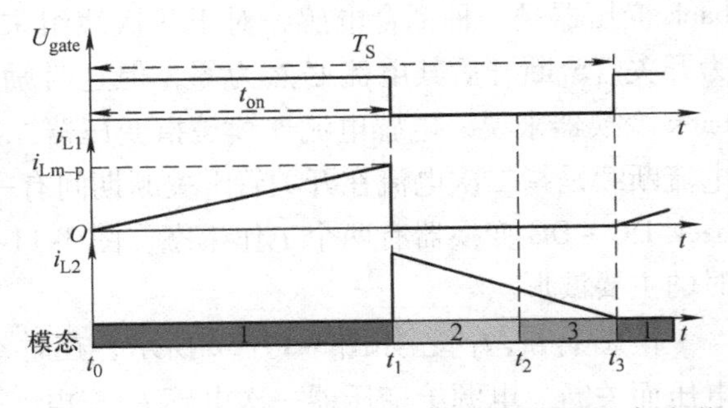


图 3-11-6　BCM Flyback DC－DC 变换器的稳态波形

$$N=\frac{i_{Lm-p}L_m}{B_{max}A_e} \tag{3-11-7}$$

式中，$B_{max}$ 为磁心的饱和磁通密度；$A_e$ 为有效磁心中柱面积。此处为了留有一定的裕度，$B_{max}$ 取 0.3T 左右。

2. 功率因数校正技术

可供电力电子装置取电的市电通常为 90～135V 或 175～265V 交流电压，交流电压根据各国电网电压的不同会有所差异。由于大部分用电设备需要直流供电，因此需要将交流输入电压整流滤波再变换成需要的直流电压。传统的整流滤波电路由四个二极管组成的全桥不可控整流电路和滤波电路组成，如图 3-11-7a 所示。图 3-11-7b 给出了交流输入电压、输入电

流和整流后的滤波电容电压波形。由图 3-11-7 可以看出，只有当输入电压大于滤波电容上的电压时，整流二极管才有电流流过，输入电流呈尖三角波形式，电流相位相对于电压相位超前，并且含有大量的谐波分量，输入功率因数（Power Factor，PF）很低，一般仅为0.3～0.5，因此对电网产生大量的谐波污染。若电网中存在这种大量接入的、电流相位超前的容性负载，会使电网电压波形发生畸变，用电设备无功增加；谐波电流还会引起电网中 $LC$ 设备发生谐振，干扰其他用电设备，造成用电设备过电流、过热甚至损坏。而且，大量注入电网的谐波电流还会使电网线路的附加损耗增大。随着开关变换器的大量使用，开关变换器向电网中注入的谐波电流已经成为电网中最主要的谐波污染源之一。

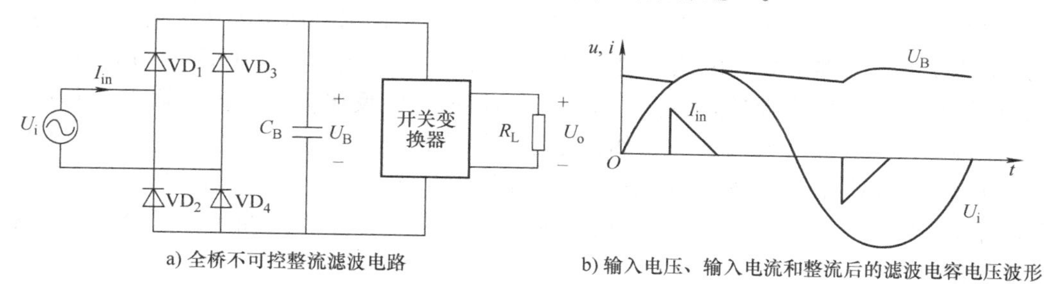


a) 全桥不可控整流滤波电路

b) 输入电压、输入电流和整流后的滤波电容电压波形

图 3-11-7　全桥不可控整流滤波电路及其波形

为了减小电力电子装置对电网的谐波污染，某些国家和国际学术团体颁布并实施了一些电流谐波标准，如 IEC555－2、IEEE519、IEC61000－3－2 等。IEC61000－3－2 C 类法规对 AC－DC 照明设备注入电网的各次谐波电流提出了限制要求；我国国家技术监督局于 1993 年颁布了国家标准 GB/T 14549—1993《电能质量 公用电网谐波》。为此必须通过功率因数校正（Power Factor Correction，PFC）技术来使开关变换器的输入电流谐波达到限制标准要求，因此，各种拓扑的功率因数校正技术被广泛采用。

3. Flyback PFC 变换器

Flyback PFC 变换器的主功率拓扑及其控制回路如图 3-11-8 所示。主功率回路由输入滤波电感 $L_f$、输入滤波电容 $C_f$、变压器 $T_1$、开关管 $S_1$、二极管 $VD_1$、输出电容 $C_o$、输出负载 $R_o$和由 $R_a$、$C_a$、$VD_a$组成的 RCD 吸收电路组成。RCD 吸收电路的原理如下：当开关管 $S_1$断开时，蓄积在变压器漏感中的能量给开关管 $S_1$的寄生电容充电，开关管 $S_1$的反向电压上升，其电压上升到足够高时，吸收二极管 $VD_a$导通，开关管 $S_1$的电压被吸收二极管 $VD_a$所嵌位，漏感中蓄积的能量对吸收电容 $C_a$充电；开关管 $S_1$导通期间，吸收电容 $C_a$通过

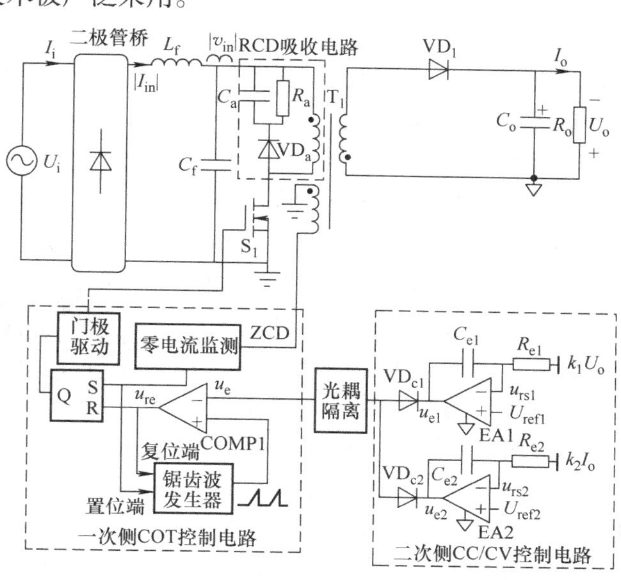


图 3-11-8　Flyback PFC 变换器主功率拓扑及其控制回路

电阻 $R_a$ 放电，为下个周期继续充电做准备。

该变换器采用恒定导通时间（COT）控制。误差放大器 EA1 将输出电压信号 $u_{rs1}$ 和参考电压 $U_{ref1}$ 进行比较，产生误差电压 $u_{e1}$。由于开关管与采样端不共地，需将误差电压 $u_{e1}$ 通过光耦从二次侧传递到一次侧 $u_e$。比较器 COMP1 将 $u_e$ 与锯齿波信号进行比较以产生复位信号 $u_{re}$。当 $S_1$ 关闭时，锯齿波发生器复位至零；当 RS 触发器的置位端为高电平时，锯齿波发生器再次置位。RS 触发器置位端的输入信号是变压器二次电流的零电流检测（ZCD）信号，其中 ZCD 信号由主电感的辅助绕组产生。因此，该变换器的电感电流工作在临界导通模式（BCM）下。

二次侧控制电路存在两个误差放大控制环路，一个是输出电压误差放大器 EA1，另一个是输出电流误差放大器 EA2。由该控制环路工作原理可知，当输出电压低于恒压输出环路被控目标电压时，EA1 的误差输出 $u_{e1}$ 为高电平，此时 $VD_{c1}$ 反向截止，恒压输出控制环路失效，恒流输出误差放大器 EA2 正常工作，输出为恒流控制；反之，当输出电流低于 EA2 目标控制电流时，EA2 的误差输出为高电平，此时 $VD_{c2}$ 反向截止，恒流输出控制环路失效，恒压输出误差放大器 EA1 正常工作，输出为恒压控制。通过以上控制，理论上即可实现 CC/CV 控制。

在半个工频周期 $T_L/2$ 内，励磁电感电流波形及控制时序如图 3-11-9 所示。类似于 DC－DC 模态分析，此时输入电压为全波整流后的正弦电压，即 $|U_i| = U_p|\sin(\omega_L t)|$，其中 $U_p$ 为输入电压峰值，$\omega_L = 2\pi f_L$ 为交流输入电压的角频率。在一个开关周期内，开关管导通时变压器一次电流的峰值为

$$i_{Lm-1-p} = \frac{|U_i|}{L_m}t_{on} = \frac{U_p|\sin(\omega_L t)|}{L_m}t_{on} \tag{3-11-8}$$

当励磁电感 $L_m$ 工作在 BCM 时，整流后的输入电流 $i_i(t)$ 等于开关管导通内励磁电感一次电流的平均值。因此，在一个开关周期内，变换器的平均输入电流为

$$i_i(t) = i_{Lm-1-avg}(t) = \frac{U_p|\sin(\omega_L t)|}{2L_m T_S}t_{on}^2 = \frac{nU_o U_p|\sin(\omega_L t)|}{2L_m(nU_o + U_p|\sin(\omega_L t)|)}t_{on} \tag{3-11-9}$$

由式（3-11-8）、式（3-11-9）可知，平均输入电流与输入电压 $|U_i|$、输出电压 $U_o$、开关管导通时间 $t_{on}$ 以及励磁电感 $L_m$ 有关。由于 PFC 变换器控制环路的带宽通常在 5～10Hz 以内，由图 3-11-8 可知，在一个工频周期内误差电压 $u_e$ 基本不变，因此，在一个工频周期内 $S_1$ 的开通时间 $t_{on}$ 基本保持不变。由式（3-11-9）可知，当 $t_{on}$ 恒定时，输入电流可以近似地跟踪输入电压，即实现了功率因数校正功能。同时，随着负载电流及输入电压的改变，Flyback PFC 变换器的 $t_{on}$ 与开关频率将同时发生变化，进而导致占空比发生改变，从而可通过控制电路将输出电压调节为 $U_o$。

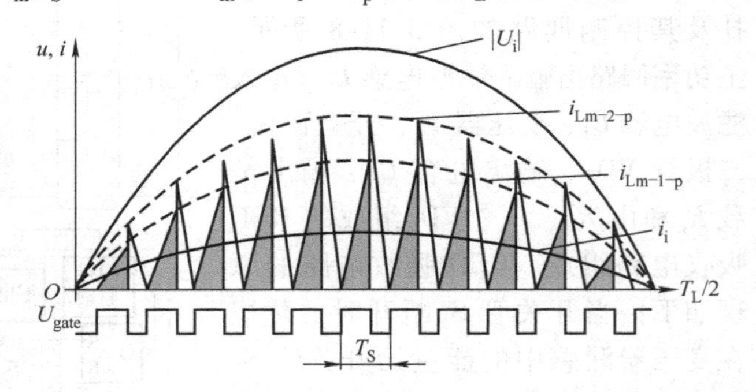


图 3-11-9　半个工频周期内的电感电流波形和控制时序

使用 PSIM 仿真软件对变换器的工作特性进行仿真分析，可以更好地理解变换器的工作

原理，并且有助于设计实验参数，图 3-11-10 为恒流输出 Flyback PFC 变换器的 PSIM 仿真电路。图 3-11-11 为交流 36V 输入时 Flyback PFC 变换器输入电压电流、输出电压电流和电感电流仿真波形，可以看出，输入电流可以很好地跟踪输入电压的变化，波形接近正弦波，变换器实现了功率因数较正功能；输出电流稳定在 1A，输出电压稳定在 48V 左右，此时为恒流输出控制。图 3-11-12 为交流 36V 输入电压峰值处 Flyback PFC 变换器仿真波形，可以看出，励磁电感 $L_m$工作在临界导通模式（BCM）下。

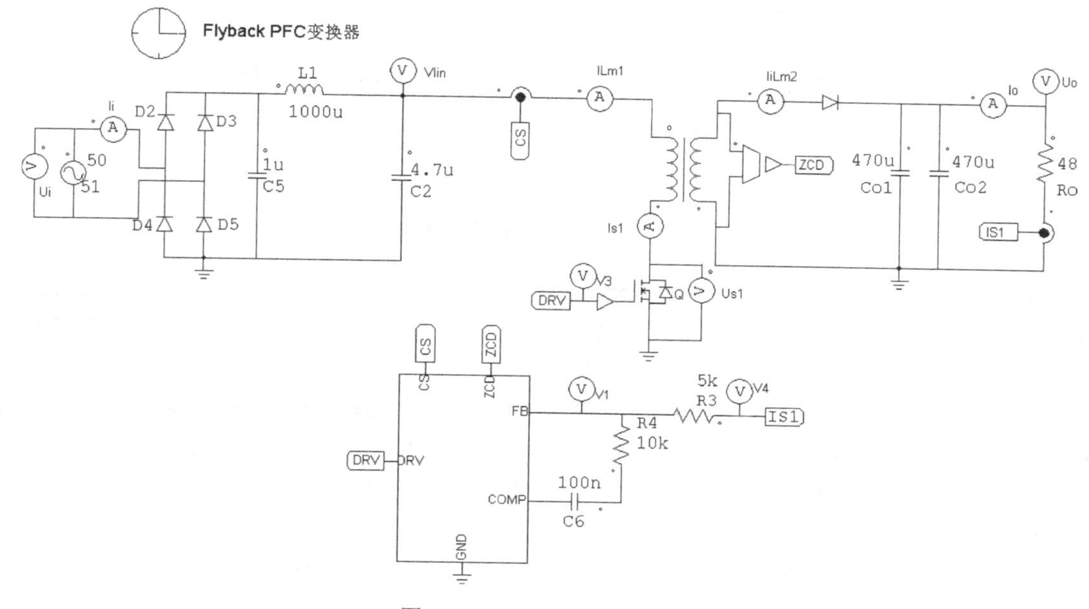


图 3-11-10　PSIM 仿真电路

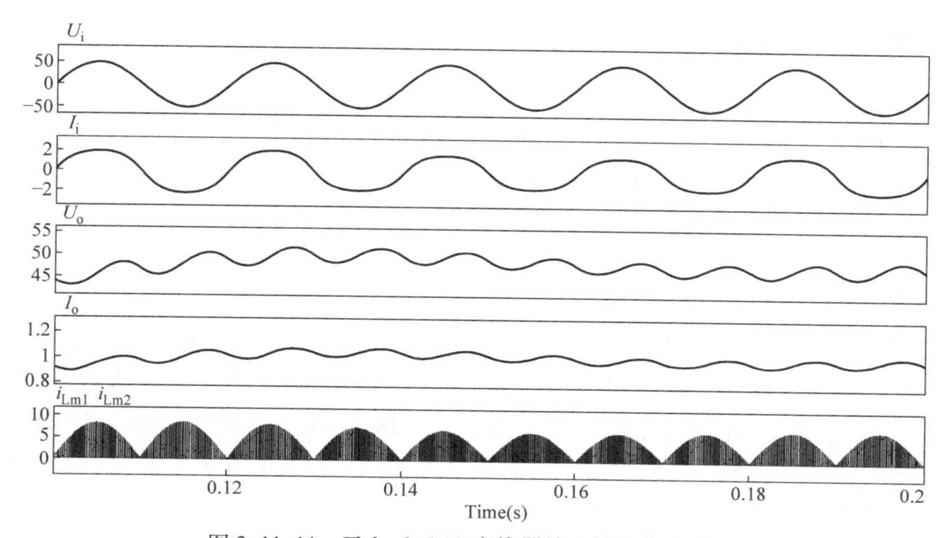


图 3-11-11　Flyback PFC 变换器输入输出仿真波形

## 五、测试内容

1）设计并制作 Flyback DC－DC 变换器，根据基本要求测试 DC－DC 变换装置的输出电

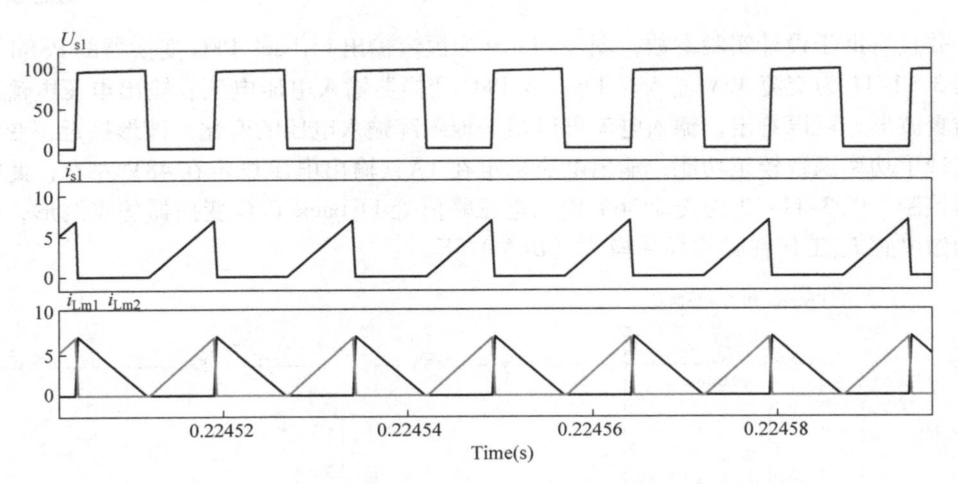


图 3-11-12 输入电压峰值处 Flyback PFC 变换器仿真波形

压与电流精度、电压调整率、负载调整率、输出纹波电压以及变换器效率，并画出输出 CC/CV 曲线；用示波器测量、记录在几个开关周期内的变压器二次电流波形、MOSFET 反向电压波形以及输出电压波形，并与仿真数据做对比。

2）设计并制作 Flyback AC－DC 变换器，根据进阶要求测试 AC－DC 变换装置的输出电压与输出电流精度、输出纹波电压、电压调整率、负载调整率、功率因数以及变换器效率，并画出输出 CC/CV 曲线；用示波器测量、记录在几个工频周期内的输入电压与输入电流波形、变压器一二次电流波形、MOSFET 反向电压波形以及输出电压波形，并与仿真数据做对比；用示波器测量、记录在输入交流电压峰值处的几个开关周期内变压器一二次电流波形及 MOSFET 反向电压波形，并与仿真数据做对比。

## 六、实验报告要求

1）阐述电路工作原理和实验原理。

2）整理仿真数据，通过仿真确定主功率回路的实验参数。

3）根据测试内容要求整理实验测试数据。

4）总结分析整个实验过程中的问题与思考。

## 七、参考方案

图 3-11-13 为一种 Flyback DC－DC 变换器的参考实验电路原理图。本方案的控制策略为：驱动芯片采用 FL6961 和 TSM103，通过主电感的辅助绕组构成辅助电源为其供电。FL6961 是一款通用照明电源控制器，此处用于实现 DC－DC 电压转换控制。TSM103 集成了一个电压基准器件和两个运算放大器，为需要恒压和恒流模式的开关电源提供有效集成解决方案。芯片具体功能参见其数据手册与应用笔记。

实际应用中，在采用电压模式控制 Flyback DC－DC 变换器的基础上，将其输入直流源替换成交流源，并在交流源后加入桥式整流滤波电路，通过调节控制环路的带宽，使其带宽在 5～10Hz 以内，即可实现 Flyback PFC 变换器，其参考电路原理图如图 3-11-14 所示。

注：PFC 变换器输入滤波电路要采用低通滤波器，其上限截止频率介于两倍工频频率与

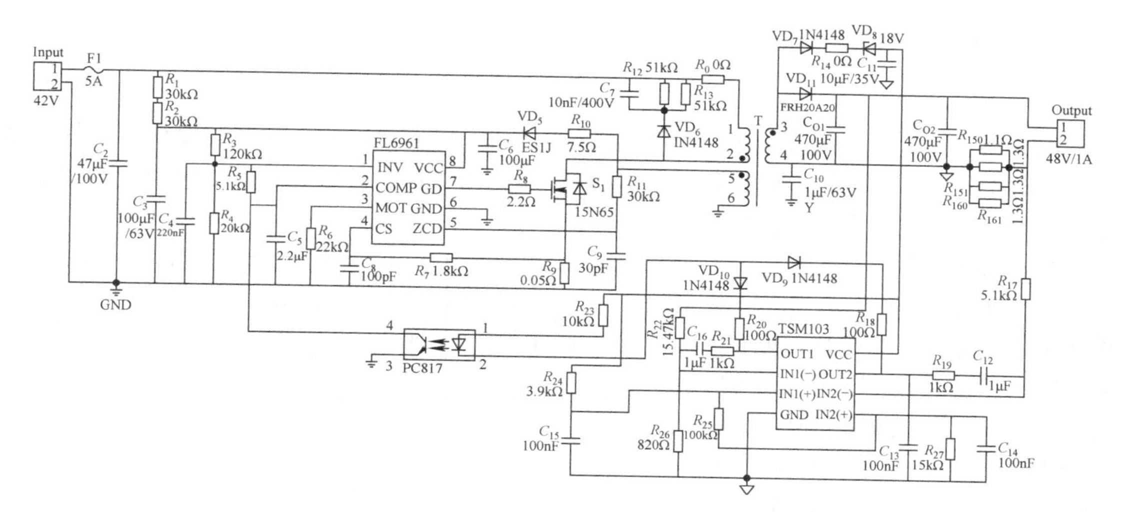


图 3-11-13　Flyback DC – DC 变换器参考实验电路原理图

开关频率之间，即滤波器可通过工频分量滤除开关频率纹波。在本实验中，需确定图 3-11-13、图 3-11-14 中未给出的电路参数，这些参数对变换器的性能将起到关键的作用。

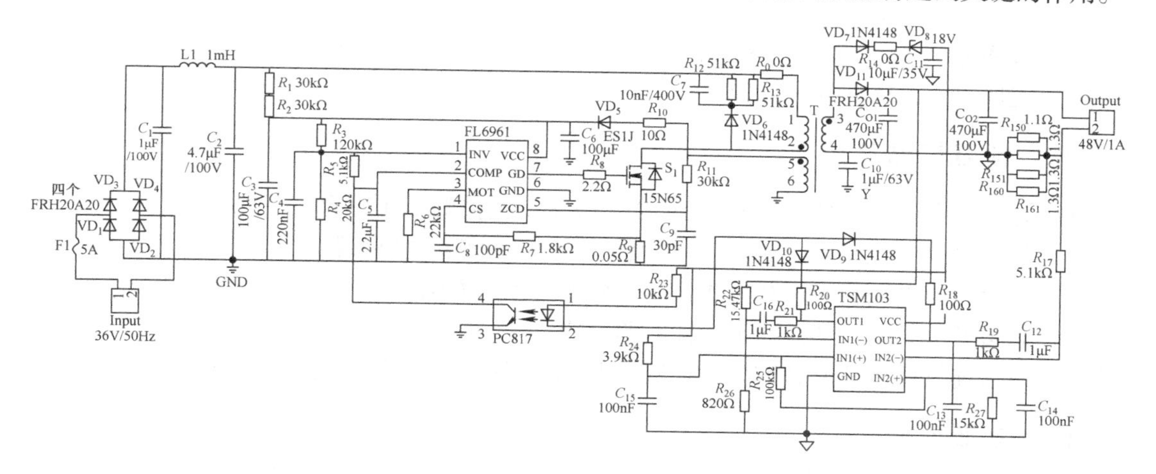


图 3-11-14　Flyback PFC 变换器参考实验电路原理图

# 实验 3.12　Boost 功率因数校正变换器设计与制作

## 一、实验目的

1）了解 Boost 功率因数校正变换器的工作原理及应用。
2）了解开关电源的设计方法与测试方法。
3）熟悉电感制作与测试仪器的使用。
4）提升电路系统的综合调试能力。

## 二、设计任务与要求

1. 设计任务

Boost 变换器具有高效率、控制简单的特点，是工程上常用的一种升压变换器拓扑。基于 Boost 拓扑设计并制作电源转换装置，实现恒压输出特性。类似装置广泛应用于电源系统中的前级 AC – DC 有源功率因数校正。

2. 基本要求

1）基于 Boost 拓扑实现如图 3-12-1所示的 AC – DC 电压转换，并实现恒压输出控制。在额定输入交流电压 30V、负载电阻 48Ω、输出电流 1A 情况下，输出电压偏差 $|\Delta U_o| = |48V - U_o| \leqslant 300mV$。

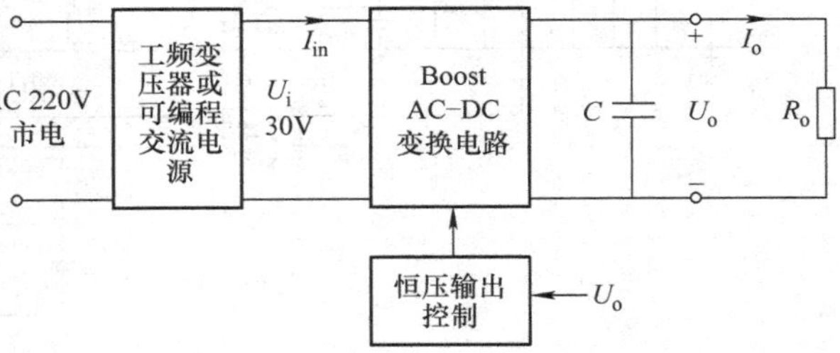

图 3-12-1　Boost AC – DC 变换器测试连接框图

2）额定输入电压下，最大输出电流$I_o \geqslant 1A$。

3）输出噪声纹波电压峰 – 峰值$U_{op-p} \leqslant 2.4V$（$U_i = 30V$，$I_o = I_{omax}$）。

4）功率因数大于 0.98。

5）效率 $\eta \geqslant 88\%$（$U_i = 30V$，$I_o = 1A$）。

6）完成以上测试并撰写报告。

## 三、预习与思考

1）熟悉参考资料，理解 Boost 功率因数校正变换器的工作原理。

2）使用 PSIM 仿真软件搭建实验仿真模型，设计实验电路参数。

3）了解电感电流临界连续模式控制的检测与控制方法。

4）思考开关频率对变换器工作性能的影响。

5）思考连续模式功率因数校正控制器 UCC28019 与本实验采用控制器的区别。

## 四、实验原理

1. 临界连续模式 Boost 变换器

如图 3-12-2 所示，Boost 变换器由输入电源 $U_i$、开关管 $S_1$、励磁电感 $L_m$、续流二极管 $VD_1$、输出电容 $C_o$ 和输出负载 $R_o$组成。

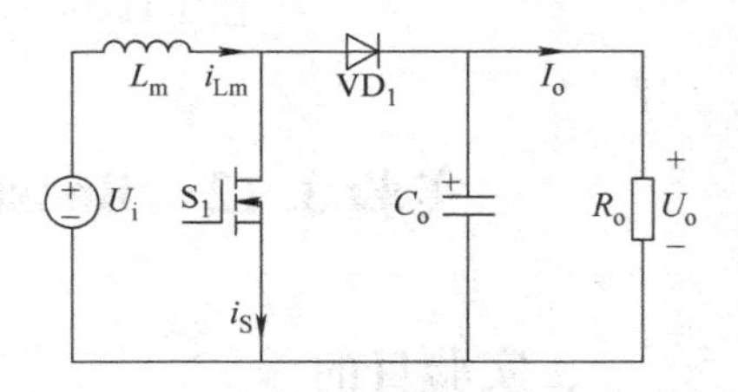


图 3-12-2　Boost DC – DC 变换器电路

根据电感电流在一个开关周期结束时的工作状态，可将电感电流的工作模式分为断续导电模式（DCM）、连续导电模式（CCM）与临界连续导电模式（BCM），每种工作模式都有其各自的优缺点。在一个开关周期内，BCM Boost 变换器有两个工作模态，图 3-12-3 为两个模态的等效电路，图 3-12-4 为稳态时的主要波形。

模态 1[$t_0$,$t_1$]：如图 3-12-3a 所示，在时刻 $t_0$，开关管 $S_1$导通，二极管 $VD_1$因承受反向

电压而关断。电源给电感 $L_m$ 充电，输出支路由电容 $C_o$ 供电，电感电流 $i_{Lm}(t)$ 线性增加

$$i_{Lm}(t)=\frac{U_i}{L_m}(t-t_0) \tag{3-12-1}$$

在模态 1 结束时，励磁电感电流达到最大值

$$i_{Lm-p}=\frac{U_i}{L_m}t_{on} \tag{3-12-2}$$

式中，$t_{on}$ 是开关管导通时间。模态 1 的持续时间 $\tau_1$ 等于 $t_{on}$。

模态 2[$t_1$，$t_2$]：如图 3-12-3b 所示，在 $t_1$ 时刻，开关管 $S_1$ 关断，电路进入模态 2。此时，输入电压 $U_i$ 以及电感 $L_m$ 通过二极管 $VD_1$ 给输出支路供电，电感电流 $i_{Lm}(t)$ 线性下降

$$i_{Lm}(t)=\frac{U_i-U_o}{L_m}(t-t_1)+i_{Lm-p} \tag{3-12-3}$$

当 $i_{Lm}(t)$ 减小到零时，模态 2 结束，此时，开始下一个开关周期，由式（3-12-2）和式（3-12-3）可得

$$\tau_2=t_2-t_1=\frac{U_i}{U_o-U_i}t_{on} \tag{3-12-4}$$

因此，一个开关周期的工作时间 $T_S$ 为

$$T_S=\frac{U_o}{U_o-U_i}t_{on} \tag{3-12-5}$$

由式（3-12-5）可得该变换器的电压增益为

$$M=\frac{U_o}{U_i}=\frac{1}{1-D} \tag{3-12-6}$$

式中，$D$ 为开关管的导通占空比。根据式（3-12-6）可以看出，通过控制电路改变开关管的导通占空比即可改变变换器的电压增益，由于 $0<D<1$，电压增益 $M>1$，故变换器为升压变换。

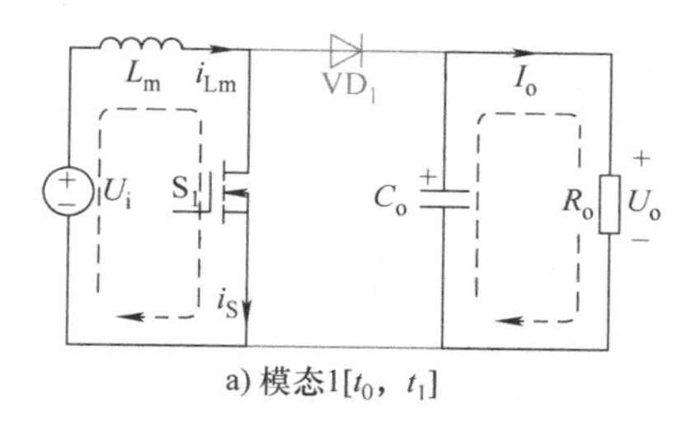


a) 模态1[$t_0$，$t_1$]

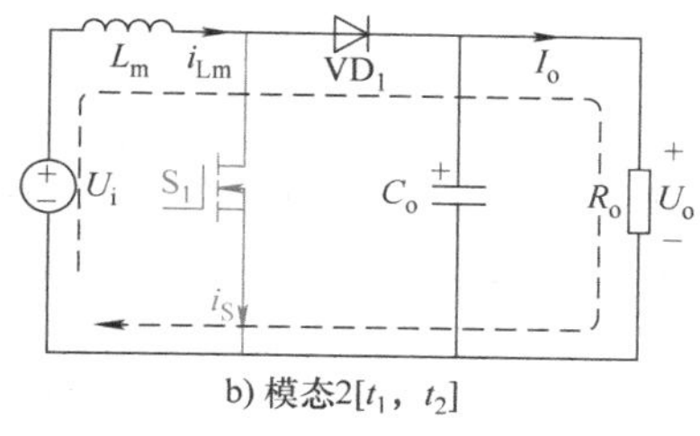


b) 模态2[$t_1$，$t_2$]

图 3-12-3　BCM Boost 变换器两个模态的等效电路

开关管的开关频率和电感电流峰值都是影响变换器效率和工作稳定性的重要参数。利用电路仿真分析，在输入和输出规格固定时，通过调整电感参数，可得到理想的开关频率和最大电感电流峰值。在确定了主功率回路的电路参数后，根据传输功率等参数选定主电感的磁心和骨架类型，然后通过下式计算主电感的绕线匝数

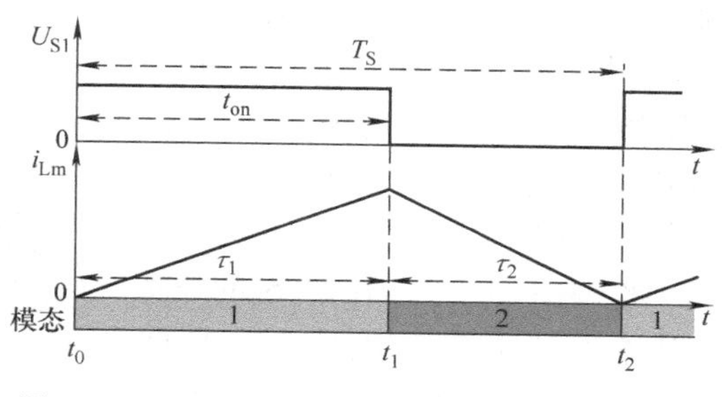


图 3-12-4　BCM Boost 变换器稳态时的主要波形

$$N=\frac{i_{Lm-p}L_m}{B_{max}A_e} \tag{3-12-7}$$

式中，$B_{max}$为磁心的饱和磁通密度，$A_e$为有效磁心中柱面积。此处为了留有一定的裕度，$B_{max}$取0.3T左右。

2. Boost PFC 变换器

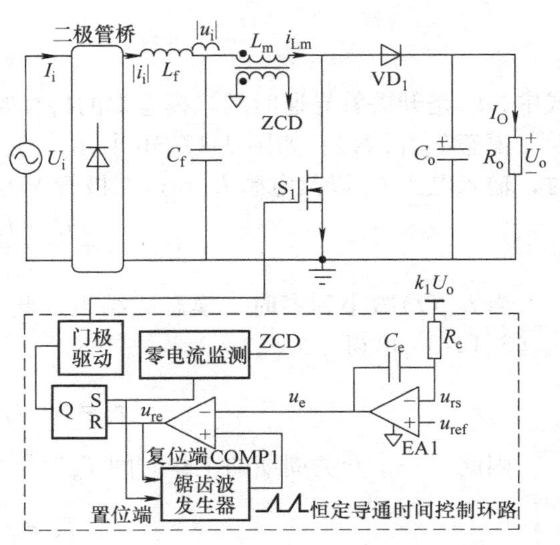


图3-12-5　Boost PFC 变换器主功率拓扑及其控制电路

Boost PFC 变换器主功率拓扑及其控制电路如图3-12-5所示。该变换器的主功率回路由输入滤波电感$L_f$、输入滤波电容$C_f$、励磁电感$L_m$、开关管$S_1$、二极管$VD_1$、输出电容$C_o$和输出负载$R_o$组成。该变换器采用恒定导通时间（COT）控制。误差放大器EA1将输出电压$u_{rs}$和参考电压$u_{ref}$进行比较，产生误差电压$u_e$。比较器COMP1将$u_e$与锯齿波信号进行比较以产生复位信号$u_{re}$。当$S_1$关闭时，锯齿波发生器复位为零；当RS触发器的置位端为高电平时，锯齿波发生器再次置位。RS触发器置位端的输入信号是电感器的零电流检测（ZCD）信号，其中ZCD信号由主电感的辅助绕组产生。因此，该变换器的电感电流工作在临界导电模式（BCM）下。

在半个工频周期$T_L/2$内，励磁电感电流波形及控制时序如图3-12-6所示。类似于DC－DC模态分析，此时输入电压为全波整流后的正弦电压，即$|U_i|=U_p|\sin(\omega_L t)|$，其中$U_p$为输入电压峰值，$\omega_L=2\pi f_L$为交流输入电压的角频率。在一个开关周期内，励磁电感的峰值电流为

$$i_{Lm-p}=\frac{|U_i|}{L_m}t_{on}=\frac{U_p|\sin(\omega_L t)|}{L_m}t_{on} \tag{3-12-8}$$

当励磁电感$L_m$工作在BCM时，整流后的输入电流$i_i(t)$等于一个开关周期内励磁电流的平均值。因此，一个开关周期内，变换器的平均输入电流为

$$i_i(t)=i_{Lm-avg}(t)=\frac{U_p|\sin(\omega_L t)|}{2L_m}t_{on} \tag{3-12-9}$$

由式（3-12-9）可知，平均输入电流与输入电压$|U_i|$、开关管导通时间$t_{on}$以及励磁电感$L_m$有关。由于PFC变换器控制环路的带宽通常在5～10Hz之间，由图3-12-5可知，在一个工频周期内误差电压$u_e$基本不变，因此，在一个工频周期内$S_1$的开通时间基本保持不变。由式（3-12-9）可知，当$t_{on}$恒定时，$i_i(t)$为正弦函

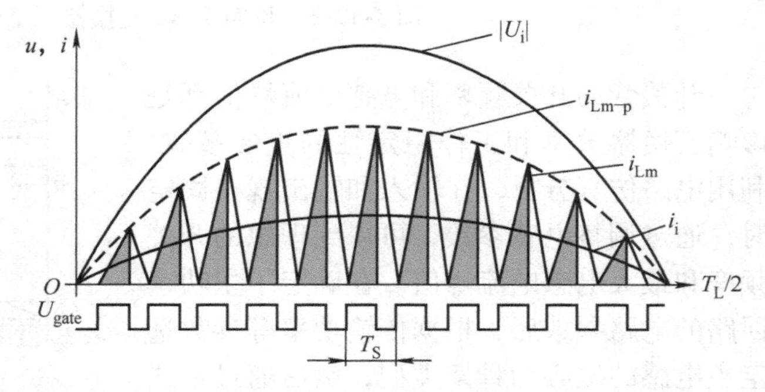


图3-12-6　半个工频周期内电感电流波形和控制时序

数，输入电流与输入电压同相位，即实现了单位功率因数。同时，随着负载电流及输入电压的改变，Boost PFC 变换器的 $t_{on}$ 与开关频率将同时发生变化，进而导致占空比发生改变，从而可通过控制电路将输出电压调节为 $U_o$。

使用 PSIM 仿真软件对变换器进行仿真分析，可以更好地理解变换器的工作原理，并且有助于设计实验参数，图 3-12-7 为 Boost PFC 变换器的 PSIM 仿真电路。图 3-12-8 为交流 30V 输入时 Boost PFC 变换器输入电压电流、输出电压电流和电感电流仿真波形。由图 3-12-8可以看出，输入电流可以很好地跟踪输入电压的变化，波形接近正弦波，变换器实现了功率因数校正功能。在负载电阻 48Ω 的情况下，输出电流稳定在 1A，输出电压稳定在 48V。图 3-12-9 所示为交流 30V 输入电压峰值处 Boost PFC 变换器仿真波形，可以看出，励磁电感 $L_m$ 工作在临界导电模式（BCM）下。

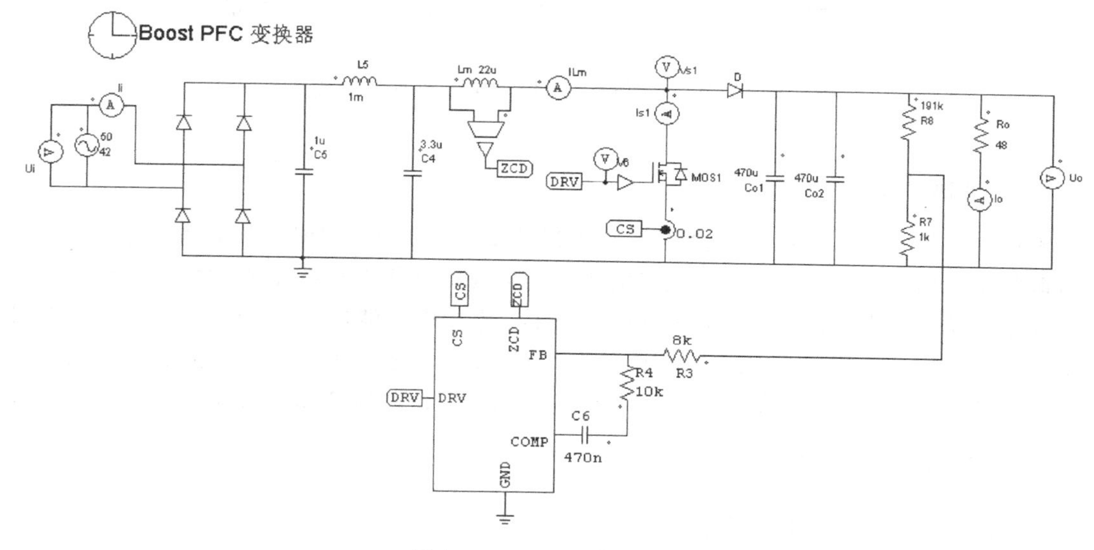


图 3-12-7　PSIM 仿真电路

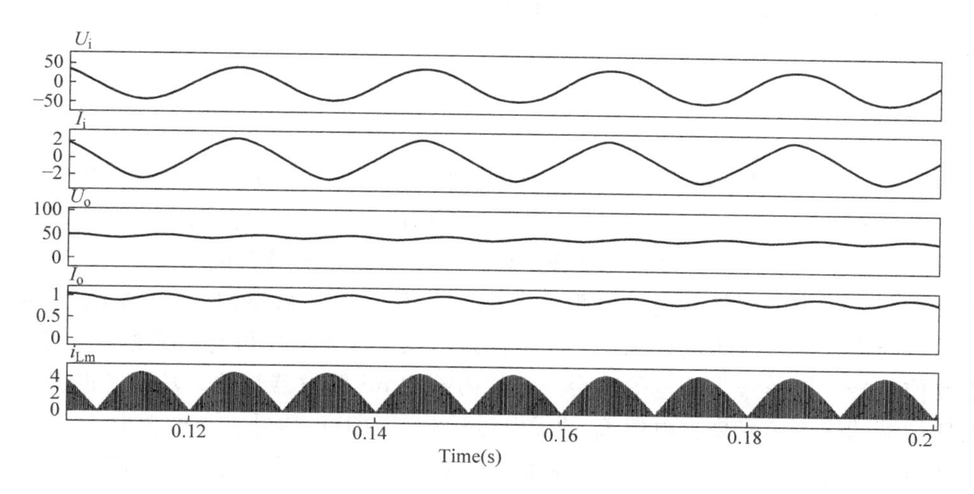


图 3-12-8　Boost PFC 变换器仿真波形

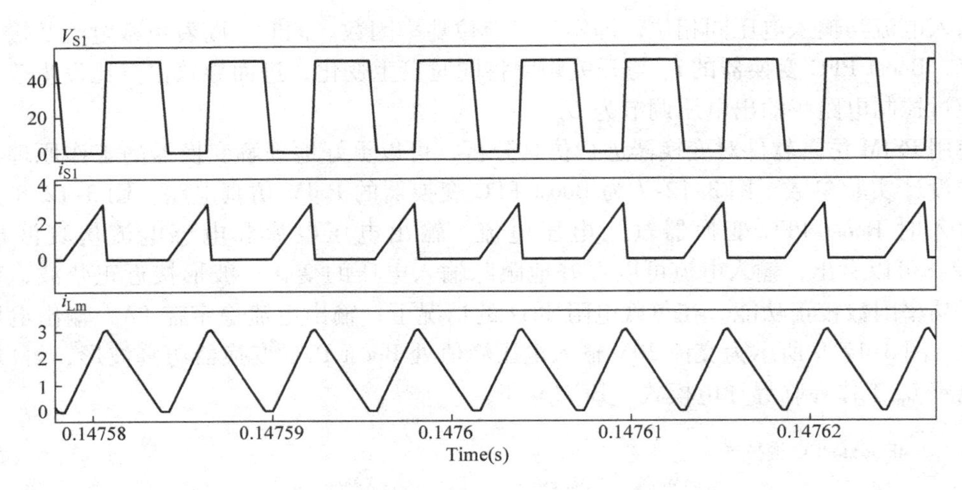


图 3-12-9　输入电压峰值处 Boost PFC 变换器仿真波形

## 五、测试内容

设计并制作 Boost AC－DC 变换器，根据进阶要求测试 AC－DC 变换装置的电压调整率、负载调整率、输出电压精度、输出纹波电压、功率因数以及变换器效率；用示波器测量、记录在几个工频周期内的输入电压与输入电流波形、电感电流波形、MOSFET 反向电压波形以及输出电压波形，并与仿真数据做对比；用示波器测量、记录在输入交流电压峰值点处的几个开关周期内的电感电流波形与 MOSFET 反向电压波形，并与仿真数据做对比。

## 六、实验报告要求

1）阐述电路工作原理和实验原理。

2）整理仿真数据，通过仿真确定主功率回路的实验参数。

3）根据测试内容要求整理实验样机测试数据。

4）总结分析整个实验过程中的问题与思考。

## 七、参考方案

图 3-12-10 为一种 Boost PFC 变换器的参考实验原理图。本方案的控制策略为驱动芯片采用 FL6961 或 FAN6961，通过主电感的辅助绕组构成辅助电源给其供电。FL6961 是一款通用照明电源控制器，芯片具体功能参见 FL/FAN6961 数据手册及其应用笔记。该方案对输出电压进行控制，输出电压信号通过电阻分压后，反馈到芯片 FL6961 的引脚 INV，引脚 INV 的电压信号与内部参考电压进行比较，产生误差电压。误差电压再与内部锯齿波信号进行比较产生复位信号。该信号为高电平时会使芯片内部的 RS 触发器复位，从而关断开关管。RS 触发器置位端的输入信号来自电感 $L_m$ 的零电流检测（ZCD）信号，当电感电流减小为零时，由辅助绕组产生置位信号，使 RS 触发器置位，从而驱动开关管导通。控制芯片通过调节引脚 COMP 的误差电压来实现对有源开关导通时间的控制，实现对占空比的控制，从而实现对输出电压的控制。

注：PFC 变换器输入滤波电路要采用低通滤波器，其上限截止频率介于两倍工频频率与开关频率之间，即滤波器可通过工频分量，滤除开关频率纹波。在本实验中，需确定图 3-12-10中未给出的电路参数，这些参数对变换器的性能起到关键的作用。

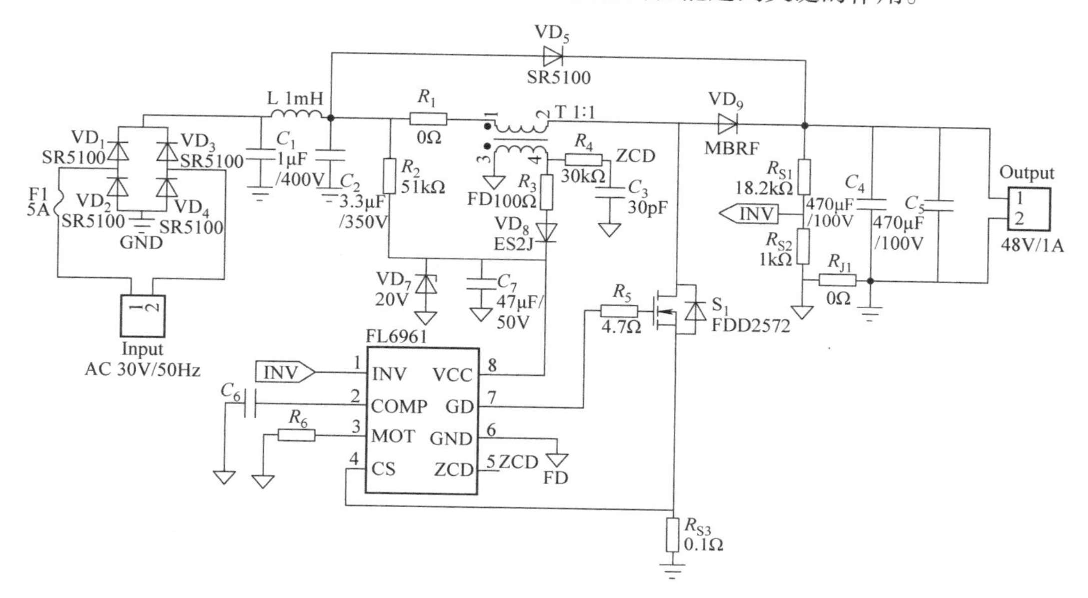


图 3-12-10　Boost PFC 变换器参考实验原理图

# 附　录

# 附录 A　示波器的原理及使用

示波器是一种用途十分广泛的电子测量仪器，能把肉眼看不见的电信号变换成看得见的图像，便于人们研究各种电现象的变化过程。目前大量使用的示波器有两种：模拟示波器和数字示波器。模拟示波器发展较早，技术也非常成熟，其优点主要是带宽较宽、成本低。但是随着数字技术的飞速发展，数字示波器拥有了许多模拟示波器不具备的优点：不仅具有可存储波形、体积小、功耗低、使用方便等优点，而且还具有强大的信号实时处理分析功能，具有输入输出功能，可以与计算机或其他外设相连实现更复杂的数据运算或分析。随着相关技术的进一步发展，数字示波器的频率范围也越来越宽，其使用范围将更为广泛。

数字存储示波器与模拟示波器的不同在于信号进入示波器后通过高速 A/D 转换器将模拟信号前端快速采样，存储其数字化信号，并利用数字信号处理技术对所存储的数据进行实时快速处理，得到信号的波形及其参数，由示波器显示，从而实现模拟示波器功能。而且测量精度高，还可以存储和调用显示特定时刻信号。

一个典型的数字存储示波器原理框图如图 A-1 所示，模拟输入信号先适当地放大或衰减，然后再进行数字化处理。数字化包括“取样”和“量化”两个过程，取样是获得模拟输入信号的离散值，而量化则是使每个取样的离散值经 A/D 转换成二进制数字。最后，数字化信号在逻辑控制电路的控制下依次写入 RAM（存储器）中，CPU 从存储器中依次把数字信号读出并在显示屏上显示相应的信号波形。GPIB 为通用接口总线系统，通过它可以程控数字存储示波器的工作状态，并且使内部存储器和外部存储器交换数据成为可能。

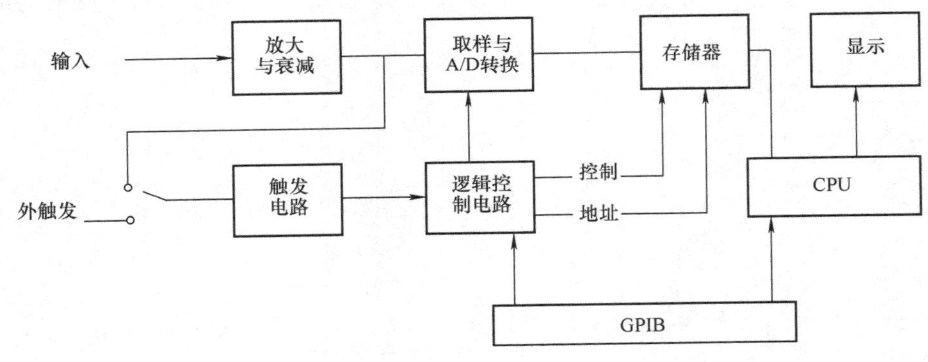


图 A-1　典型数字存储示波器原理框图

由此可见，数字示波器能完成波形的取样、存储和显示，另外为了满足一般应用的需求，几乎所有微机化的数字示波器都提供了波形的测量与处理功能。

1. 波形的取样和存储

由于数字系统只能处理离散信号，所以必须对模拟连续波形先进行抽样，再进行 A/D 转换。根据奈奎斯特（Nyquist）定理，只有抽样频率大于要处理信号频率的两倍时，才能在显示端理想地复现该信号。

连续信号离散化通过如图 A-2 所示的取样方法完成，把模拟波形送到加有反偏的取样门的 a 点，在 c 点加入等间隔的取样脉冲，对应时间为 $t_n$（$n=1$，2，3，…），取样脉冲打开取样门的一瞬间，在 b 点就得到相应的模拟量 $a_n$（$n=1, 2, 3, \cdots$），这个模拟量就是离散化的模拟量，把每一个模拟量进行 A/D 转换，就可以得到相应的数字量，如 $a_1$→A/D→01H，$a_2$→A/D→02H，$a_3$→A/D→03H，…。如果把这些数字量按序存放在存储器中，就相当于把一幅模拟波形以数字量存储起来。

2. 波形的显示

数字存储示波器必须把上面存储器中的波形显示出来以便用户观察、处理和测量。存储器中每个单元存储了一个抽样点的信息，在显示屏上显示为一个点，该点沿 $Y$ 方向的坐标值决定于数字信号值的大小、示波器 $Y$ 方向电压灵敏度设定值、$Y$ 方向整体偏移量；$X$ 方向的坐标值决定于数字信号值在存储器中的位置（即地址）、示波器 $X$ 方向电压灵敏度的设定值、$X$ 方向的整体偏移量。

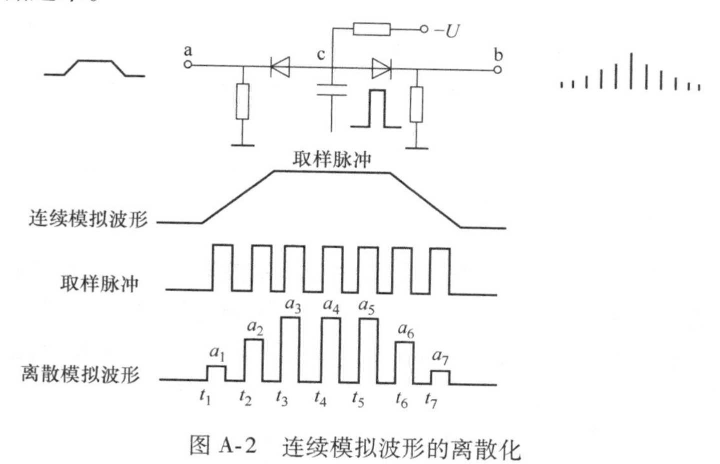


图 A-2 连续模拟波形的离散化

为了适应对不同波形的观测，智能化的数字存储器有多种灵活的显示方式：存储显示、双踪显示、插值显示、流动显示等。存储显示是示波器最基本的显示方式，显示的波形是由一次触发捕捉到的信号片断，即稳定地显示在 CRT 上。存储显示分为连续捕捉显示和单次捕捉显示，在连续捕捉显示方式下，每满足一次触发条件，屏幕上原来的波形就被新存储的波形更新，而单次捕捉显示只保存并显示一次触发形成的波形。如果需要显示两个电压波形并保持两个波形在时间上的原有对应关系，可采用交替存储技术以达到双踪显示。这种交替存储技术利用存储器写地址的最低位 A0 来控制通道开关，使取样和 A/D 转换轮流对两通道输入信号进行取样和转换，其存储方式如图 A-3 所示，当 A0 为 1 时，对通道 1 的信号 $Y_1$ 进行采样和转换，并写入技术存储器单元，读出时，先读偶数地址，再读奇数地址，$Y_1$ 和 $Y_2$ 信号便在 CRT 上交替显示。

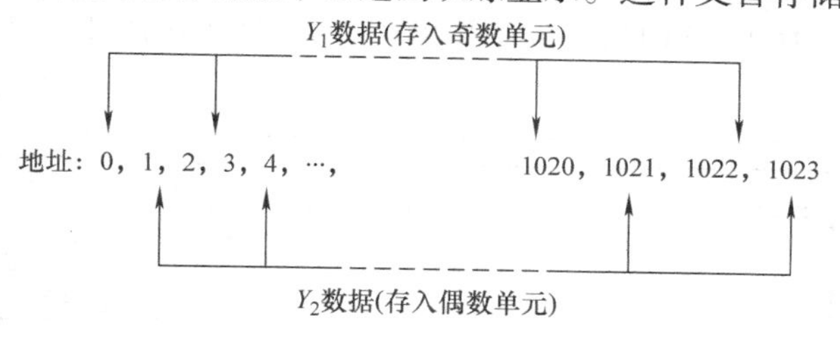


图 A-3 双踪显示的存储方式

示波器屏幕显示的波形由一些密集的点构成，当被观察的信号在一个周期内的采样点数较少时会引起视觉上的混淆现象，如图 A-4a 所示正弦波形就很难辨认，一般认为当采样频率低于被测信号频率的 2.5 倍时，点显示就会造成视觉混淆。为了有效地克服视觉的混淆现象，同时又不降低带宽指标，数字滤波器往往采用插值显示，即在波形上两个测试点数据间进行估值。估值方式通常有矢量插值法和正弦插值法两种，矢量插值法是用斜率不同的直线段来连接相邻的点，当被测信号频率为采样频率的 1/10 以下时，采用矢量插值可以得到满意的效果；正弦插值法是以正弦规律用曲线连接各数据点的显示方式，它能显示频率为采样频率的 1/2.5 以下的被测波形，如图 A-4b 所示，其能力已接近奈奎斯特极限频率。

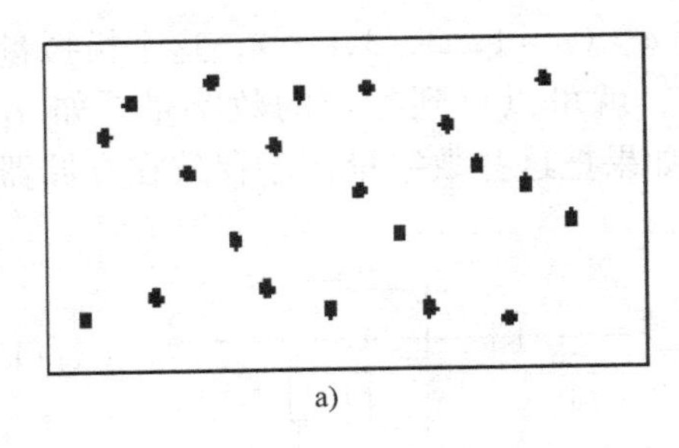
a)

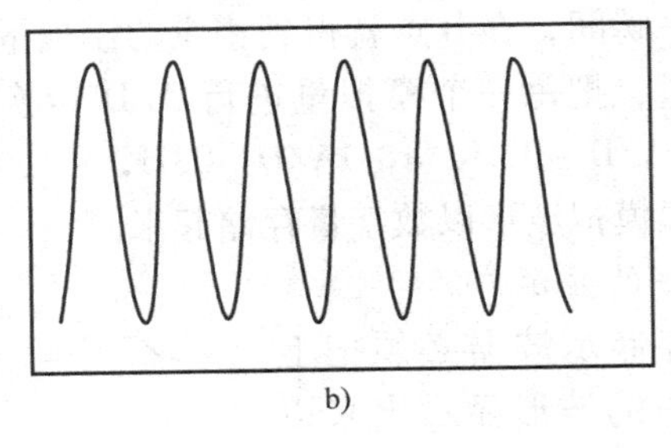
b)

图 A-4　波形的插值显示

3. 信号的触发

为了实时稳定地显示信号波形，示波器必须重复地从存储器中读取数据并显示。为使每次显示的曲线和前一次重合，必须采用触发技术。信号的触发一般为：输入信号经衰减放大后分送至 A/D 转换器的同时也分送至触发电路，触发电路根据一定的触发条件（如信号电压达到某值并处于上升沿）产生触发信号，控制电路一旦接收到来自触发电路的触发信号，就启动一次数据采集与 RAM 写入循环。

触发决定了示波器何时开始采集数据和显示波形，一旦触发被正确设定，它可以把不稳定的显示或黑屏转换成有意义的波形。示波器在开始收集数据时，先收集足够的数据用来在触发点的左方画出波形。示波器在等待触发条件发生的同时连续地采集数据。当检测到触发后，示波器连续地采集足够的数据以在触发点的右方画出波形。

触发可以从多种信源得到，如输入通道、市电、外部触发等。常见的触发类型有边沿触发和视频触发；常见的触发方式有自动触发、正常触发和单次触发。

4. 普源 DS1000 系列数字示波器的使用说明

(1) 面板及操作界面说明

DS1000 向用户提供简单而功能明晰的前面板（见图 A-5），以进行基本的操作。面板上

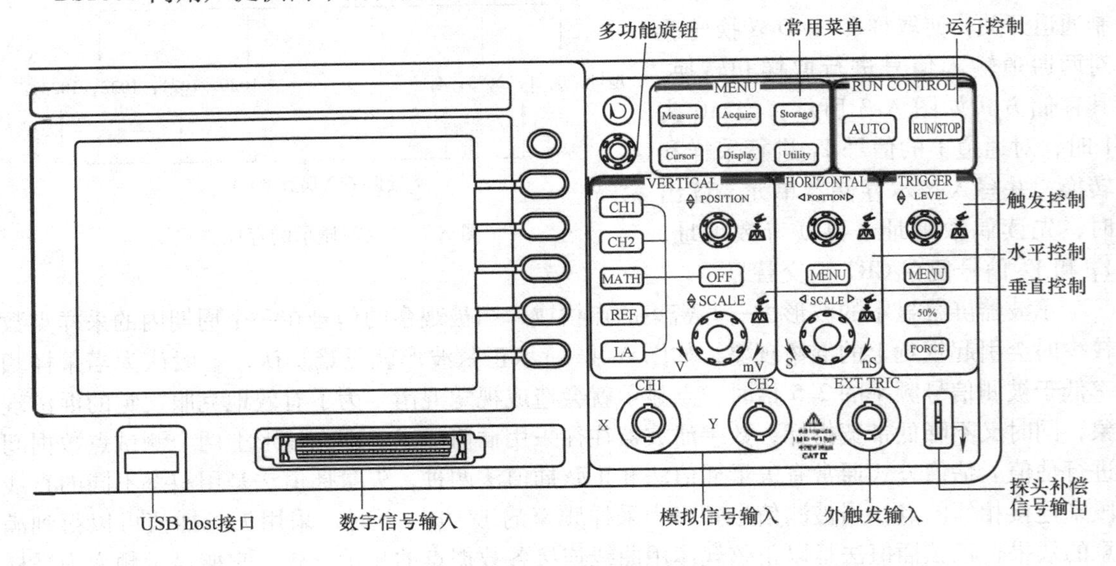


图 A-5　DS1000 面板操作说明图

包括旋钮和功能按键。旋钮的功能与其他示波器类似。按下 AUTO 按钮，示波器将自动设置垂直、水平和触发控制，还可手工调整这些控制使波形显示达到最佳。显示屏右侧的一列 5 个灰色按键为菜单操作键（自上而下定义为 1 号至 5 号），可以通过它们设置当前菜单的不同选项；其他按键为功能键，通过它们可以进入不同的功能菜单或直接获得特定的功能应用。示波器显示界面如图 A-6 和图 A-7 所示。

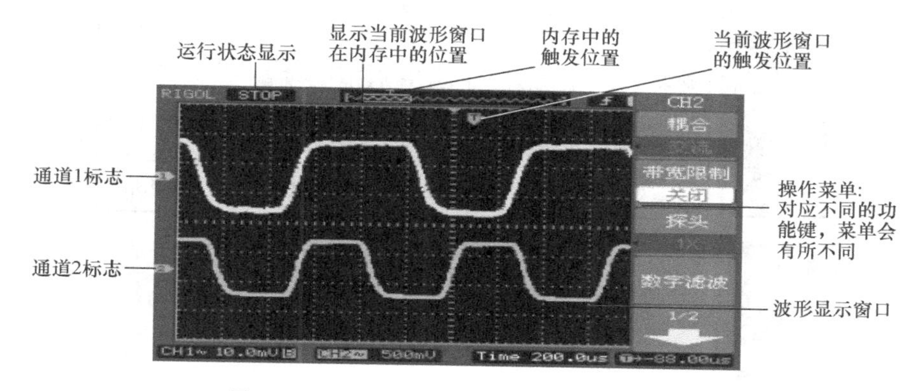


图 A-6　显示界面说明图（仅模拟通道打开）

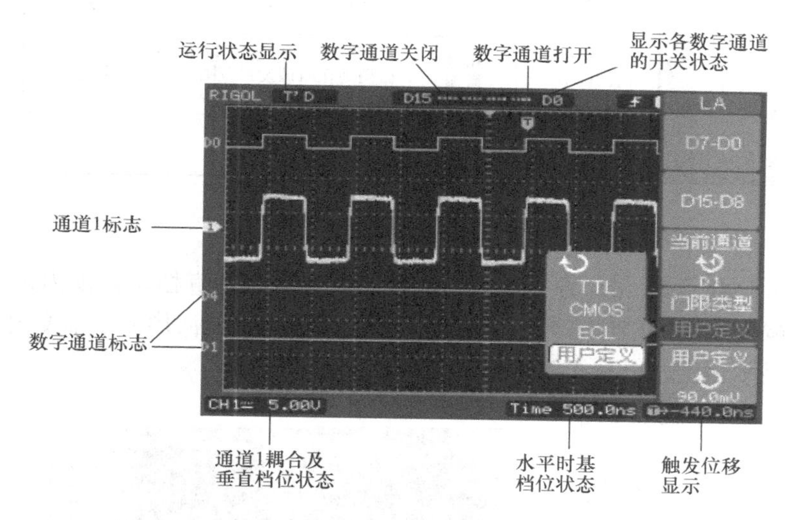


图 A-7　显示界面说明图（模拟和数字通道同时打开）

若操作菜单中某一选项需要切换，可配合多功能旋钮操作。点按选项旁的菜单操作键，调出下拉菜单，旋转多功能旋钮，选中其中某项，点按多功能旋钮确定。

（2）CH1、CH2 通道的设置

如图 A-8 所示，每个通道有独立的垂直菜单，每个项目都按不同的通道单独设置。按 CH1 或 CH2 功能按键，系统显示 CH1 通道的操作菜单。

（3）垂直灵敏度调节

如图 A-9 所示，在垂直控制区（VERTICAL）有一系列按键、旋钮，其中 SCALE 旋钮为垂直灵敏度调节旋钮。垂直档位调节分为粗调和微调两种模式，垂直灵敏度的范围是 2mV/div 至 5V/div。粗调是以 1-2-5 方式步进确定垂直档位灵敏度，即以 2mV/div、5mV/div、

| 功能菜单 | 设定 | 说明 |
|---|---|---|
| 耦合 | 交流<br>直流<br>接地 | 阻挡输入信号的直流成分。<br>通过输入信号的交流和直流成分。<br>断开输入信号 |
| 带宽限制 | 打开<br>关闭 | 限制带宽至20MHz，以减少显示噪声。<br>满带宽 |
| 探头 | 1×<br>10×<br>100×<br>1000× | 根据探头衰减因数选取其中一个值，以保持垂直标尺读数准确 |
| 数字滤波 | | 设置数字滤波 |
| (下一页) | 1/2 | 进入下一页菜单(以下均同，不再说明) |

| | | |
|---|---|---|
| (上一页) | 2/2 | 返回上一页菜单(以下均同，不再说明) |
| 档位调节 | 粗调<br>微调 | 粗调按1-2-5进制设定垂直灵敏度。<br>微调则在粗调设置范围之间进一步细分，以改善垂直分辨率 |
| 反相 | 打开<br>关闭 | 打开波形反向功能<br>波形正常显示 |

图 A-8　通道的操作菜单

10mV/div、20mV/div…5V/div 方式步进。微调是指在当前垂直档位范围内进一步调整，如果输入的波形幅度在当前档位略大于满刻度，而应用下一档位波形显示幅度稍低，可以应用微调改善波形显示幅度，以利于观察信号细节。

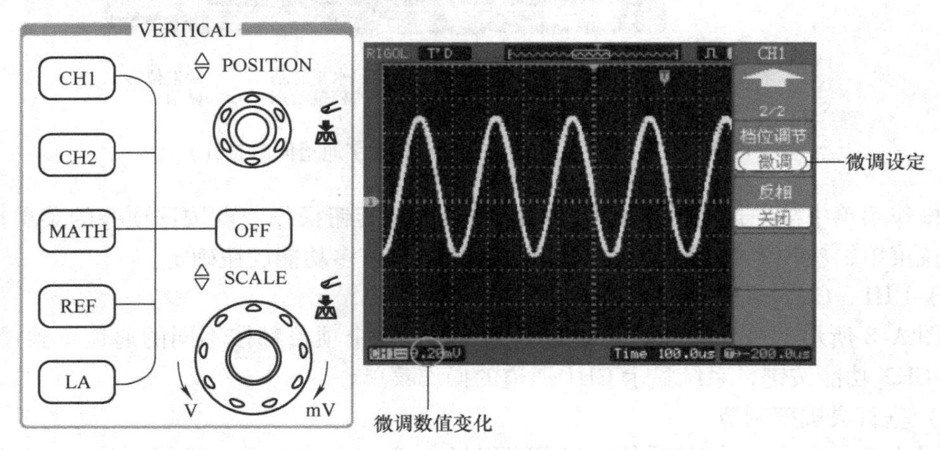


图 A-9　垂直灵敏度调节

(4) 水平扫描速度调节

如图 A-10 所示，在水平控制区（HORIZONTAL）有一个按键、两个旋钮，其中旋钮 SCALE，POSITION 为水平控制钮。使用水平控制钮可改变水平刻度（时基），触发在内存中的水平位置（触发位移）。屏幕水平方向上的中点是波形的时间参考点。改变水平刻度会导致波形相对屏幕中心扩张或收缩。水平位置改变波形相对于触发点的位置。

POSITION：调整通道波形的水平位置。这个控制钮的解析度根据时基而变化，按下此旋钮使触发位置立即回到屏幕中心。

SCALE：调整主时基或延迟扫描（Delayed）时基，即秒/格（s/div）。当延迟扫描被打开时，将通过改变水平旋钮改变延迟扫描时基，进而改变窗口宽度。

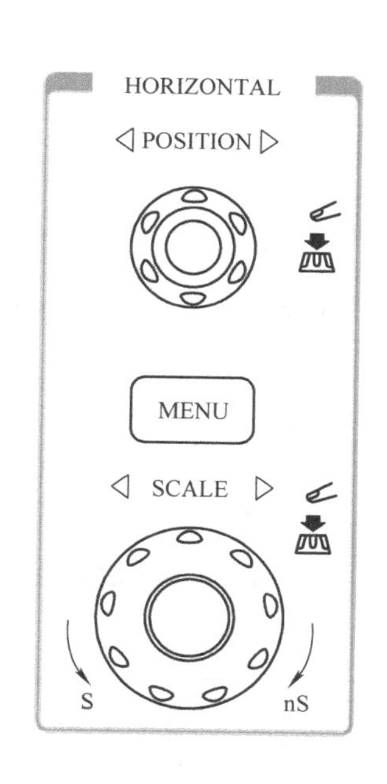


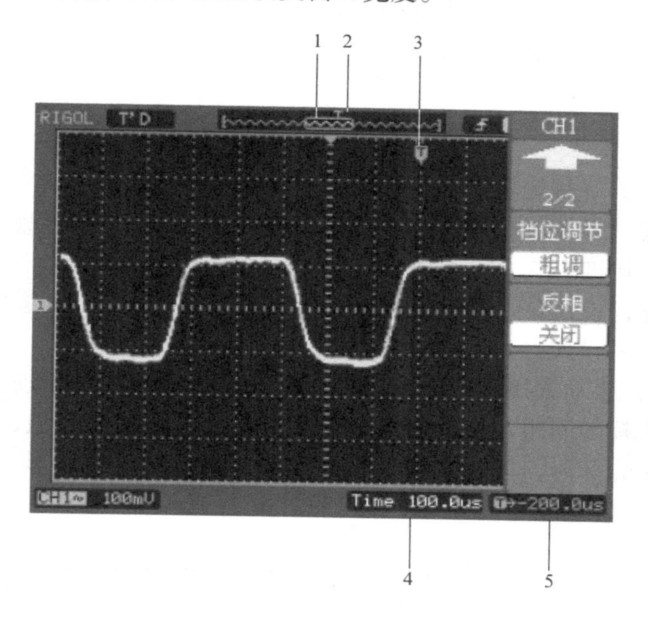


图 A-10 水平扫描速度调节

标志说明：

1）标志代表当前的波形视窗在内存中的位置。

2）标识触发点在内存中的位置。

3）标识触发点在当前波形视窗中的位置。

4）水平时基（主时基）显示，即“秒/格”（s/div）。

5）触发位置相对于视窗中点的水平距离。

(5) 自动测量

在 MENU 控制区的 Measure 为自动测量功能按键，如图 A-11 所示。

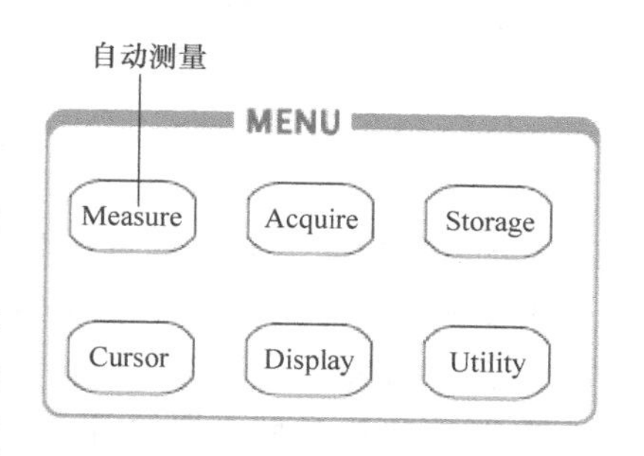


图 A-11 自动测量按钮

菜单说明：按 Measure 自动测量功能键，系统显示自动测量操作菜单，如图 A-12 所示。本示波器具有 20 种自动测量功能，包括峰-峰值、最大值、最小值、顶端值、底端值、幅度、平均值、均方根值、过冲、预冲、频率、周期、上升时间、下降时间、正占空比、负占空比、延迟 1→2f、延迟 1→2t、正脉宽、负脉宽的测量，共 10 种电压测量和 10 种时间测量。

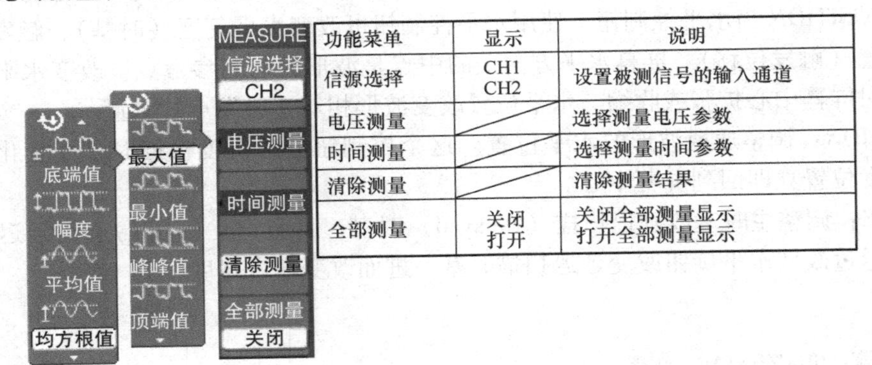


| 功能菜单 | 显示 | 说明 |
| --- | --- | --- |
| 信源选择 | CH1<br>CH2 | 设置被测信号的输入通道 |
| 电压测量 | | 选择测量电压参数 |
| 时间测量 | | 选择测量时间参数 |
| 清除测量 | | 清除测量结果 |
| 全部测量 | 关闭<br>打开 | 关闭全部测量显示<br>打开全部测量显示 |

图 A-12　自动测量菜单

（6）光标测量

如图 A-13 所示，在 MENU 控制区的 Cursor 为光标测量功能按键。

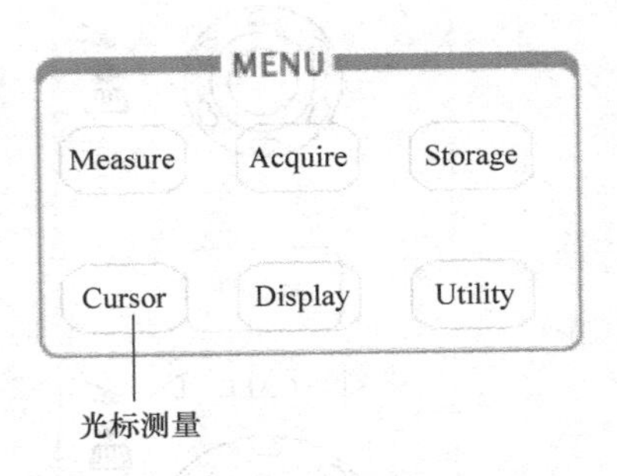


图 A-13　光标测量按钮

光标模式允许用户通过移动光标进行测量，光标测量分为 3 种模式。

1）手动方式：光标 X 或 Y 方式成对出现，并可手动调整光标的间距，显示的读数即为测量的电压或时间值，当使用光标时，需首先将信号源设定成所要测量的波形，如图 A-14 所示手动方式操作说明。

| 功能菜单 | 设定 | 说明 |
| --- | --- | --- |
| 光标模式 | 手动 | 手动调整光标间距以测量X或Y参数 |
| 光标类型 | X<br>Y | 光标显示为垂直线,用来测量水平方向上的参数。<br>光标显示为水平线,用来测量垂直方向上的参数。 |
| 信源选择 | CH1<br>CH2<br>MATH/<br>FFT<br>LA | 选择被测信号的输入通道<br>(LA仅适用于混合信号示波器) |

图 A-14　手动方式操作说明

手动光标测量方式是测量一对 X 光标或 Y 的坐标值及二者间的增量。

① 选择手动测量模式：按键操作顺序为：CURSOR—光标模式—手动 。

② 选择被测信号通道：根据被测信号的输入通道不同，选择 CH1 或 CH2。

③ 选择光标类型：根据需要测量的参数分别选择 X 或 Y 光标。

④ 移动光标以调整光标间的增量，如图 A-15 所示。

| 光标 | 增量 | 操作 |
| --- | --- | --- |
| CurA<br>(光标A) | X<br>Y | 旋动多功能旋钮( )使光标A左右移动<br>旋动多功能旋钮( )使光标A上下移动 |
| CurB<br>(光标B) | X<br>Y | 旋动多功能旋钮( )使光标B左右移动<br>旋动多功能旋钮( )使光标B上下移动 |

图 A-15　光标间的增量调整

2）追踪方式：水平与垂直光标交叉构成十字光标，十字光标自动定位在波形上，通过旋动多功能旋钮可以调整十字光标在波形上的水平位置，示波器同时显示光标点的坐标。

3）自动测量方式：通过此设定，在自动测量模式下，系统会显示对应的电压或时间光标，以揭示测量的物理意义。系统根据信号的变化，自动调整光标位置，并计算相应的参数值。

注意：此种方式在未选择任何自动测量参数时无效。

（7）FFT 频谱分析

如图 A-16 所示，在 VERTICAL 控制区的 Math 为数学运算功能按键。将其屏幕菜单中的操作项切换为 FFT，进入 FFT（快速傅立叶变换）数学运算，可将时域（YT）信号转换成频域信号。使用 FFT 可以方便地观察下列类型的信号：

◆ 测量系统中谐波含量和失真。

◆ 表现直流电源中的噪声特性。

◆ 分析振动。

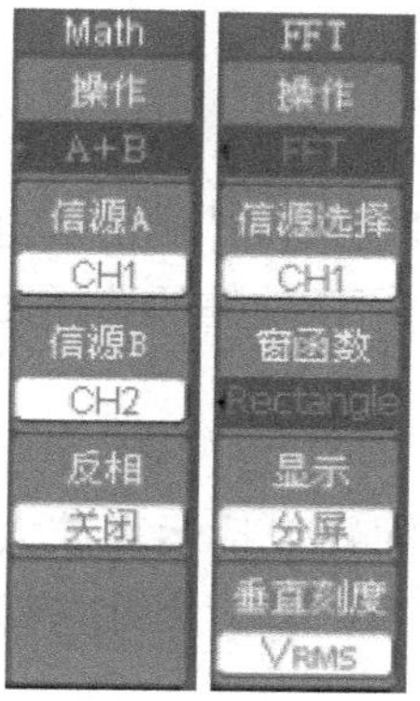

| 功能菜单 | 设定 | 说明 |
| --- | --- | --- |
| 操作 | A+B<br>A−B<br>A×B<br>FFT | 信源A与信源B波形相加<br>信源A波形减去信源B波形<br>信源A与信源B波形相乘<br>FFT数学运算 |
| 信源选择 | CH1<br>CH2 | 设定CH1为运算波形<br>设定CH2为运算波形 |
| 窗函数 | Rectangle<br>Hanning<br>Hamming<br>Blackman | 设定Rectangle窗函数<br>设定Hanning窗函数<br>设定Hamming窗函数<br>设定Blackman窗函数 |
| 显示 | 分屏<br>全屏 | 半屏显示FFT波形<br>全屏显示FFT波形 |
| 垂直刻度 | Vrms<br>dBVrms | 设定以Vrms为垂直刻度单位<br>设定以dBVrms为垂直刻度单位 |

图 A-16　FFT 数学运算屏幕菜单

1）FFT 操作技巧：具有直流成分或偏差的信号会导致 FFT 波形成分的错误或偏差。为减少直流成分可以选择交流耦合方式。为减少重复或单次脉冲事件的随机噪声以及混叠频率成分，可设置示波器的获取模式为平均获取方式。如果在一个大的动态范围内显示 FFT 波形，建议使用 dBVrms 垂直刻度。dB 刻度应用对数方式显示垂直幅度大小。

2）选择 FFT 窗口：在假设 YT 波形是不断重复的条件下，示波器对有限长度的时间记录进行 FFT 变换。这样当周期为整数时，YT 波形在开始和结束处波形的幅值相同，波形就不会产生中断。但是，如果 YT 波形的周期为非整数时，将会引起波形开始和结束处的波形幅值不同，从而使连接处产生高频瞬态中断。在频域中，这种效应称为泄漏。因此为避免泄漏的产生，在原波形上乘以一个窗函数，强制开始和结束处的值为零。窗函数解释如图 A-17所示。

| FFT窗 | 特点 | 最合适的测量内容 |
| --- | --- | --- |
| Rectangle | 最好的频率分辨，最差的幅度分辨率。与不加窗的状况基本类似。 | 暂态或短脉冲，信号电平在此前后大致相等。频率非常相近的等幅正弦波。具有变化比较缓慢波谱的宽带随机噪声 |
| Hanning | 与矩形窗比，具有较好的频率分辨率，较差的幅度分辨率。 | 正弦、周期和窄带随机噪声。 |
| Hamming | Hamming窗的频率分辨率稍好于Hanning窗。 | 暂态或短脉冲，信号电平在此前后相差很大。 |
| Blackman | 最好的幅度分辨，最差的频率分辨率。 | 主要用于单频信号，寻找更高次谐波 |

图 A-17　窗函数解释

3）名词解释：

FFT 分辨率：定义为采样率与运算点的商。在运算点数固定时，采样率越低，FFT 分辨率就越好。

奈奎斯特频率：对最高频率为 $f$ 的波形，必须使用至少 $2f$ 的采样率才能重建原波形。它也被称为奈奎斯特判则，这里 $f$ 是奈奎斯特频率，而 $2f$ 是奈奎斯特率。

# 附录 B　Multisim 仿真软件介绍

NI Multisim 是一个功能强大的电路图设计和仿真软件，可用来设计和仿真电路，还可以设计印制电路板（PCB）原型。现以一个放大器电路为例，介绍该软件的选择元件、电路图连线、仿真电路、PCB 布局设计和电路板布线等主要功能。

1. 设计电路介绍

反相运算放大器电路如图 B-1 所示，该反向运算放大器配置包括运算放大器和两个电阻元件，电阻构成反馈电路，为此电路提供增益，增益为 1 + R1/R2。因此，如果 R1 = R2，则增益等于 2，可在 Multisim 中运行交互式仿真时进行验证。

2. 选择元件

打开 NI Multisim XX. X 软件，在 Multisim 环境中开始绘制电路。先打开元件库，元件库由三个逻辑层次的数据库元件组成。主数据库包含所有只读格式的装运元件。企业数据库用于保存与同事共享的自定义元件。最后用户数据保存的自定义元件只能由特定设计人员使用。元件分成组，方便、直观并按逻辑将相同部件组合在一起，容易搜索，元件窗在一个弹窗中显示元件名称、符号、功能说明、模型和封装等信息。

1）电脑中选择所有程序 > >⋯ > >NI Multisim XX. X，打开 Multisim。

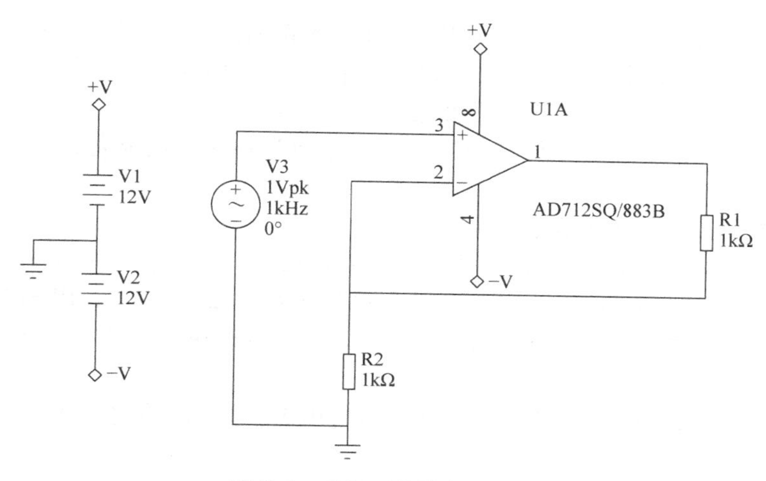


图 B-1　反相运算放大器电路

2）选择绘制 > > 元件，出现元件选择窗口，选择相应的元件如图 B-2 所示。选择元件组 Analog 系列，进一步选择元件 AD712SQ，单击 OK，元件窗口暂时关闭，AD712SQ 被“粘附”到鼠标指针上。注意该元件是一个多节元件，如 A 和 B 选项卡所示。将 AD712SQ 元件的 A 节段放置在工作区域。移动鼠标至工作区的合适位置并左键单击可放置元件，放置元件后，再次打开元件选择窗口。

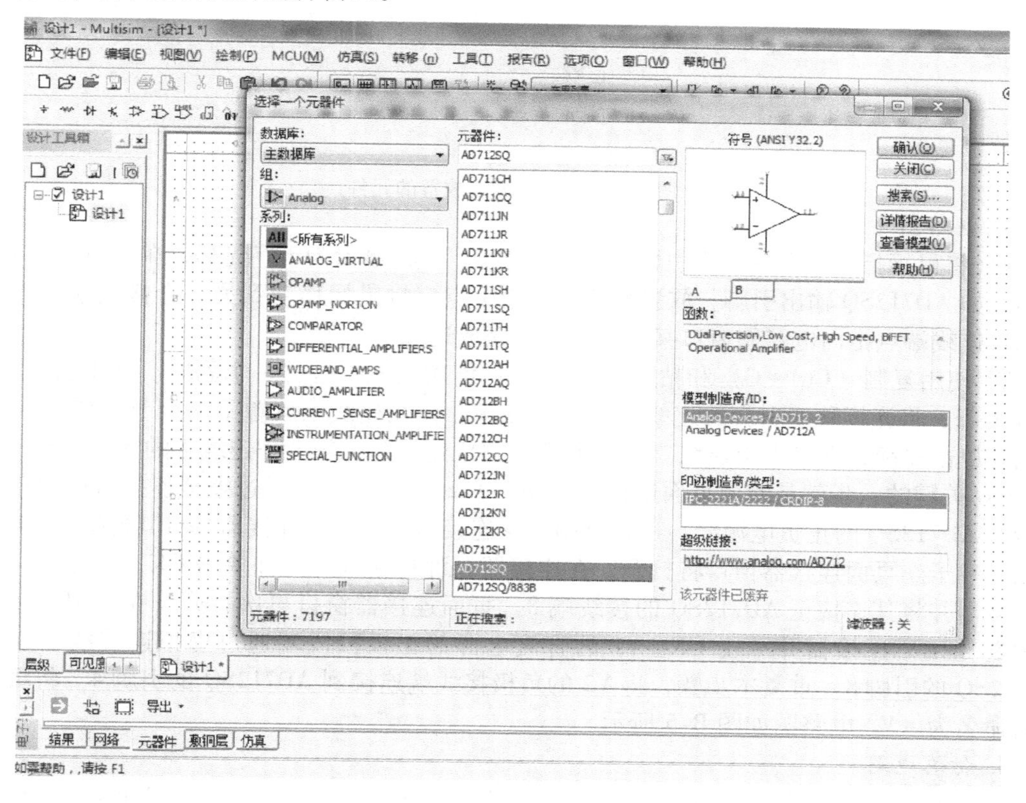


图 B-2　元件选择窗口

3）再次回到元件分组并选择 POWER_SOURCES 系列的 DC_POWER 元件，在电路图上放置 DC_POWER 元件。重复本步骤，放置第二个 DC_POWER 元件。如需多个元件，可重复上述放置步骤或放置一个元件，然后使用拷贝（Ctrl + C）和粘贴（Ctrl + V），根据需要放置其他元件。默认情况下，元件选择窗口不断返回为弹窗，直至完成放置元件。关闭窗口，返回电路图绘制窗口。

注意：如果没有电源和接地接线端，仿真无法运行。

4）使用上述步骤中的方法放置其他电路元件。选择 Basic 组、Resistor 系列。选择一个 1kΩ 电阻。在 Footprint manufacturer/type 栏中选择 IPC – 2221A/2222/RES1300 – 700X250，放置电阻。注意，元件粘附于鼠标指针上时，通过 Ctrl + R 快捷方式可在放置前旋转元件。重复本步骤可再放置一个 1kΩ 电阻。

5）选择 Sources 组的 SIGNAL_VOLTAGE_SOURCES 系列，并放置 AC_VOLTAGE 元件。此时，电路如图 B-3 所示。

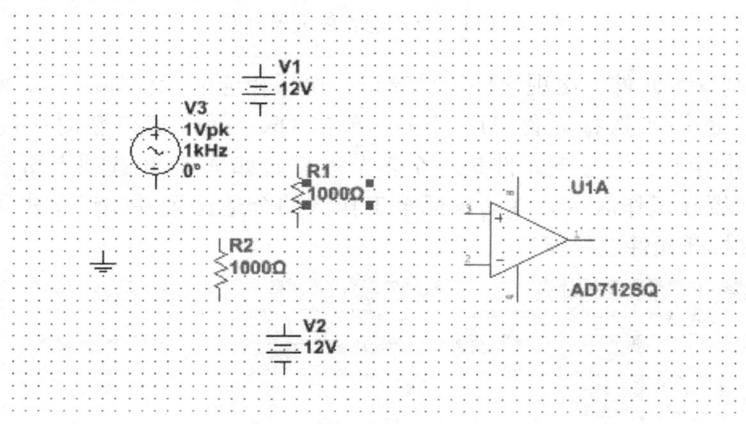


图 B-3　工作区域上放置的元件

3. 电路图连线

1）将鼠标指针移动到元件引脚附件开始连线。鼠标显示为十字光标，单击部件引脚/接线端，如 AD712SQ 输出引脚，放置初始连线交叉点。将鼠标移动到另一个接线端，或双击鼠标将连线端点指向电路图窗口某个浮动位置完成连线。

2）使用复制（Ctrl + C）和粘贴（Ctrl + V）创建接地符号的一个副本。如果已有连线，按 Ctrl + J，将光标移至引脚的连线上并单击左键，即在连线上放置了一个节（结）点。在该点处单击左键，即可引出连线。根据图 B-4 完成连线，无须考虑连线上的标号号码。

3）关键的一步就是使用页面连接器（On – page connector）通过虚拟连接将电源接线端连接到 AD712SQ 的正负电源线。选择绘制 > >连接器 > >页面连接器并将其连接至 V1 电源的正极端子。页面连接器窗口将打开，在连接器名称栏输入 + V 并单击 OK。选择另一个页面连接器并将其连接至 AD712SQ 的接线端 8。页面连接器窗口再次打开。在可用连接器列表中选择 + V 连接器并单击 OK。V1 的直流电源的正极接线端通过虚拟连接线已连接到 AD712SQ 的引脚 8。重复本步骤，将 V2 的负极接线端连接到 AD712SQ 的引脚 4。将页面连接器命名为 – V。电路图如图 B-5 所示。

4. 仿真电路

现在可以运行交互式 Multisim 仿真，但是需要一种显示数据的方法。Multisim 提供视觉化仿真测量的仪器。仪器可在右边菜单栏找到，如图 B-6 所示。

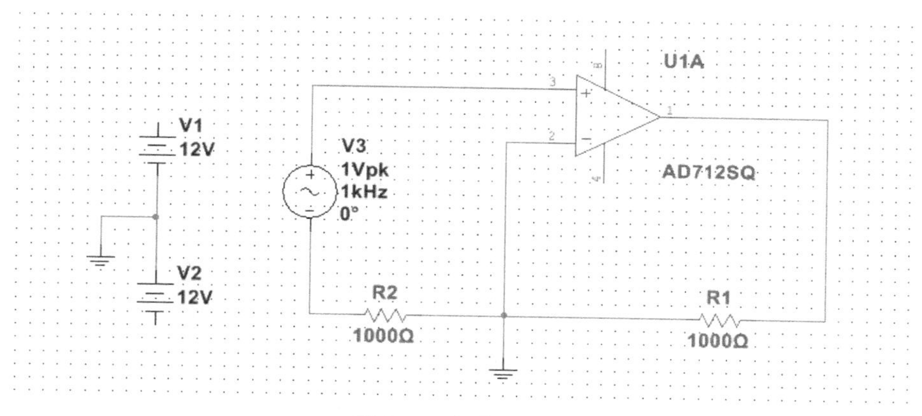


图 B-4 电路图连线

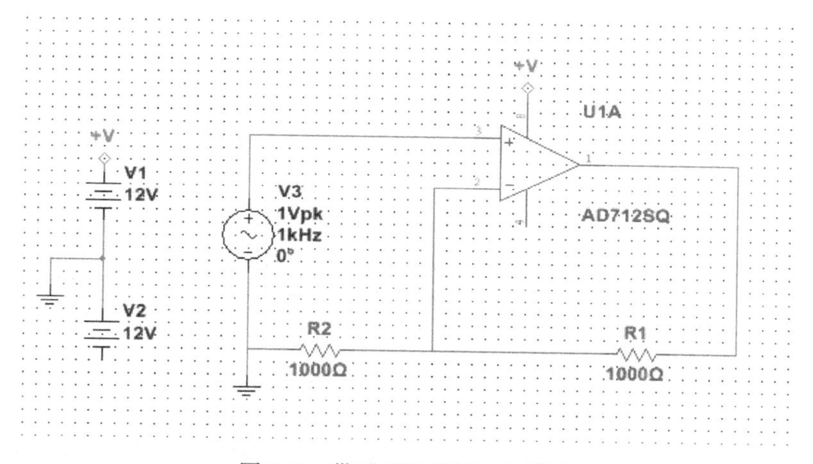


图 B-5 带页面连接器的电路图

1）从菜单中选择示波器并将其放置在电路图上。将示波器的通道 A 和通道 B 接线端连接到放大器电路的输入和输出端。放置一个接地元件并将其连接至示波器的负极接线端。右键单击连接至通道 B 的连线并选择 Segment color。选择蓝色阴影并单击 OK 按钮。电路图如图 B-7 所示。

2）选择仿真 >> 运行开始仿真。双击示波器可打开其前面板，观察仿真结果如图 B-8 所示。输入信号按预期被放大两倍。按下仿真工具栏上的红色停止按钮可停止仿真。

5. 传输至 PCB 布局设计

将 Multisim 设计电路传输至 Ultiboard 进行 PCB 布局设计。准备时需考虑到电源、信号和接地均为虚拟元件，因此不能将其传输到 Ultiboard。同时，所有元件必须包含封装信息。因此，用连接器

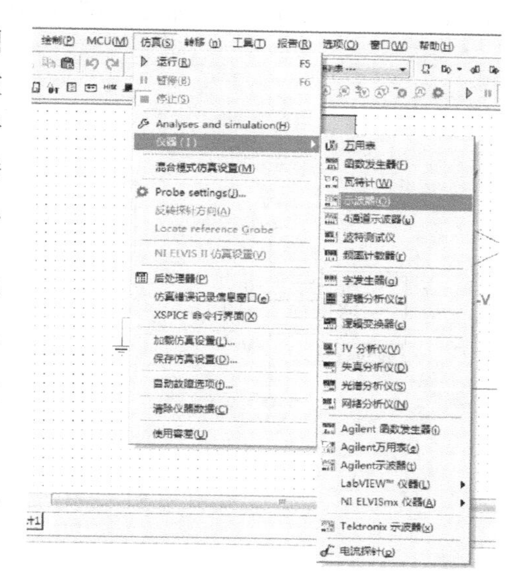


图 B-6 仪器工具栏

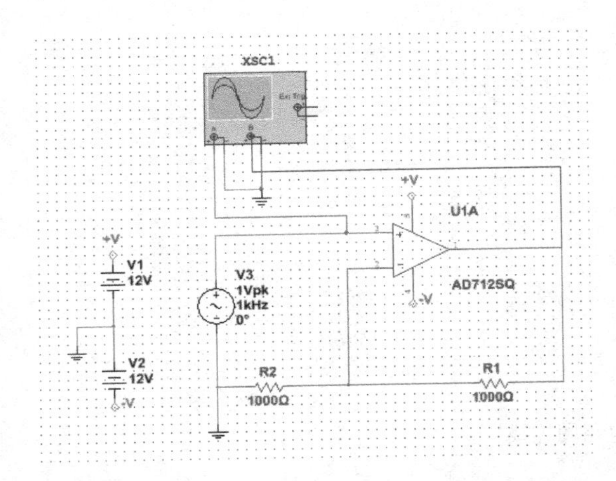

图 B-7 连接示波器至电路图

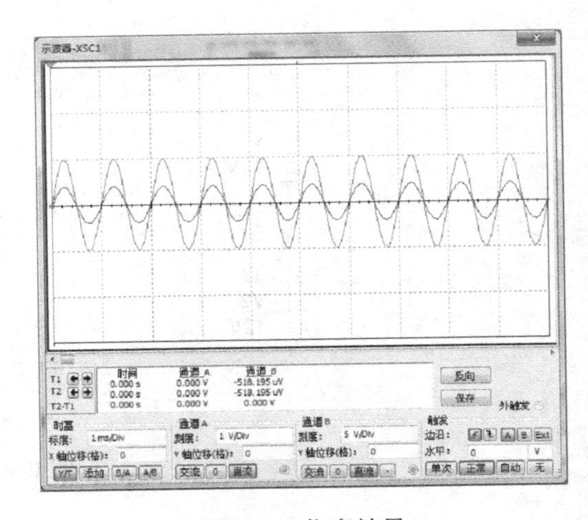
图 B-8 仿真结果

替换电源和接地。

1）从电路图上移除 V1、V2、V3 以及示波器。请勿移除页面连接器。

2）打开绘制 > > 元件，从 Connectors 组下 TERMINAL_BLOCKS 系列中放置一个 282834 -4 接线盒。该连接器用于连接电源 +V 和 -V。将连接器引脚 1、4、2 和 3 分别连接至 +V 页面连接器、-V 页面连接器和接地，如图 B-9 所示。

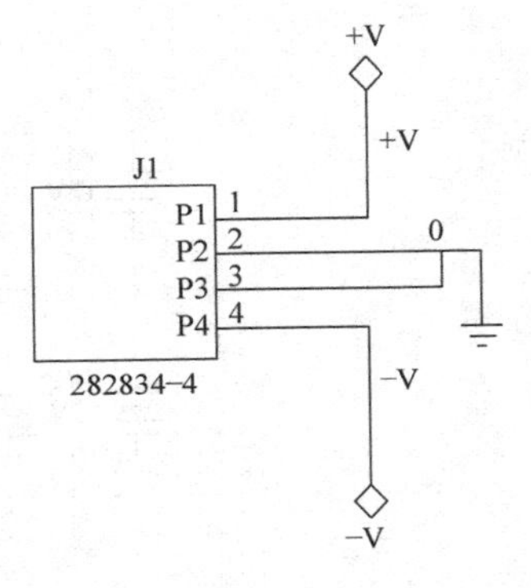

图 B-9 接线盒连线

3）在工作区放置另一个 282834 -4 接线盒。该连接器用于连接输入和输出信号。将连接器引脚 1 连接至 AD712SQ 的输入引脚 3；将连接器引脚 2 连接至 AD712SQ 的输出引脚 1；将连接器引脚 3 连接至接地。电路图如图 B-10 所示。

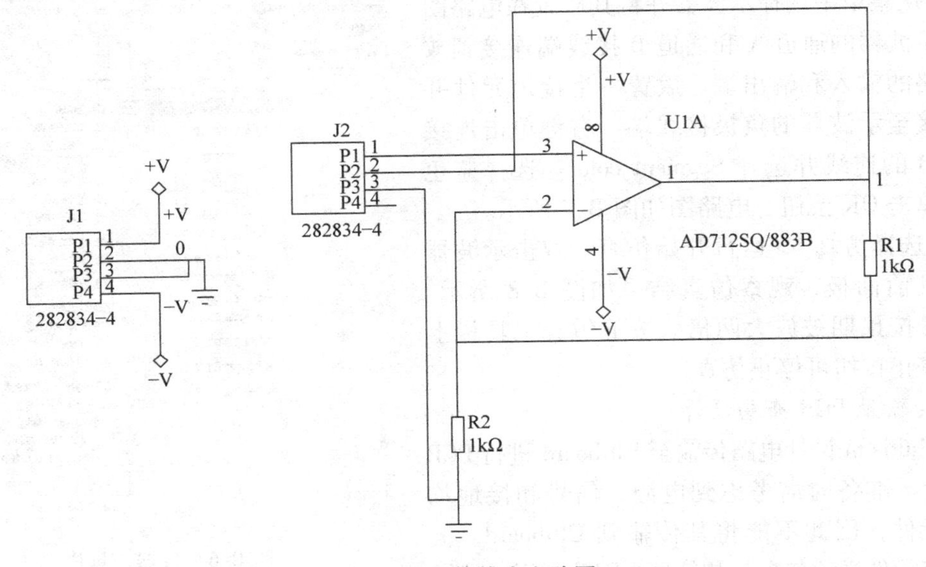

图 B-10 接线盒电路图

4）选择转移 > > 转移到 Ultiboard > > Transfer to Ultiboard XX. X 并保存网表文件，Ultiboard 将自动打开。单击 OK 接受 Import Netlist 窗口中列出的所有操作。Ultiboard 将创建一个默认的电路板轮廓。注意所有部件都位于电路板轮廓外，黄线（飞线）识别引脚之间的连接，如图 B-11 所示。

5）这里设计使用 2 ×2 英寸电路板。请遵循下列步骤重新调整电路板轮廓大小。找到屏幕左侧的设计工具箱。选择图层选项卡并双击边框启用该层，如图 B-12 所示。通过设计工具箱的层选项卡可移动设计的各层并控制各层的显示颜色。

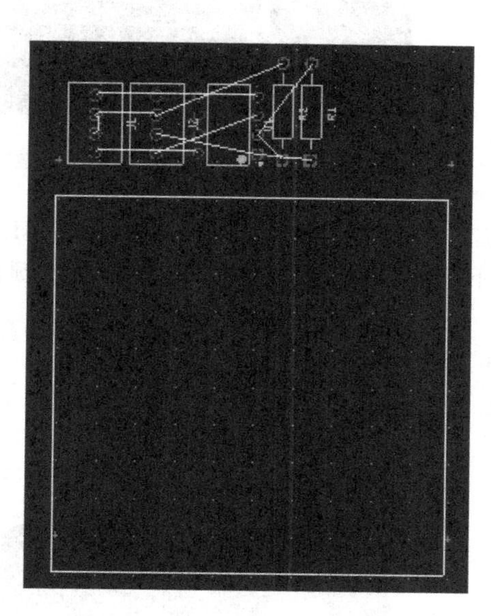

图 B-11　Multisim 传输的默认电路板轮廓和部件

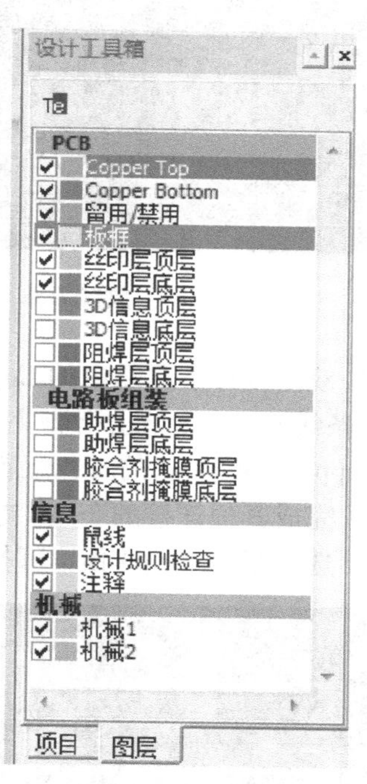


图 B-12　设计工具箱

6）回到工具栏区域并找到 Select 工具栏，如图 B-13所示。Select 工具栏包含用于控制选择过滤条件的函数。也就是说，这些过滤条件控制鼠标指针可选择的内容。单击工作区域上的电路板轮廓，右键打开矩形属性窗口。选择矩形选项卡，将单位改为英寸，并在宽度和高度中均输入 2，单击 OK。

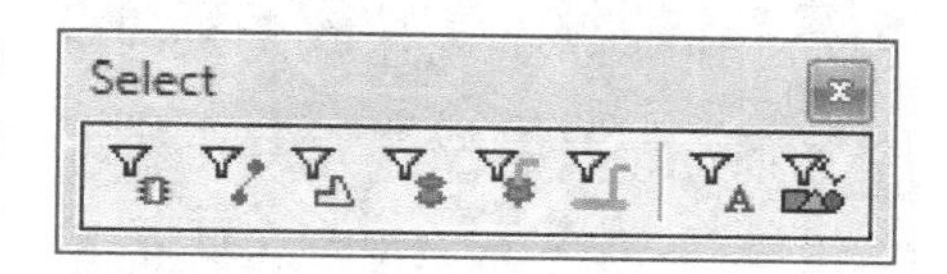


图 B-13　Select 工具栏

6. 电路板布线

1）首先，在电路板内放置元件。回到 Select 工具栏，禁用除启用选择零件之外的其他所有过滤条件。拖曳部件 J2 并将其置于电路板轮廓内。通过 Ctrl + R 快捷键可旋转部件。如图 B-14 所示，将其他部件置于电路板轮廓内。

2）在该设计中，Copper Top 和 Copper Bottom 层均进行布线。双击设计工具箱中的 Copper Top 层。选择绘制 > > 线。找到部件 U1（AD712SQ）。注意根据飞线所示，引脚 1 需连接至 R1。单击部件 U1 的引脚 1，绘制一条线至 R1 并单击引脚完成布线。按下 Esc 退出布线模式。布线如图 B-15 所示。

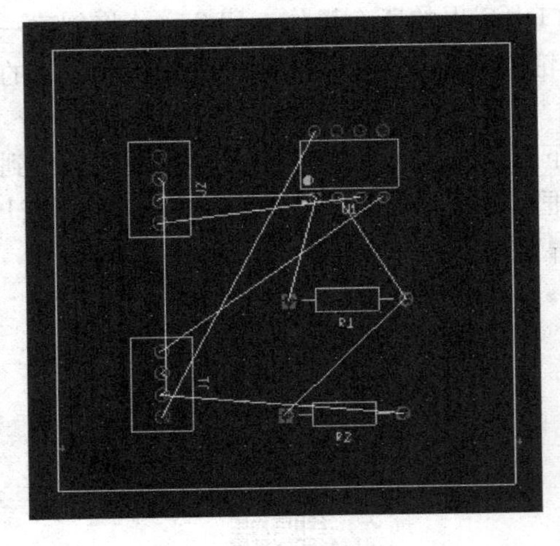


图 B-14　放置部件

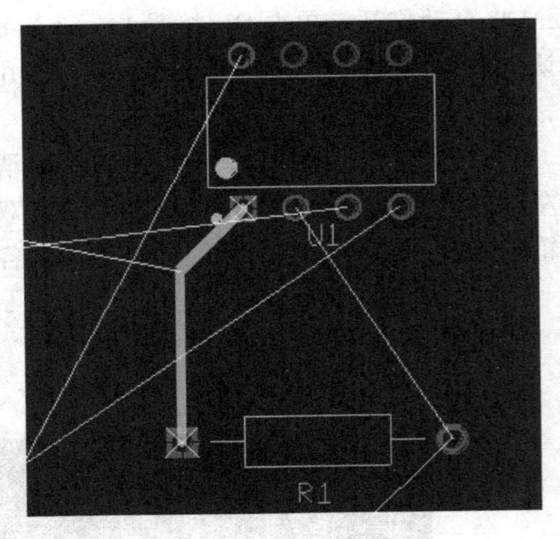


图 B-15　布线

3）双击设计工具箱中的 Copper Bottom 层。选择绘制 >> 直线，单击部件 U1 的引脚 2，绘制一条线至 R1 并单击引脚完成布线。按下 Esc 退出布线模式。注意，布线颜色为红色，这是 Copper Bottom 层的颜色配置。

4）完成其他连接的布线。电路板如图 B-16 所示。

5）选择视图 >> 3D 预览可打开设计的三维视图，如图 B-17 所示。

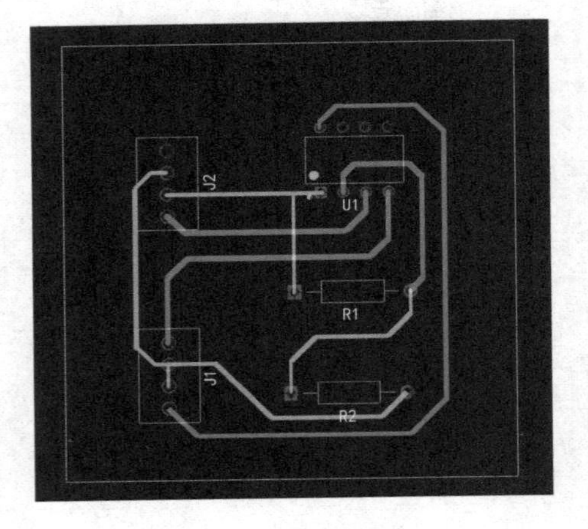


图 B-16　布线后的电路板

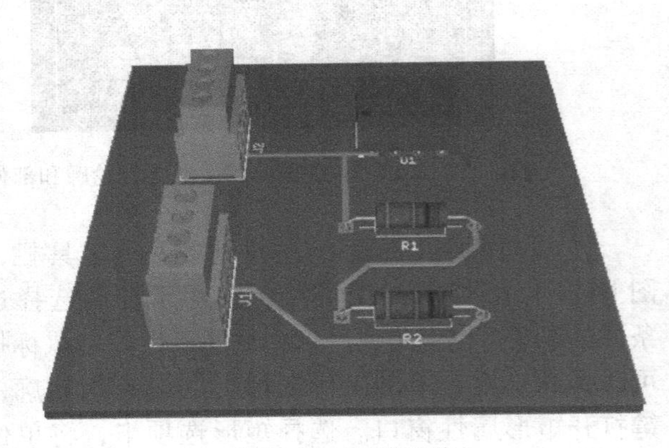


图 B-17　三维预览

# 附录 C　元件测试及选型

## 一、电阻器

### （一）定义

电阻器（Resistor）是一种限流元件，一般直接称为电阻，将电阻接在电路中，一般情况下电阻的阻值是固定的，可以限制通过它所在支路的电流大小。理想的电阻是线性的，即通过电阻的瞬时电流与外加瞬时电压成正比。电阻用字母 $R$ 表示，单位为欧姆（Ω）。

电阻是电路元件中应用最广泛的一种，在电子设备中约占元件总数的30%以上，常用的器件如灯泡、电热丝等均可表示为电阻元件。电阻的电路符号如图 C-1 所示。

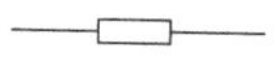

图 C-1　电阻电路符号

### （二）电阻的分类

1. 按伏安特性分类

对大多数导体来说，在一定温度下，其电阻为一固定值，几乎不变，这类电阻称为线性电阻。有些材料的电阻明显地随着电流或电压而变化，其伏安特性是一条曲线，这类电阻称为非线性电阻。非线性电阻在某一给定的电压或电流作用下，电压与电流的比值为在该工作点下的静态电阻，伏安特性曲线上的斜率为动态电阻。非线性电阻在电子电路中得到了广泛的应用。

2. 按材料分类

1）碳膜电阻用结晶碳沉积在陶瓷棒骨架上制成。碳膜电阻成本低、性能稳定、阻值范围宽、温度系数和电压系数低，是目前应用最广泛的电阻。

2）碳合成电阻由碳及合成塑胶压制而成。

3）线绕电阻由高阻合金线在绝缘骨架上绕制而成，外面涂有耐热的釉绝缘层或绝缘漆。绕线电阻具有温度系数较低、阻值精度高、稳定性好等优点，主要做精密大功率电阻使用，缺点是高频性能差，时间常数大。

4）金属膜电阻用真空蒸发法将合金材料蒸镀于陶瓷棒骨架表面。金属膜电阻比碳膜电阻的精度高、稳定性好、温度系数小。在仪器仪表和通信设备中大量采用。

5）金属氧化膜电阻是在绝缘棒上沉积一层金属氧化物。由于其本身即是氧化物，所以高温性能稳定、耐热冲击、负载能力强。

3. 按用途分类

按用途分为通用、精密、高频、高压、高阻、大功率等。

另外，按电阻阻值是否可变分为固定电阻和可变电阻，目前固定电阻中最常用的是贴片电阻，可变电阻常称为电位器。

（1）固定电阻

1）普通电阻。

常用普通电阻如图 C-2a 所示。

2）贴片电阻。贴片元件按其形状可分为矩形、圆柱形和异形。按种类分有电阻、电容、电感、晶体管及小型集成电路等。贴片电阻是片式固定电阻，如图 C-2b 所示，属于金属玻璃釉电阻中的一种。贴片元件具有体积小、重量轻、安装密度高、抗震性强、抗干扰能力强、高频特性好等优点。可节约电路空间成本，使设计更精细化。贴片元件与一般元器件的标称方法有所不同。目前应用最广的贴片电阻的尺寸代码是0805 及 1206，并且逐步向 0603 发展，0402 和 0201 两种封装常用于集成度较高的产品中。

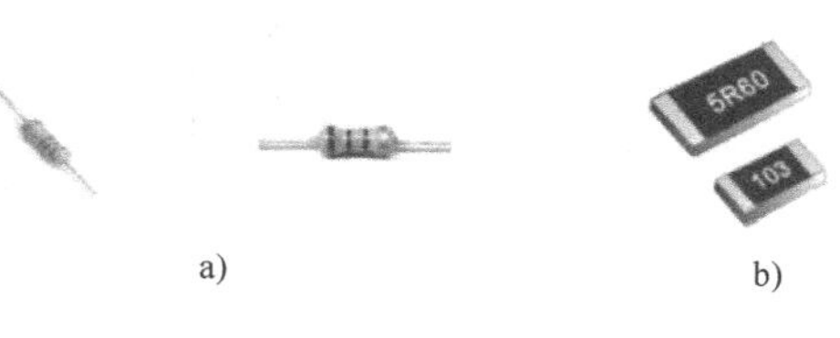

图 C-2　三种电阻

（2）电位器

电位器是一种可调电阻，电路中常采用多圈可调玻璃釉电位器。有两个固定端和一个滑动端，安装形式有立式和卧式。电路中进行常规阻值调节时，采用价格相对低廉的碳膜电位器，进行精确调节时，则用多圈电位器或精密电位器，各种电位器如图 C-3 所示。

图 C-3　几种电位器

**（三）电阻和电位器的型号命名**

电阻和电位器的命名方法一般由 ABCD 四部分组成，我国相关标准中规定，电阻的型号命名方法如图 C-4 所示。

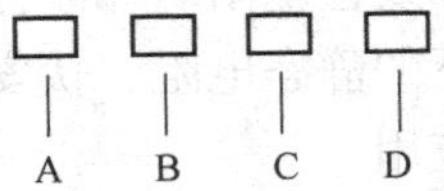

□　□　□　□
A　B　C　D

图 C-4　电阻型号命名方法

A：主称，用字母表示；B：电阻体材料，用字母表示；C：分类，用阿拉伯数字表示，个别类型也用字母表示；D：序号，用数字表示。其表示方法及意义见表 C-1。

**表 C-1　电阻和电位器的型号命名法**

| A | | B | | C | | D |
|---|---|---|---|---|---|---|
| 符号 | 意义 | 符号 | 意义 | 符号 | 意义 | |
| R | 电阻器 | T | 碳膜 | 1，2 | 普通 | |
| RP | 电位器 | P | 硬碳膜 | 3 | 超高频 | |
| | | U | 硅碳膜 | 4 | 高阻 | |
| | | C | 沉积膜 | 5 | 高温 | |
| | | H | 合成膜 | 7 | 精密 | |
| | | I | 玻璃釉膜 | 8 | 电阻器——高压 | 包括： |
| | | J | 金属膜（箔） | | 电位器——特殊函数 | 额定功率 |
| | | Y | 氧化膜 | | | 阻值 |
| | | S | 有机实芯 | 9 | 特殊 | 允许误差 |
| | | N | 无机实芯 | G | 高功率 | 精度等级 |
| | | X | 线绕 | T | 可调 | |
| | | R | 热敏 | X | 小型 | |
| | | G | 光敏 | L | 测量用 | |
| | | M | 压敏 | W | 微调 | |
| | | | | D | 多圈 | |

**（四）电阻主要参数**

1. 额定功率

电阻的额定功率是在规定的环境温度和湿度下，长期连续负载而不损坏或基本不改变性能的情况下，电阻上允许消耗的最大功率。当超过额定功率时，电阻的阻值将发生变化甚至发热烧毁。为保证安全使用，一般选其额定功率为电阻在电路中实际消耗功率的1.5~3倍。额定功率常用的规格有：1/20W、1/8W、1/4W、1/2W、1W、2W、4W、5W等。

2. 标称阻值和精度

标称阻值单位有欧（Ω）、千欧（kΩ）、兆欧（MΩ）和太欧（TΩ）。国家标准规定了电阻的阻值按精度分为两大系列，分别为E-24系列和E-96系列。E系列是将1~10之间的数字分为3段、6段、12段、24段，以及之后的48段、96段及192段。分段的目的是确保任意数字都可以找到对应的E系列数字，其误差在40%、20%、10%、5%等范围内。标称阻值系列见表C-2。

**表C-2　电阻标称阻值**

| 允许误差 | 标称阻值系列 |
|---|---|
| ±5% | 1.0　1.1　1.2　1.3　1.5　1.6　1.8　2.0　2.2　2.4　2.7<br>3.0　3.3　3.6　3.9　4.3　4.7　5.1　5.6　6.2　6.8　7.5　8.2　9.1 |
| ±10% | 1.0　1.2　1.5　1.8　2.2　2.7　3.3　3.9　4.7　5.6　6.8　8.2 |
| ±20% | 1.0　1.5　2.2　3.3　4.7　6.8 |

**（五）电阻的标志方法**

电阻的标志方法常采用色环法和文字符号直标法，对于功率为1/8~1/4W的电阻，一般采用色环法，标出阻值和精度，材料可由整体颜色识别，功率可由体积识别，对于功率较大的电阻采用直标法。

1. 色环标志法

色环标志法是用不同的色带或色点标在电阻表面，用来表示电阻的阻值和允许偏差。各种颜色所代表的意义见表C-3。

**表C-3　各种颜色所代表意义**

| 颜色 | 有效数值 | 倍率（乘数） | 允许误差 |
|---|---|---|---|
| 棕 | 1 | $10^1$ | ±1% |
| 红 | 2 | $10^2$ | ±2% |
| 橙 | 3 | $10^3$ | |
| 黄 | 4 | $10^4$ | |
| 绿 | 5 | $10^5$ | ±0.5% |
| 蓝 | 6 | $10^6$ | ±0.25% |
| 紫 | 7 | $10^7$ | ±0.1% |
| 灰 | 8 | $10^8$ | |
| 白 | 9 | $10^9$ | |
| 黑 | 0 | $10^0$ | |
| 金 | | $10^{-1}$ | ±5% |
| 银 | | $10^{-2}$ | ±10% |
| 本色 | | | ±20% |

色环电阻的色彩标识有两种方式，分别是4色环和5色环标注方式，区别在于4色环用前两位表示电阻的有效数字；5色环用前三位表示阻值的有效数字，两种标注方式中的倒数

第2位表示电阻的有效数字的倍率，最后一位表示该电阻的误差，如图C-5所示。

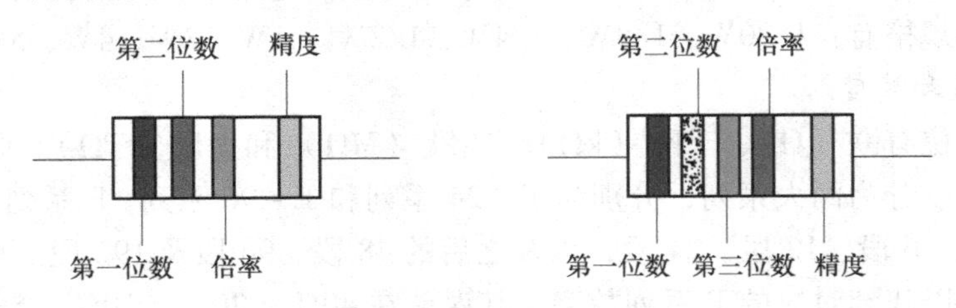


图C-5　色环标法示例

例如，4色环为棕绿橙金表示 $15\times10^3=15\text{k}\Omega\pm5\%$ 的电阻，5色环为红紫绿黄棕表示 $275\times10^4=2.75\text{M}\Omega\pm1\%$ 的电阻。

2. 直标法

直标法是将电阻的阻值和误差直接用数字和字母印在电阻上，如误差标示为允许误差±20%。可能会标注电阻的类别、标称阻值、允许偏差、额定功率等信息，如图C-6所示。

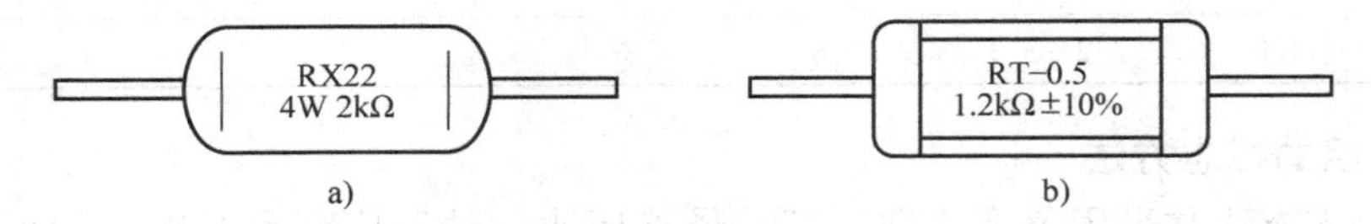


图C-6　电阻直标法示例

图C-6a为额定功率为4W的线绕电阻；图C-6b表示标称值为1.2kΩ、允许偏差为±10%、额定功率为0.5W的碳膜电阻。

也有厂家采用习惯标记法，将文字符号前面的数字表示整数阻值，文字符号后面的数字表示小数点后面的小数阻值，如："3Ω3 Ⅰ"表示电阻值为3.3Ω、允许误差为±5%；5M1 Ⅱ表示电阻值为5.1MΩ、允许误差为±10%；1K8表示电阻值为1.8kΩ、允许误差为±20%（注：无误差标示则为允许误差±20%）。

**（六）电阻的实验测试**

数字万用表的欧姆档一般分为200、2k、20k、200k、2M和20M六档，有些万用表还有200M档。注意200档的单位是"Ω"，2k到200k档的单位是"kΩ"，2M以上档的单位是"MΩ"。使用数字万用表测量电阻时，打开万用表电源，黑表笔插入"COM"孔，红表笔插入"V/Ω"孔，用两表笔分别接触被测电阻的两个引脚进行测量。

**（七）电阻使用注意事项**

1）固定电阻有多种类型，选择哪一种材料和结构的电阻，应根据应用电路的具体要求而定。如高频电路应选用分布电感和分布电容小的碳膜电阻、金属电阻和金属氧化膜电阻等。高增益小信号放大电路应选用低噪声金属膜电阻和碳膜电阻。

2）所选电阻的阻值应接近应用电路中计算值的一个标称值，应优先选用标准系列的电阻。一般电路使用的电阻允许误差为±5%～±10%。精密仪器及特殊电路中使用的电阻应选用精密电阻。

3）所选电阻的额定功率，要符合应用电路中对电阻功率容量的要求，一般不应随意加大或减小。若电路要求是功率型电阻，则其额定功率可高于实际应用电路要求功率的1～2倍。

4）熔断电阻是指具有保护功能的电阻。选用时应考虑其双重性能，根据具体要求选择相应的阻值和功率等参数。既要保证它在过负荷时能快速熔断，又要保证它在正常条件下能长期稳定的工作，电阻值过大或功率过大，均不能起到保护作用。

## 二、电容器

### （一）定义

电容器（Capacitor）是一种能容纳电荷的器件，所以电容是储能元件。电容广泛应用于电路中，电容符号如图 C-7 所示。

图 C-7　电容符号

### （二）电容的分类

按电容结构分为固定电容、可变电容和半可变电容；按介质材料可分为瓷介质电容、云母电容、电解电容、钽电容、金属化薄膜电容和涤纶电容等。其中常用的三种材质电容如图 C-8 所示。

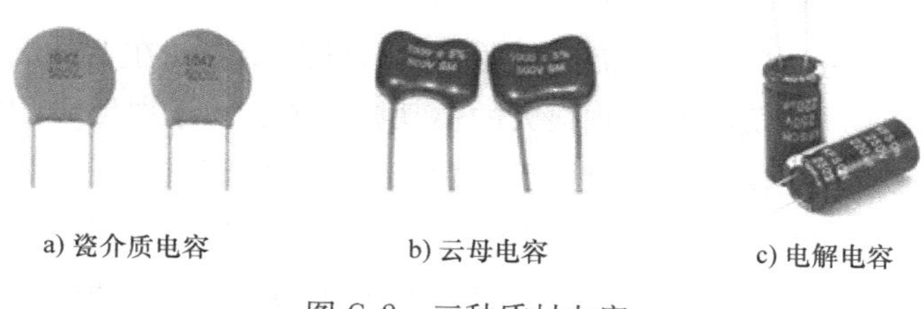

a) 瓷介质电容　　b) 云母电容　　c) 电解电容

图 C-8　三种质材电容

1. 瓷介质电容

瓷介质电容是用高介电常数的电容陶瓷挤压成圆管、圆片或圆盘作为介质，并用烧渗法将银镀在陶瓷上作为电极制成。其具有小的正电容温度系数，用于高稳定振荡回路中，作为回路电容。低频瓷介质电容限于在工作频率较低的回路中作旁路或隔直流用，或用于对稳定性和损耗要求不高的场合。这种电容不宜使用在脉冲电路中，因为它们易于被脉冲电压击穿。

2. 云母电容

云母电容是以天然云母作为电容中间介质的电容。云母电容的介质为云母片，外壳有陶瓷外壳、金属外壳及塑料外壳，常用的为塑料外壳。云母具有介电强度高、介电常数大、损耗小、稳定性高、耐热性好等特点。其广泛应用于对电容的稳定性和可靠性要求高的场合，如电子、电力和通信设备的仪器仪表中，还用于对稳定性和可靠性要求很高的火箭、卫星、军用电子装备中。

3. 铝电解电容

铝电解电容是用浸有糊状电解质的吸水纸夹在两条铝箔中间卷绕而成，薄的氧化膜作为电容的介质。因为氧化膜有单向导电性质，所以电解电容有极性。其容量大，能耐受大的脉动电流，常用于低频旁路、信号耦合、电源滤波。但容量误差大、泄漏电流大，一般不适于在高频和低温下应用，不宜使用在 25kHz 以上频率。

4. 钽电解电容

钽电解电容是用烧结的钽块作正极，用体二氧化锰作为电解质。其温度特性、频率特性和可靠性均优于普通电解电容，特别是漏电流极小，寿命长，容量误差小，而且体积小。但对脉动电流的耐受能力差，若损坏易呈短路状态。

### （三）电容的作用

电容在应用中起到滤波、耦合、调谐、隔直、延时、储能、交流旁路和谐振等作用。

1. 旁路

旁路电容是提供能量的储能器件，它能使稳压器的输出均匀化，就像小型可充电电池一样，旁路电容能够被充电和放电。为尽量减小阻抗，旁路电容要尽量靠近负载器件的供电电源引脚和地引脚。这能够很好地防止输入电压过大而导致地电位抬高和噪声，地电位是地连接处在通过大电流毛刺时的电压降。

2. 去耦

对于电路，总是可以区分为驱动的源和被驱动的负载。如果被驱动的负载电容比较大，驱动源要先完成电容充电、放电，才能实现驱动信号的跳变。如在上升沿比较陡峭时，需要驱动电流比较大，被驱动的负载会吸收很大的驱动源电流，由于电路中的电感、电阻，特别是芯片引脚上的电感会产生反弹，相对于正常情况，这种电流就是一种噪声，会影响前级的正常工作，这就是所谓的“耦合”。去耦电容就是起到“电池”的作用，满足驱动电路电流的变化，避免相互间的耦合干扰，在电路中进一步减小电源与参考地之间的高频干扰阻抗。而去耦合电容的容量一般较大，可能是10μF 或者更大，去耦是把输出信号的干扰作为滤除对象，防止干扰信号返回电源。旁路电容也是去耦合的，只是旁路电容一般是指高频旁路，也就是给高频的开关噪声提供一条低阻抗泄放通道。高频旁路电容一般比较小，根据谐振频率一般取0.1μF、0.01μF 等。旁路是把输入信号中的干扰作为滤除对象。

3. 滤波

滤波就是充电和放电的过程。电容越大，阻抗越小，通过的频率也越高。但实际上超过1μF 的电容大多为电解电容，有很大的电感成分，所以频率增高后阻抗也会增大。有时会采用一个电容量较大的电解电容并联一个小电容，这时大电容滤低频，小电容滤高频。具体用在滤波中，1000μF 大电容滤低频，20pF 小电容滤高频。

4. 储能

储能型电容通过整流器收集电荷，并将存储的能量传送至电源的输出端。电压额定值为DC 40～450V、电容值为220～150000μF 之间的铝电解电容较为常用。根据不同的电源要求，电容有时会采用串联、并联或其组合的形式。

### （四）电容的型号命名

根据国家标准，电容命名由ABCD四部分组成，电容的型号命名方法如图C-9所示。但不适用于压敏、可变、真空电容。

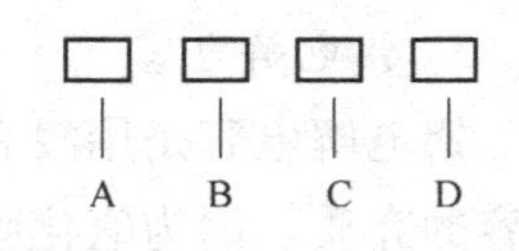

图C-9 电容型号命名方法

A：主称，用字母C表示；B：介质材料，用字母表示；C：分类，用数字或字母表示；D：序号，用数字表示。其中的数字和字母的意义如表C-4所示。

表 C-4　电容型号命名法

| A | | B | | C | | | | | | D |
|---|---|---|---|---|---|---|---|---|---|---|
| 符号 | 意义 | 符号 | 意义 | 符号 | 意义 | | | | | |
| | | | | | 瓷介 | 云母 | 液璃 | 电解 | 其他 | |
| C | 电容器 | C | 瓷介 | 1 | 圆片 | 非密封 | — | 箔式 | 非密封 | 仅在尺寸性能指标的差别明显，影响互换使用时，则在序号后面加大写字母来区分 |
| | | Y | 云母 | 2 | 管形 | 非密封 | — | 箔式 | 非密封 | |
| | | I | 玻璃釉 | 3 | 迭片 | 密封 | — | 烧结粉固体 | 密封 | |
| | | O | 玻璃膜 | 4 | 独石 | 密封 | — | 烧结粉固体 | 密封 | |
| | | Z | 纸介 | 5 | 穿心 | — | — | — | 穿心 | |
| | | J | 金属化纸 | 6 | 支柱 | — | — | — | — | |
| | | B | 聚苯乙烯 | 7 | — | — | — | 无极性 | — | |
| | | L | 涤纶 | 8 | 高压 | 高压 | — | — | 高压 | |
| | | Q | 漆膜 | 9 | — | — | — | 特殊 | 特殊 | |
| | | S | 聚碳酸酯 | J | 金属膜 | | | | | |
| | | H | 复合介质 | W | 微调 | | | | | |
| | | D | 铝 | | | | | | | |
| | | A | 钽 | | | | | | | |
| | | N | 铌 | | | | | | | |
| | | G | 合金 | | | | | | | |
| | | T | 钛 | | | | | | | |
| | | E | 其他 | | | | | | | |

## （五）电容的主要参数

电容所带电量 $Q$ 与电容两极间的电压 $U$ 的比值称为电容的电容量，标记为 $C$。

$$C = Q/U$$

国际上统一规定，给电容外加 1V 直流电压时，它所能储存的电荷量，为该电容的电容量。电容量的基本单位为法拉（F）。在 1V 直流电压作用下，如果电容储存的电荷为 1 库仑（C），电容量被定为 1F。

1. 标称容量

电容储存电荷的能力为电容量，基本单位是 F。在实际应用中，电容量往往比 1F 小得多，常用较小的单位，如毫法（mF）、微法（μF）、纳法（nF）、皮法（pF）等，它们的关系是：

$$1\text{pF} = 10^{-6}\mu\text{F} = 10^{-9}\text{mF} = 10^{-12}\text{F}$$

2. 允许误差

允许误差是实际电容量对于标称电容量的最大允许偏差范围。电容的准确度的允许偏差直接以允许偏差的百分数表示。常用电容的允许误差分 8 级，见表 C-5。

表 C-5　电容允许误差等级

| 允许误差 | ±1% | ±2% | ±5% | ±10% | ±20% | +20% ~ −30% | +50% ~ −20% | +100% ~ −10% |
|---|---|---|---|---|---|---|---|---|
| 级别 | 01 | 02 | Ⅰ | Ⅱ | Ⅲ | Ⅳ | Ⅴ | Ⅵ |

3. 额定工作电压

在规定的温度下，电容长期可靠工作时所能承受的最高直流电压值称为电容的额定工作电压。常用固定电容的直流工作电压系列为：6.3V、10V、16V、25V、32V *、40V、50V *、63V、100V、125V *、250V、300V *、400V、450V *、630V 和1000V 等多种等级。其中有“*”符号的只限于电解电容。一般电容耐压值直接标注在电容上。

4. 绝缘电阻

绝缘电阻指加到电容上的直流电压与漏电流之比，常用电容的绝缘电阻一般应为 $10^6$ ~ $10^{12}\Omega$。绝缘电阻越大，电容的漏电流越小，性能就越好。电解电容的绝缘电阻较低，一般用漏电流的大小来衡量其质量，漏电流的单位采用 μA 或 mA。

**（六）电容的标志方法**

电容量标示常用直标法、文字符号法、色标法和数学计数法，具体如下：

1. 直标法

用数字和单位符号直接标出。如 1μF 表示 1 微法，有些电容用“R”表示小数点，如 R56 表示 0.56μF。

2. 文字符号法

用数字和文字符号有规律的组合来表示容量。如 p10 表示 0.1pF，1p0 表示 1.0pF，6p8 表示 6.8pF，2μ2 表示 2.2μF。

3. 色标法

用色环或色点表示电容的主要参数，这种方法与电阻色标法相同。

4. 数学计数法

数学计数法一般是三位数字，第一位和第二位数字为有效数字，第三位数字为倍数。如 272 表示电容量是 $27\times10^2=2700$pF，473 表示电容量是 $47\times10^3=47000$pF。

表 C-6 给出了文字表示法中字母代表的允许偏差大小。如 223J 表示 $22\times10^3$ pF = 22000pF = 0.022μF，允许误差为 ±5%。

**表 C-6　电容标称容量允许偏差文字符号意义**

| 允许偏差（%） | 文字符号 | 允许偏差（%） | 文字符号 | 允许偏差（%） | 文字符号 |
|---|---|---|---|---|---|
| ±0.001 | Y | ±0.25 | C | ±30 | N |
| ±0.002 | X | ±0.5 | D | +100 ~ 0 | H |
| ±0.005 | E | ±1 | F | +100 ~ −10 | R |
| ±0.01 | L | ±2 | G | +80 ~ −20 | Z |
| ±0.02 | P | ±5 | J | +50 ~ −10 | T |
| ±0.05 | W | ±10 | K | +50 ~ −20 | S |
| ±0.1 | B | ±20 | M | +30 ~ −10 | Q |

**（七）电容的测试**

1. 数字万用表的电容档测量

用数字万用表的电容档测量电容量，直接将被测电容的两个引脚插入万用表的 Cx 插孔中并选择合适的量程，就可以直接读出电容的值。在测量有极性的电容时，应按正确的方向把电容的两个引脚插入万用表的 Cx 插孔中，一般 Cx 插孔中靠上面的一个孔在表内接直流高电位（注意：测量时显示可能会有逐渐变化到稳定值的过程，需要等显示稳定以后再读数）。测量时，若万用表显示的电容值太大或显示溢出，可改变极性重测，若仍然显示太大或溢出，则说明被测电容漏电或内部击穿；若显示的太小或显示“000”，说明被测器件的容量消失或内部开路。

2. 数字万用表的蜂鸣档检测

被检测电解电容 $C_x$ 的正极接红表笔，负极接黑表笔，应能听到一阵短促的蜂鸣声，随即声音停止，同时显示溢出符号，这是因为刚开始对 $C_x$ 充电时充电电流较大，相当于通路，所以蜂鸣器发声；随着电容两端电压不断升高，充电不断升高，充电电流迅速减小，蜂鸣器停止发声。经上述测量后，再拨至20MΩ 或 200MΩ 高阻档测电容的漏电阻，即可判断电容好坏（注意：测量时应先把电容短路放电后再进行测量；若蜂鸣器一直发声，说明电解电容内部短路；电解电容的容量越大，蜂鸣器响的时间越长）。

### （八）电容使用注意事项

1）电容在使用前需检查外观有无损伤、引线是否折断，规格、型号是否符合要求。可以用万用表检查电容是否击穿短路或漏电流是否过大。但需注意的是，如果用万用表的欧姆档检查电解电容，要保证极性正确连接，如在电解电容上加反向直流电压，极易使电解电容损坏。

2）电解电容在使用时必须注意极性，正极接高电位端，负极接低电位端。正、负极性不允许接错，否则引起电解电容的爆裂。当极性标记无法辨认时，可根据正向连接时漏电电阻大、反向连接时漏电电阻相对小的特点判断极性。

3）一般不易用多个电容并联来增大等效容量，因为电容并联后，损耗也随着增大。

## 三、电感器

### （一）定义

电感器（Inductor）是电子电路中最常用的元器件之一，广义的电感包括能产生自感作用或互感作用的器件，狭义的电感仅指产生自感作用的器件。实用的电感均由线圈组成，为了增加电感量，提高品质因数和减小体积，通常将线圈绕在不同的导磁材料上，就构成不同用途的电感，多数电感均为非标准件，根据电路的不同要求而设计，电感的电路符号如图 C-10 所示。

图 C-10　电感的电路符号

### （二）电感的分类

电感线圈由于使用的场合广泛，因而种类繁多，常根据其结构来分类，如根据有无铁心分为空心线圈和铁心线圈，根据绕线型式分为单层线圈、多层线圈和蜂房式线圈。常见的几种电感如图 C-11 所示。

图 C-11　4 种电感

### （三）电感的型号命名

电感线圈的型号一般由 ABCD 四部分组成，其型号命名方法如图 C-12 所示。

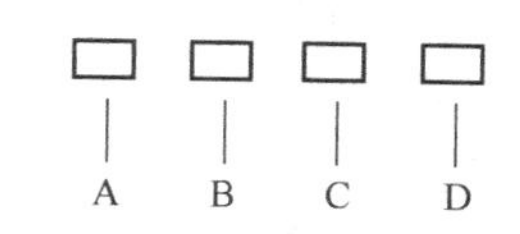


图 C-12　电感型号命名方法

A：主称，用字母 L 表示，代表电感线圈，ZL 代表阻流圈；B：特征，用字母表示，其中G代表高频；C：类型，用字母表示，其中X代表小型；D：区别代号，用数字或字母表示，如LGX型为小型高频电感线圈。

**（四）电感的主要参数**

电感的单位为亨（H），还包括毫亨（mH）、微亨（μH）、纳亨（nH），它们之间的换算关系为：$1\text{H}=1000\text{mH}=10^6\mu\text{H}=10^9\text{nH}$。

1. 电感量及允许偏差

电感量主要决定于线圈的直径、匝数及有无铁心、结构和绕制方式等因素。电感线圈的用途不同，所需的电感量也不同。如在高频电路中，线圈的电感量一般为0.1μH～100H；而电源滤波中，线圈电感量可高达1～30H。

实际电感量与要求电感量之间的误差是电感量的允许偏差。不同的用途对允许偏差要求不同，如振荡线圈要求较高，为0.2%～0.5%；对组合线圈和高频扼流圈要求较低，为10%～15%；对于某些要求电感量精度很高的场合，一般只能在绕制后用仪器测试，通过调节靠近边沿的线匝间距或者线圈中的磁心位置来实现。

2. 品质因数$Q$

品质因数$Q$用来表示线圈损耗的大小，是线圈质量的一个重要参数。品质因数的定义为当线圈在某一频率的交流电压下工作时，线圈所呈现的电抗和线圈直流电阻的比。

$$Q=\frac{\omega L}{R}$$

根据使用场合的不同，品质因数的要求也不同。高频线圈通常为50～300。对调谐回路线圈的$Q$值要求较高，用高$Q$值的线圈与电容组成的谐振电路有更好的谐振特性；对于耦合线圈，要求可低一些；对于高频扼流圈和低频扼流圈，则无要求。

3. 额定电流

大功率电感和高频功率输出部分的大功率电感对电流值有要求，电流超过额定值时，电感将发热，严重时会烧坏。

4. 分布电容

电感线圈匝与匝之间、层与层之间、线圈与地之间以及线圈与屏蔽盒之间的电容称为电感线圈的分布电容，用$C_0$表示。它和线圈可以等效为$L$、$R$和$C_0$组成的并联谐振回路，其谐振频率为

$$f_0=\frac{1}{2\pi\sqrt{LC_0}}$$

式中，$f_0$为电感线圈的固有频率。为保证线圈电感量的稳定，使用电感线圈时，应使工作频率远低于线圈的固有频率。

**（五）电感的标志方法**

为便于生产和使用，常将小型固定电感线圈的主要参数标志在电感圈的外壳上，标志方法有直标法和色标法。

1. 直标法

直标法是在小型电感线圈的外壳上直接用文字标出电感线圈的电感量、允许偏差和最大直流工作电流等主要参数，其中最大工作电流常用字母标志，见表C-7。

表 C-7　小型固定电感线圈的工作电流与标志字母

| 标志字母 | A | B | C | D | E |
| --- | --- | --- | --- | --- | --- |
| 最大工作电流/mA | 50 | 150 | 300 | 700 | 1600 |

2. 色标法

电感的色标法与电阻的色标法相似，色码一般有四种颜色，前两种颜色为有效数字，第三种颜色为倍率，单位为 μH。第四种颜色的含义和电阻的完全相同。

**（六）电感的测试**

色码电感量较小，在没有专用仪器的条件下，难以测量其电感值的大小。但使用万用表的电阻档通常可以对电感的好坏做出判断。

1. 检测阻值

具体的测试方法是：红、黑两表笔分别任意接电感的两个引脚，用万用表小电阻档测出电感的直流电阻值，可能有三种结果：

1）被测电感有一定的电阻值。在正常情况下，电感可能会有一个很小的直流电阻值。该直流电阻值的大小与绕制电感线圈所用漆包线的线径、绕制的圈数有直接关系，线径越细、圈数越多，则电阻越大。一般用万用表的小电阻档，测出这个很小的直流电阻值，就说明电感是好的。

2）被测电感的电阻值为零。对于圈数很少的电感，这可能是正常的。但在有些情况下，如果测得色码电感的直流电阻为零，说明其内部可能有短路性故障。

3）被测电感的电阻值为无穷大。说明电感内部发生了断路性故障。

2. 检测绝缘性

用万用表的高电阻档分别测量电源变压器的铁心与一次、一次与各二次、铁心与各二次、静电屏蔽层与一次和二次、二次各绕组之间的电阻值，测量结果应该为无穷大；否则，说明变压器的绝缘性不佳。

3. 检测线圈的通断

用万用表的低电阻档分别测量电源变压器一、二次绕组线圈的电阻值。一般一次绕组线圈的电阻应为几十至几百欧姆，变压器的功率越小，电阻就越大；二次绕组线圈的电阻为几至几十欧姆，变压器的功率越小，电阻就越大；二次绕组线圈的电阻为几至几十欧姆，电压高的二次绕组线圈电阻值要大些。如果某个绕组线圈的电阻很大，则说明该绕组有断路性故障。

4. 判断一、二次侧

电源变压器的一次和二次侧引脚一般都分别从两侧引出，并且一次绕组多标有 220V 字样，二次绕组则标出额定电压值，如 5V、12V、36V 等，可以根据这些标记进行识别。但有的电源变压器没有任何标记或虽有标记却已模糊不清，这时便需要将一次和二次绕组区分开来。通常电源变压器的一次绕组匝数较多且所用漆包线的线径较细，而二次绕组一般匝数较少且线径要粗些。所以，一次绕组的直流电阻要比二次绕组的直流电阻大得多。根据这一特点，可以用万用表电阻档测量变压器各绕组的电阻来辨别一、二次绕组线圈。要注意的是，有些变压器带有升压绕组，升压绕组比一次绕组的匝数更多，且线径也更细，二次侧电阻比一次侧还要大，测试时要注意区分。

**（七）电感使用注意事项**

1）避免温度过高。电感在工作过程中发热，导致温度升高是正常现象，若温度过高，铁心和线圈容易因温度导致电感量的变化。

2）避免磁场干扰。电感在工作时因有电流流通而在周围产生磁场，其他元件的摆放位置应尽量与电感或与电感线圈互成直角，以减少干扰。对应要求更高的情况，则可换用带屏蔽罩的电感。

3）分布电容、电感各层线圈之间会产生分布电容，可造成高频信号旁路，降低电感的实际滤波效果，所以，在利用电感进行高频滤波时要特别注意。

## 四、二极管

### （一）定义

晶体二极管简称二极管（Diode），是一个由 P 型半导体和 N 型半导体形成的 P－N 结。二极管有单向导电性，可用于整流、检波、稳压、混频电路中。二极管的电路符号和二极管如图 C-13 所示。

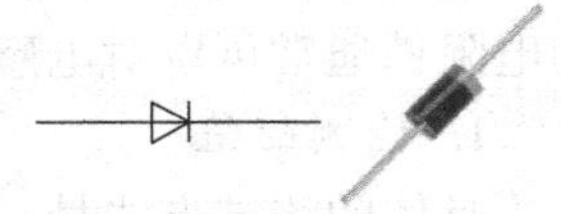

图 C-13　二极管的电路符号和二极管

### （二）二极管的分类

二极管一般有玻壳封装、塑料封装和金属封装等形式。二极管的种类繁多，通常可按照所用的半导体材料、用途、结构、封装形式以及制作工艺进行分类，如图 C-14所示。

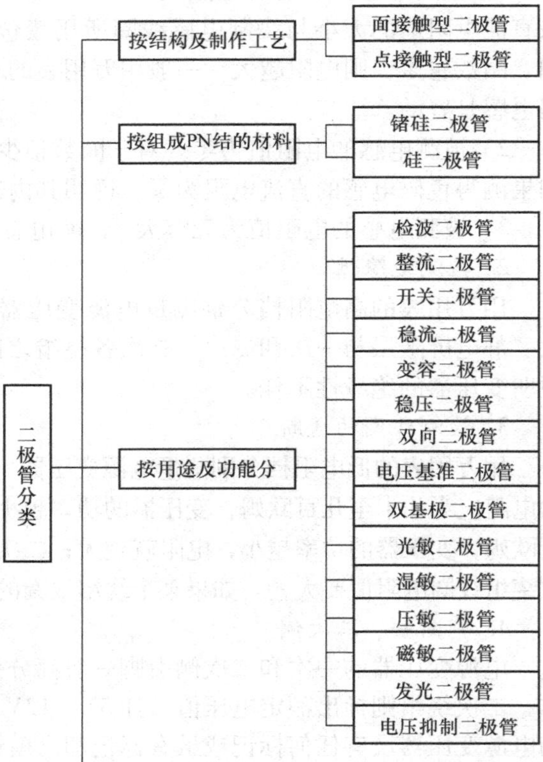

二极管分类
- 按结构及制作工艺
  - 面接触型二极管
  - 点接触型二极管
- 按组成PN结的材料
  - 锗硅二极管
  - 硅二极管
- 按用途及功能分
  - 检波二极管
  - 整流二极管
  - 开关二极管
  - 稳流二极管
  - 变容二极管
  - 稳压二极管
  - 双向二极管
  - 电压基准二极管
  - 双基极二极管
  - 光敏二极管
  - 湿敏二极管
  - 压敏二极管
  - 磁敏二极管
  - 发光二极管
  - 电压抑制二极管
- 按封装形式分
  - 环璃外壳二极管
  - 金属外壳二极管
  - 塑料外壳二极管
  - 环氧树脂外壳二极管

图 C-14　二极管的分类

1. 检波二极管

从输入信号中取出调制信号是“检被”，以整流电流的大小作为界限，通常把输出电流小于 100mA 的叫作检波。除用于检波外，二极管还能用于削波、限幅、调制、混频、开关等。

2. 整流二极管

从输入交流中得到直流输出是整流，通常把输出电流大于 100mA 的二极管叫作整流二极管。

3. 限幅二极管

大多数二极管都可以作为限幅二极管使用。使用硅材料制造的二极管具有特别强的限制尖锐振幅的作用。

4. 混频用二极管

使用二极管混频方式时，在 500 ~ 10000Hz 的频率范围内，多采用肖特基型和点按触型。

5. 开关二极管

开关二极管要求开关速度快，而肖特基型二极管的开关时间特短，因而是理想的开关二极管。

6. 变容二极管

变容二极管是用于自动频率控制、扫描振荡、调频和调谐等用途的小功率二极管。

7. 稳压二极管

稳压二级管是作为控制电压和标准电压使用而制作的，反向击穿特性曲线急骤变化的二极管，其工作时的端电压为3~150V。

8. 发光二极管

发光二极管用磷化镓、磷砷化镓材料制成，体积小，正向驱动发光。

**（三）二极管的型号命名**

二极管的型号命名由五部分组成，如图C-15所示。

A：“2”表示二极管；B：材料及极性，“A”表示锗N型、“B”表示锗P型、“C”表示硅N型、“D”表示硅P型；C：管的类型，“P”表示普通管、“W”表示稳压管、“Z”表示整流管、“L”表示滤波管、“N”表示光电管；D：产品序号；E：规格。

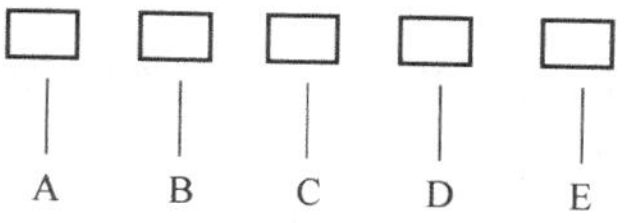

A B C D E

图C-15 二极管的型号命名方法

**（四）二极管的主要参数**

二极管的参数是用来表示二极管性能好坏和适用范围的技术指标，不同类型的二极管有不同的特性参数。

1. 最大整流电流

最大整流电流是指二极管长期连续工作时允许通过的最大正向电流，与PN结面积及外部散热条件相关。因为电流通过管子时会使管芯发热，温度上升，当温度超过容许限度时，就会使管芯过热而损坏，如硅管最大温度容限为141℃，锗管为90℃。所以在规定散热条件下，使用二极管时不要超过二极管的最大整流电流值。

2. 最高反向工作电压

加在二极管两端的反向电压高到一定值时，二极管会击穿，失去单向导电能力，为了使用安全，规定了最高反向工作电压值。

3. 反向电流

反向电流是指二极管在规定的温度和最高反向电压作用下，流过二极管的反向电流。反向电流越小，二极管的单向导电性能越好。反向电流与温度有着密切的关系，每升高10℃，反向电流约增大一倍，如温度过高时不仅失去了单向导电特性，还可能会使管子因过热而损坏。

**（五）二极管的测试**

半导体二极管的主要特性是单向导电性。二极管在正向偏置时导通，呈现低阻；反向偏置时截止，呈现高阻。利用万用表不仅能判定二极管的正、负极性，还能测量二极管的正向导通电压降$U$，并判别出是硅管还是锗管。

不宜用数字万用表的电阻档检查二极管，因为数字万用表电阻档所提供的测试电流太小，通常为100nA~0.5mA，而二极管属于非线性器件，正、反向阻值与测试电流有很大关系，因此测出来的阻值与正常值相差很大，有时难以判定。例如，用20MΩ档测二极管的正向电阻可达几兆欧，反向电阻常在20MΩ以上，超出仪表量程，使单向导电性并不明显。因此，推荐使用数字万用表的二极管档来检测二极管，测量准确可靠，显示直观。

1. 用数字万用表的二极管档检测二极管

在使用数字万用表的二极管档时，红表笔为高电位，黑表笔为低电位。数字万用表二极管档的工作原理是：当两支表笔分别接触被测元件的两个电极时，万用表通过 +2.8V 基准电压源向被测元件提供大约 1mA 的测试电流，同时会以 mV 为单位显示出测试电流流过被测元件时产生的电压降。

用数字万用表的二极管档检测二极管的过程如图 C-16 所示。先用两支表笔分别接触二极管的两个电极，同时观察显示值；为进一步确定管子的好坏，交换表笔再测一次，如果被测二极管是好的，在两次检测中，一次显示电压值应该在 1V 以下，这时管子处于正向导通状态，红表笔接的是正极，黑表笔接的是负极；另一次则应该显示溢出符号，这时二极管处于反向截止状态，黑表笔接的是正极，红表笔接的是负极。若两次检测都显示溢出符号，则说明管子内部已开路。测试时若显示零，则说明管子已被击穿短路。

用数字万用表的二极管档检测时，如果二极管处于正偏导通状态，万用表直接显示出管子的正向电压降 $U$，如图 C-16a 所示，$U_F=0.653V$。对于硅二极管，正向导通时的电压降一般应显示 0.500～0.800V，而对于锗二极管则应显示 0.150～0.300V，根据正向电压降的差异，很容易区分硅二极管和锗二极管。

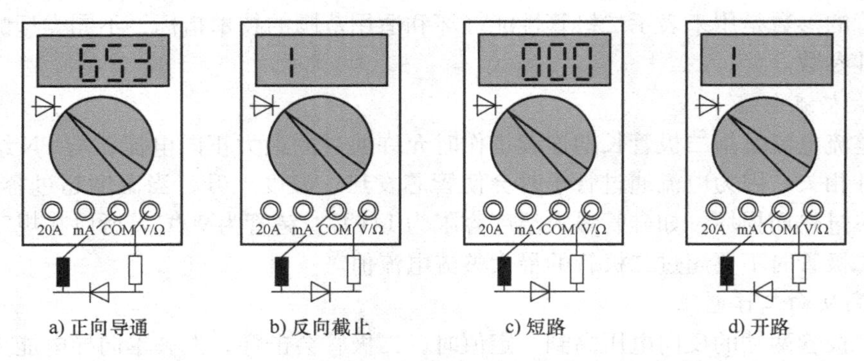


a) 正向导通　b) 反向截止　c) 短路　d) 开路

图 C-16　用数字万用表的二极管档测量普通二极管

2. 用数字万用表的 $h_{FE}$ 档来判定二极管的正、负极

可以用数字万用表的 $h_{FE}$ 档来判定二极管的正、负极。在使用数字万用表测 NPN 管的 $h_{FE}$ 档时，$h_{FE}$ 插口中的 C 孔为高电位，E 孔为低电位。

检测方法如图 C-17 所示。把被测二极管的两个电极分别插入 C 孔和 E 孔，若显示溢出，说明管子正偏导通，C 孔接正极，E 孔接负极；若显示“000”，说明管子反偏截止，E 孔接正极，C 孔接负极。其判定理由是将二极管的正、负极分别插入 C 孔、E 孔时，+2.8V 的基准电压源可使管子迅速导通。因正向电阻很小，正向电流较大。$h_{EF}$ 档取样电阻 $R_o$ 上的电压降 $U_{Ro}$，即仪表的输入电压 $U_{IN}>200mV$，故仪表显示溢出。如把正、负极插反，管子呈截止状态，$R_o$ 上无电流通过，$U_i=U_{Ro}=0V$，万用表显示“000”。

3. 用数字万用表检测发光二极管

用数字万用表检查发光二极管时，可选择二极管档或者 $h_{FE}$ 档。前者的优点是可测量 LED 的 $U_F$ 值，缺点是二极管档所提供的工作电流仅 1mA 左右，只能使管子稍发光。$h_{FE}$ 档能提供较大的电流，更适合检查 LED 能否正常发光。把管子的正、负极正确地插入 C 孔和

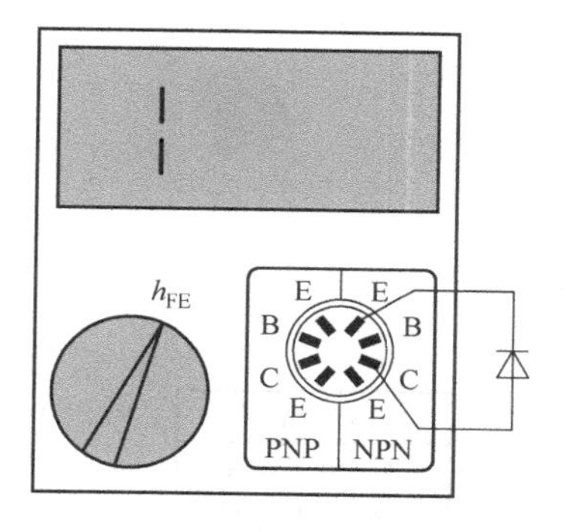

a) 二极管正偏时显示溢出

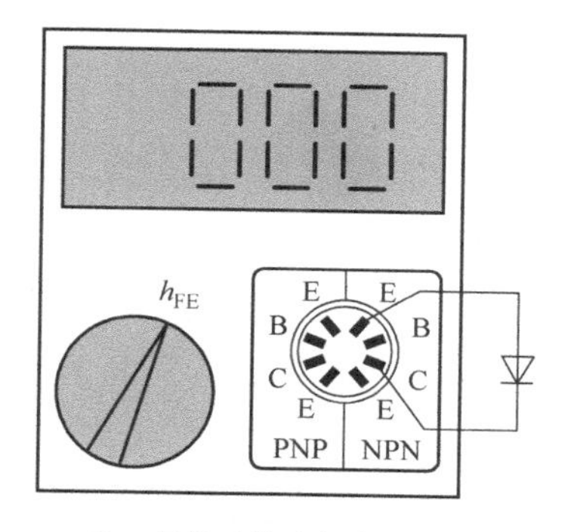


b) 二极管反偏时显示000

图 C-17　用 $h_{FE}$ 档检测二极管正负极

E 孔，管子就能发出亮度适中的光。若把正、负极插反，或管子内部开路，LED 就不能正常发光，且显示“000”；若显示溢出而 LED 不发光，说明极间短路，可判断管子是否存在开路或短路故障。

**（六）二极管使用注意事项**

1）根据需要正确地选择型号，同一型号的整流二极管方可串并联使用，在串联或并联使用时，应视实际情况决定是否需要加入串联均压、并联均流均衡装置或电阻。

2）应避免靠近发热元件，并保证散热良好。工作在高频或脉冲电路的二极管引线，要尽量短。

3）对于整流二极管，为保证其可靠工作，建议反向电压降低 20% 使用。应防止瞬间或长时间过电压，使用中应根据实际情况加保护装置。

4）勿超过规定的最大允许电流和电压值。工作在电容性负载时，额定整流电流应降低 20% 使用。

5）硅二极管与锗二极管不能互相代用。替换时根据工作特点，还应考虑截止频率、结电容、开关速度等特性。

## 五、晶体管

**（一）定义**

晶体管的全称应为半导体晶体管（triode），也称为三极管或双极型晶体管，是一种电流控制电流的半导体器件。能把微弱电信号放大成数值较大的电信号，也可作为无触点开关使用。晶体管的电路符号如图 C-18 所示。三种常用晶体管如图 C-19 所示。

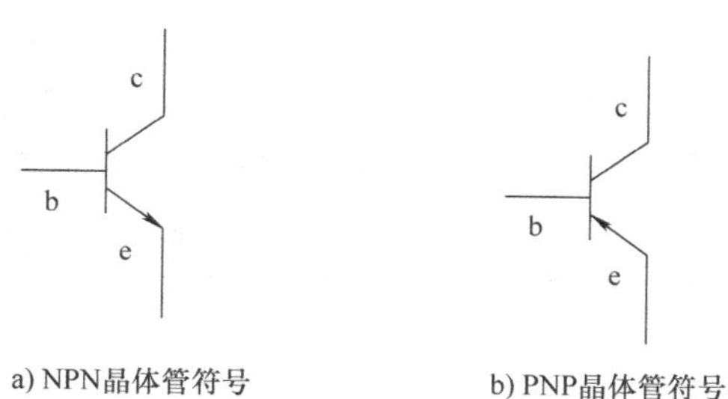


a) NPN晶体管符号　　b) PNP晶体管符号

图 C-18　晶体管的电路符号

**（二）晶体管的分类**

晶体管的种类很多，按半导体材料和导电极性可分为硅材料的 NPN 管、PNP 管和锗材料的 NPN 管和 PNP 管；按半导体晶体管的耗散功率可分为小功率、中功率和大功率管；按半导体的功能可分为放大管、开关管和复合管等；按半导体晶体管的工作频率可分为低频管、中频管、高频管及超高频管等。具体分类如图 C-20 所示。

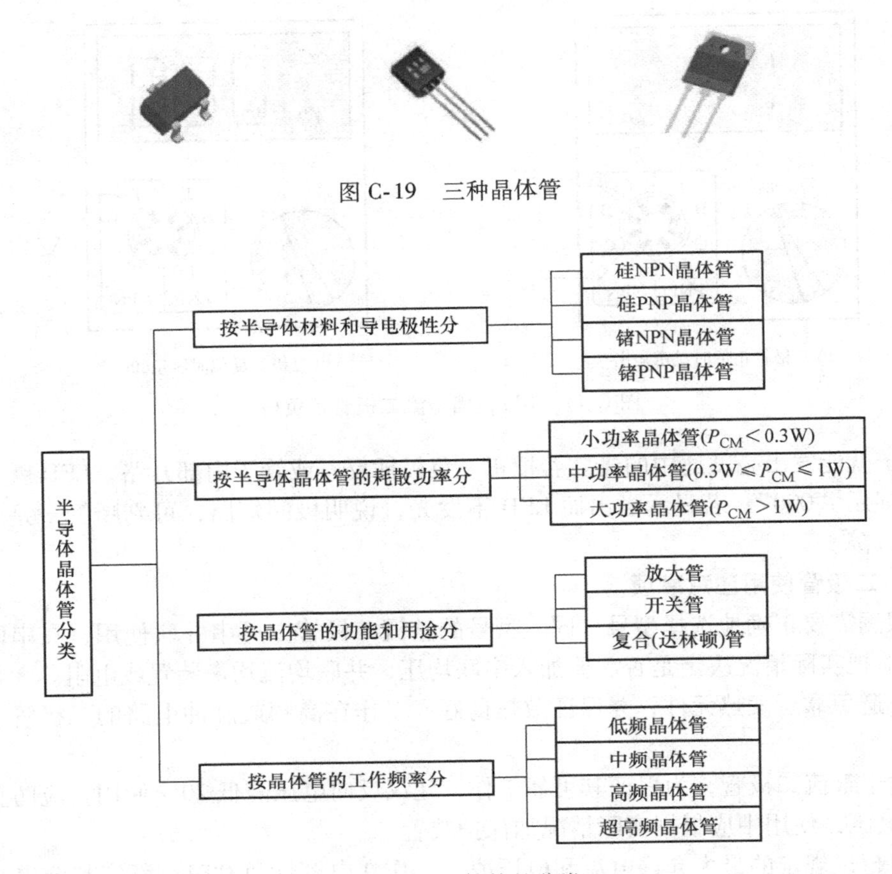


图 C-19　三种晶体管

图 C-20　晶体管的分类

### （三）晶体管的型号命名

晶体管的型号由 ABCDE 五部分组成，如图 C-21 所示。

A：用“3”表示晶体管；B：用字母 A、B、C、D 分别表示 PNP 型锗管、NPN 型锗管、PNP 型硅管和 NPN 型硅管；C：用字母表示晶体管的类型，其含义见表 C-8；D：表示产品序号，用阿拉伯数字表示；E：表示产品规格，用汉语拼音字母表示。如 3AA18 表示 PNP 型锗管高频大功率晶体管。

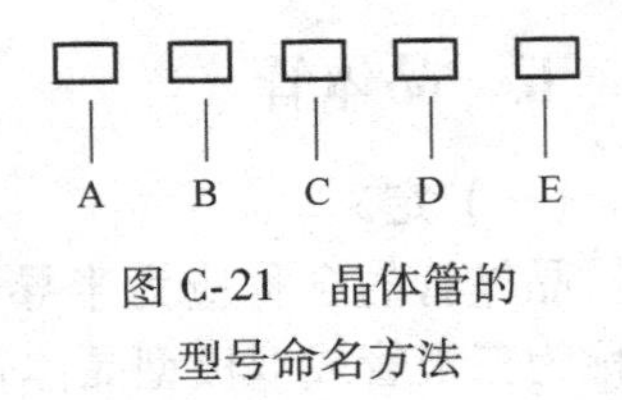


图 C-21　晶体管的型号命名方法

**表 C-8　晶体管类型符号及其意义**

| 符号 | 意义 | 备注 | 符号 | 意义 |
|---|---|---|---|---|
| X | 低频小功率管 | $f_a$ <3MHz，$P_{CM}$ <1W | T | 晶闸管 |
| G | 高频小功率管 | $f_a$≥3MHz，$P_{CM}$ <1W | Y | 体效应管 |
| D | 低频大功率管 | $f_a$ <3MHz，$P_{CM}$≥1W | B | 雪崩管 |
| A | 高频大功率管 | $f_a$≥3MHz，$P_{CM}$≥1W | V | 微波管 |

### （四）晶体管的主要参数

1）共发射极电流放大系数 $\beta$。$\beta$ 值的标注有色标法和字母法两种。色标法使用得较早，颜色通常涂在晶体管的顶部。国产小功率管色标颜色与 $\beta$ 值的对应关系见表 C-9。

表 C-9　国产小功率晶体管色标颜色与 $\beta$ 值的对应关系

| 颜色 | 棕 | 红 | 橙 | 黄 | 绿 | 蓝 | 紫 | 灰 | 白 | 黑 | 黑橙 |
| --- | --- | --- | --- | --- | --- | --- | --- | --- | --- | --- | --- |
| $\beta$ | 5 ~ 15 | 15 ~ 25 | 25 ~ 40 | 40 ~ 55 | 55 ~ 80 | 80 ~ 120 | 120 ~ 180 | 180 ~ 270 | 270 ~ 400 | 400 ~ 600 | 600 ~ 1000 |

2）特征频率 $f_T$。特征频率是指随着晶体管工作频率增加导致 $\beta$ 值下降为 1 时所对应的频率。此时，晶体管完全失去了电流放大功能。

3）集电极最大允许耗散功率 $P_{CM}$。集电极耗散功率是集电极电流与集电极电压的乘积。在使用晶体管时，实际功耗不应超过 $P_{CM}$，否则可能会使晶体管发热而烧坏。为了提高 $P_{CM}$ 值，大功率晶体管都要求加装散热片，晶体管手册中的 $P_{CM}$ 指的是带有散热片的耗散功率数值。

4）集电极 - 发射极反向击穿电压 $BU_{CEO}$（$U_{CEO}$）。指晶体管基极开路时，可以加在集电极和发射极之间的最大允许电压。使用时，若 $U_{CE} > BU_{CEO}$，可能会导致晶体管击穿损坏。

5）集电极最大允许电流 $I_{CM}$。晶体管允许通过的最大电流即为 $I_{CM}$，当集电极电流增大到一定程度时，$\beta$ 值会明显下降，当 $\beta$ 值下降到额定值的 2/3 时，所对应的集电极电流即为 $I_{CM}$。

**（五）晶体管的测试**

对普通双极型晶体管进行检测的方法，利用数字万用表不仅能判定晶体管电极、测量晶体管的共发射极电流放大系数 $h_{FE}$，还可区分硅管与锗管。数字万用表电阻档的测试电流很小，不适于检测晶体管，建议使用二极管档和 $h_{FE}$ 档进行检测。

*1. 确定基极和判断管型*

1）判定基极。将数字万用表拨至二极管档，红表笔固定接某个电极，用黑表笔依次接触另外两个电极。两次显示值基本相等，如均在 1V 以下或都显示溢出，则红表笔所接的就是基极，如果显示值中一次在 1V 以下，另一次溢出，则红表笔接的不是基极，应改换其他电极重新测量。

2）鉴别 NPN 管与 PNP 管。用红表笔接触基极 B，黑表笔依次接触另外两个电极，如果两次显示均在 1V 以下，则为 NPN 管；用黑表笔接触基极 B，红表笔依次接触另外两个电极，如果两次显示均在 1V 以下，则为 PNP 管。

*2. 判定集电极和发射极并同时测量 $h_{FE}$ 值*

为了进一步判定集电极与发射极，需借助于 $h_{FE}$ 插口。假定被测管是 NPN 型，需将仪表拨至 NPN 档。把基极插入 B 孔，剩下两个电极分别插入 C 孔和 E 孔，测出的 $h_{FE}$ 为几十至几百，说明管子属于正常接法，放大能力较强，此时 C 孔接的是集电极，E 孔接的是发射极，如图 C-22a 所示；若测出的 $h_{FE}$ 值只有几至十几，证明晶体管的集电极与发射极插反了，如图 C-22b 所示。另外，PNP 管的检测步骤同上，但必须选择 PNP 管的 $h_{FE}$ 档。

**（六）晶体管使用注意事项**

1）当环境温度高于 30℃ 时，耗散功率应低于 $P_{CM}$。当晶体管的耗散功率大于 5W 时，应加装散热片，以减少温度对晶体管参数变化的影响。晶体管的有些参数容易受温度影响，温度每升高 6℃，硅管的 $I_{CEO}$ 增加一倍；每升高 10℃，锗管 $I_{CEO}$ 增加一倍。为了减少温度对晶体管 $\beta$ 值的影响，应选用有电流负反馈功能的偏置电路，或选用有热敏补偿功能的偏置电路。

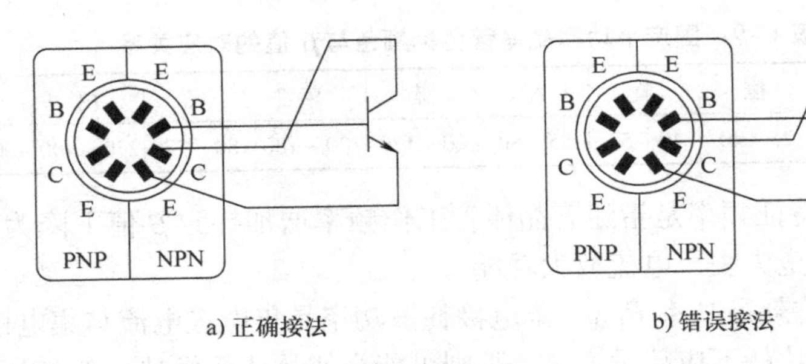


a) 正确接法　　b) 错误接法

图 C-22　判定 NPN 管的 E 和 C 电极

2）在满足整体放大参数时，尽量不要选用直流放大系数 $h_{FE}$ 过大的晶体管，以防止自激。

3）选用开关晶体管时，优选特征频率高、开关速度较快、反向电流小、发射极－基极的饱和电压 $U_{CBO}$ 降低的晶体管。

## 六、场效应晶体管

### （一）定义

场效应晶体管 MOSFET（Metal－Oxide－Semiconductor Field－Effect－Transistor）简称场效应管，属于电压控制型半导体器件。与晶体管相比，场效应管具有输入电阻高、噪声小、功耗低、动态范围大、安全工作区域宽等优点。场效应管易于做成大规模集成电路，在高频、中频、低频、直流、开关及阻抗变换电路中有广泛应用。

### （二）场效应管的分类

场效应管分结型、绝缘栅型两大类。根据半导体材料的不同，分为 N 沟道和 P 沟道两种；按导电方式的不同，可分为耗尽型与增强型，结型场效应管均为耗尽型，绝缘栅型场效应管既有耗尽型，也有增强型，其电路符号如图 C-23 所示，实物图如图 C-24 所示。

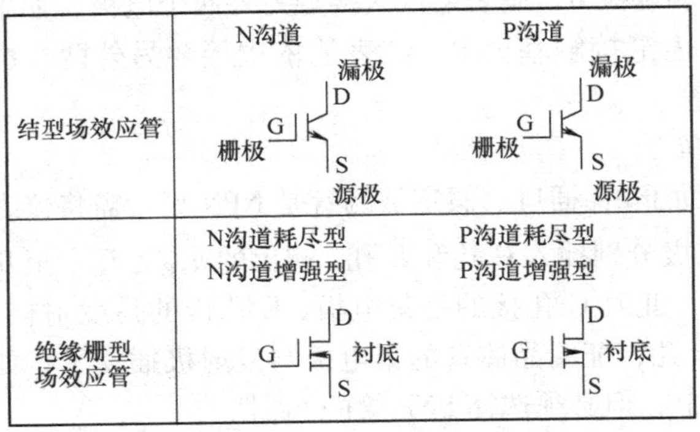

| 结型场效应管 | N沟道<br>漏极 D<br>G 栅极<br>S 源极 | P沟道<br>漏极 D<br>G 栅极<br>S 源极 |
|---|---|---|
| 绝缘栅型场效应管 | N沟道耗尽型<br>N沟道增强型<br>D<br>G　衬底<br>S | P沟道耗尽型<br>P沟道增强型<br>D<br>G　衬底<br>S |

图 C-23　场效应管的符号

图 C-24　结型和绝缘栅型场效应管

### （三）场效应管的型号命名

场效应管有两种命名方法。第一种命名方法与晶体管相同，第一位固定为“3”；第二位字母代表材料，“D”是 P 型硅 N 沟道，“C”是 N 型硅 P 沟道；第三位字母“J”代表结型场效应管，“O”代表绝缘栅型场效应管。如 3DO6C 是绝缘栅型 N 沟道硅场效应晶体管，

3DJ6D 是结型 N 沟道场效应硅晶体管。第二种命名方法是 CSXX#，CS 代表场效应管，XX 以数字代表型号的序号，#用字母代表同一型号中的不同规格，如 CS14A、CS45G 等。

**（四）场效应管的主要参数**

1）夹断电压 $U_p$。当 $U_{DS}$为某一固定数值，使 $I_{DS}$等于某一微小电流，如几微安时，栅极上所加的偏压 $U_{GS}$就是夹断电压 $U_p$。

2）饱和漏电流 $I_{DSS}$。在源、栅极短路条件下，漏源间所加的电压大于 $U_p$ 时的漏电流 $I_{DSS}$。

3）击穿电压 $BU_{DS}$。指漏极和源极间所能承受的最大电压，即漏极饱和电流开始上升进入击穿区时对应的 $U_{DS}$。

4）直流输入电阻 $R_{GS}$。在一定的栅源电压下，栅极和源极之间的直流电阻，这一特性以流过栅极的电流来表示，结型场效应管的 $R_{GS}$可达 $10^8\Omega$，而绝缘栅型场效应管的 $R_{GS}$可超过 $10^{12}\Omega$。

5）低频跨导 $g_m$。漏极电流的微变量与引起这个变化的栅源电压微小变化之比，称为跨导，即

$$g_m = \Delta I_D / \Delta U_{GS}$$

跨导是衡量场效应管栅源电压对漏极电流控制能力的一个参数，也是衡量放大作用的重要参数，参数灵敏度常以栅源电压变化 1V 时，漏极相应变化多少微安（μA/V）或毫安（mA/V）来表示。

**（五）场效应管使用注意事项**

1）场效应管在使用时，要严格遵守技术要求中偏置接入方法，尤其是要遵守场效应管偏置极性要求，如结型场效应管栅源漏之间是 PN 结，N 沟道管栅极不能加正偏压；P 沟道管栅极不能加负偏压等。

2）为了安全使用场效应管，在线路的设计中不能超过管耗散功率、最大漏源电压、最大栅源电压和最大电流等参数的极限值。

3）为了防止场效应管栅极感应击穿，要求测试仪器、工作台、电烙铁、线路必须有良好的接地。在接入电路之前，管的全部引线端保持互相短接状态，焊接完后才把短接材料去掉；从元器件架上取下场效应管时，应以适当的方式确保人体接地，如采用接地环等。

4）焊接时，除电烙铁外壳必须接地外，要按源极－漏极－栅极的先后顺序焊接，并且要断电焊接。

5）对于功率场效应管，要有良好的散热条件，因为功率场效应管在高负荷条件下应用，必须设计足够的散热器，确保壳体温度不超过额定值，使器件长期稳定可靠地工作。

# 参考文献


[1] 高文焕，张尊侨，徐振英，等．电子技术实验［M］．北京：清华大学出版社，2004.

[2] 徐国华．模拟及数字电子技术实验教程［M］．北京：北京航空航天大学出版社，2004.

[3] 高吉祥．电子技术基础实验与课程设计［M］．北京：电子工业出版社，2002.

[4] 孙肖子，田根登，徐少莹，等．现代电子线路和技术实验简明教程［M］．北京：高等教育出版社，2004.

[5] 荆西京．模拟电子电路实验技术［M］．西安：第四军医大学出版社，2004.

[6] 王小海，蔡忠发．电子技术基础实验教程［M］．北京：高等教育出版社，2005.

[7] 聂典，丁伟．Multisim10 计算机仿真在电子电路设计中的应用［M］．北京：电子工业出版社，2009.

[8] 蒋桌勤．Multisim 2001 及其在电子设计中的应用［M］．西安：西安电子科技大学出版社，2003.

[9] 古天祥，王厚军．电子测量原理［M］．北京：机械工业出版社，2011.

[10] 华成英，童诗白．模拟电子技术基础［M］．北京：高等教育出版社，2005.

[11] 康华光．电子技术：模拟部分［M］．北京：高等教育出版社，2017.

[12] 付家才．电子实验与实践［M］．北京：高等教育出版社，2004.

[13] 姚福安．电子电路设计与实践［M］．济南：山东科学技术出版社，2005.

[14] 侯建军．电子技术基础实验、综合设计实验与课程设计［M］．北京：高等教育出版社，2007.

[15] 刘祖其．电子技术实验与 CAD 技术应用［M］．北京：清华大学出版社，2006.

[16] 杨志忠．电子技术课程设计［M］．北京：机械工业出版社，2008.

[17] 施金鸿．电子技术基础实验与综合实践教程［M］．北京：北京航空航天大学出版社，2006.

[18] 陈晓文．电子线路课程设计［M］．北京：电子工业出版社，1985.

[19] 华南盾，戴整前．模拟电路测量与实验［M］．上海：上海交通大学出版社，1985.

[20] 沈小丰．电子线路实验：模拟电路实验［M］．北京：清华大学出版社，2008.

[21] 王振红，张常年．综合电子设计与实践［M］．北京：清华大学出版社，2005.

[22] 周润景，张赫．常用电源电路设计及应用［M］．北京：电子工业出版社，2017.

[23] 张占松，蔡宣三．开关电源的原理与设计［M］．北京：电子工业出版社，2004.

[24] MANIKTALA S. 精通开关电源设计［M］王建强，等译．2 版．北京：人民邮电出版社，2015.

[25] 崔红玲，李朝海，陈骏莲，等．电子技术基础实验［M］．成都：电子科技大学出版社，2016.